辐射环境模拟与效应丛书

电子系统高功率电磁效应

High-Power Electromagnetic Effects on Electronic Systems

〔美〕D.V.吉里（D.V. Giri）
〔英〕R.霍德（Richard Hoad）　著
〔德〕F.萨巴思（Frank Sabath）
毛从光　杜传报　秦　锋　译

科学出版社
北　京

图字：01-2022-4047 号

内 容 简 介

电磁环境效应（E3）主要研究高功率电磁（HPEM）环境对系统产生的干扰损伤规律和防护策略。随着强电磁环境产生技术和电力电子系统的广泛使用，E3 问题日益受到关注。本书主要介绍 E3 领域的基本概念、原理和方法，包括电子系统分级、HPEM 环境与分类、HPEM 电子系统耦合与相互作用、HPEM 试验设备和技术、HPEM 效应机理和分类、HPEM 防护与电网系统弹性设计等内容。全书引用了大量近二十年来的公开文献和标准，论述全面、结构紧凑，反映当前 HPEM 领域国际发展水平。

本书可为电磁兼容、电磁频谱管理、电磁环境效应、高功率电磁学等相关专业的研究生、工程师提供参考。

图书在版编目(CIP)数据

电子系统高功率电磁效应/（美）D.V.吉里（D.V. Giri），（英）R.霍德（Richard Hoad），（德）F.萨巴思（Frank Sabath）著；毛从光，杜传报，秦锋译. —北京：科学出版社，2023.1

（辐射环境模拟与效应丛书）

书名原文：High-Power Electromagnetic Effects on Electronic Systems

ISBN 978-7-03-070048-3

Ⅰ. ①电… Ⅱ. ①D… ②R… ③F… ④毛… ⑤杜… ⑥秦… Ⅲ. ①电子系统-电磁环境-环境效应 Ⅳ. ①TN103

中国版本图书馆 CIP 数据核字（2021）第 206596 号

责任编辑：宋无汗 郑小羽 / 责任校对：任苗苗

责任印制：张 伟 / 封面设计：陈 敬

科学出版社 出版

北京东黄城根北街 16 号

邮政编码：100717

http://www.sciencep.com

北京中石油彩色印刷有限责任公司 印刷

科学出版社发行 各地新华书店经销

*

2023 年 1 月第 一 版 开本：720×1000 1/16

2024 年 1 月第三次印刷 印张：16 1/4

字数：328 000

定价：198.00 元

（如有印装质量问题，我社负责调换）

D.V. Giri，Richard Hoad，Frank Sabath

High-Power Electromagnetic Effects on Electronic Systems

ISBN 978-1-63081-588-2

北京市版权局著作权合同登记号：01-2022-4047

丛 书 序

辐射环境模拟与效应研究主要解决在辐射环境中工作的系统和电子器件的抗辐射加固技术和基础科学问题，涉及辐射环境模拟、辐射效应、抗辐射加固等研究方向，是核科学与技术、电子科学与技术等的交叉学科。辐射环境模拟主要研究不同种类和参数辐射的产生及其应用的基础理论与关键技术；辐射效应主要研究各种辐射引起的器件与系统失效机理、抗辐射加固及性能评估方法。

辐射环境模拟与效应研究涉及国家重大安全，长期以来一直是世界大国博弈的前沿科学技术，具有很强的创新性和挑战性。空间辐射环境引起的卫星故障占全部故障的45%以上，对航天器构成重大威胁。核辐射环境和强电磁脉冲等人为辐射是造成工作在辐射环境中的电子学系统降级、毁伤的主要因素。国际上，美国国家航空航天局、圣地亚国家实验室、劳伦斯·利弗莫尔国家实验室，欧洲宇航局、核子中心，俄罗斯杜布纳联合核子研究所、大电流所等著名的研究机构都将辐射环境模拟与效应作为主要研究领域，开展了大量系统性基础研究，为航天器、新型抗辐射加固材料和微电子技术发展提供了重要支撑。

我国在20世纪60年代末，开始辐射环境模拟与效应的研究工作。在强烈需求的牵引下，经过多年研究，我国在辐射环境模拟与效应研究领域已经具备了良好的研究基础，解决了大量工程应用方面的难题，形成了一支经验丰富的研究队伍。国内从事相关研究的科研院所、高等院校和工业部门已达百余家，建设了一批可以开展材料、器件和电子学系统相关辐射效应的模拟源，发展了具有特色的辐射测量与诊断技术，开展了大量的辐射效应与机理研究，系统和器件的辐射加固技术水平显著增强，形成了辐射物理学科体系，为国防建设和航天工程发展做出了重大贡献，我国辐射环境模拟与效应研究在科学规律指导下进入了自主创新发展的新阶段。

随着我国空间技术的迅猛发展，在轨航天器数量迅速增长、组网运行规模不断扩大，对辐射环境模拟与效应研究和设备抗辐射性能提出了更高的要求，必须进一步研究提高材料、器件、电子学系统的抗核与空间辐射、强电磁脉冲加固的能力。因此，需要研究建立逼真的辐射模拟实验环境，开展新材料、新工艺、新器件辐射效应机理分析、实验技术和数值仿真研究，建立空间辐射损伤效应与地面模拟实验的等效关系，研发新的抗辐射加固技术，解决空间探索和辐射环境中系统和器件抗辐射加固的关键基础科学问题。

该丛书作者都是从事辐射环境模拟与效应研究的一线科研人员，内容来自辐射环境模拟与效应研究团队几十年的研究成果，系统总结了辐射环境研究与模拟、辐射效应机理、电子元器件与系统抗辐射加固技术等方面取得的科研成果，并介绍了国内外最新研究进展，涉及辐射环境模拟、脉冲功率技术、粒子加速器技术、强电磁环境效应、核与空间辐射效应、辐射效应仿真与抗辐射性能评估等研究领域，内容新颖，数据丰富，体现了理论研究与工程应用相结合的特色，充分展示了我国辐射模拟与效应领域产学研用的创新性成果。

相信该丛书的出版，将有助于进入这一领域的初学者掌握全貌，为该领域研究人员提供有益参考。

吕敏

中国科学院院士　吕敏

抗辐射加固技术专业组顾问

译 者 序

现代社会是建立在电气和电子技术基础上的信息化社会，对电力、通信、交通等电力电子系统和设施高度依赖。这些系统和设施的电磁敏感性或易损性，使其在高功率电磁环境中存在被干扰、损伤而导致功能降级或崩溃的风险，因此电磁环境效应（E3）日益引起国内外学术界、工业界、政府等各方的关注。

本书全面论述电子系统高功率电磁环境效应的相关概念、方法和技术，共8章。第 1 章介绍电子系统高功率电磁（HPEM）环境、效应的基本概念；第 2 章介绍典型 HPEM 环境及其频域分类方法；第 3 章介绍 HPEM 耦合与相互作用的物理机制；第 4 章介绍 HPEM 试验设备和技术；第 5 章介绍器件、电路、设备、系统和网络各层级的效应机理，以及 HPEM 信号指示器的概念；第 6 章介绍从不同角度对 HPEM 效应进行分类的方法；第 7 章介绍 HPEM 防护概念与方法；第 8 章对 HPEM 技术的未来做了展望，指出随着电子技术的广泛使用，HPEM 效应研究的重要性将凸显。

本书有如下特点：①综合介绍多种电磁环境，既给出共性，又指出特性，并力求将环境定义标准化，有助于增强 E3 各项技术和工作前后衔接的一致性。②将电力电子系统总体看作一个体系，按器件、电路、设备、系统、网络、基础设施进行分级，并将各层级的尺度和电磁环境的频谱进行对应，有利于耦合分析、试验、防护与风险评估等工作的合理简化。③提出信号指示器和响应指示器的概念，即用一组特征量分析和表征系统效应。这些尝试对于简化 E3 领域各种复杂的概念与技术脉络有非常大的帮助。④在防护措施中，专门论述了弹性恢复技术，并指出其关键技术在于探测。⑤HPEM 技术研究具有成本高、周期长、综合性强的特点，而本书介绍的方法、数据总结梳理了多年的公开文献成果，弥足珍贵。总之，本书介绍的技术体系完整，概念清晰，数据翔实，反映国际研究进展和基本观点，对实际工作有较强的指导意义。

本书的第 1 章、2.4～2.7 节、第 4 章和第 8 章由西北核技术研究所毛从光博士翻译；3.1 节、3.2 节、3.4 节、3.5 节、第 5 章和第 6 章由西北核技术研究所杜传报博士翻译；2.1～2.3 节、3.3 节和第 7 章由西北核技术研究所秦锋博士翻译。全书由毛从光博士统稿，孙蓓云研究员审校。

西北核技术研究所陈伟研究员、聂鑫研究员、刘峻岭工程师对本书的出版提供了大力支持。电磁环境效应与光电工程国家级重点实验室石立华教授，西北核技术研究所肖仁珍研究员、张治强副研究员等同志，解决了翻译中遇到的问题，在此深表谢意。

在翻译过程中，译者对原书中一些细小的错误进行了纠正，并做了注释；对于原书中的专业术语，若我国尚未形成共识，译者根据其物理含义进行翻译。

由于译者的知识和经验有限，书中不妥之处在所难免，欢迎专家学者批评指正。

前　言

现代文明完全依赖于电子设备的可靠运行。对于电力、通信、交通、卫生、金融以及现代生活的很多其他方面均是如此。几乎所有基础设施在高功率电磁场及其耦合环境中都是敏感且脆弱的。目前，在基础设施的防护技术方面，工程师几乎没有受过训练，导致相应基础设施局部或大面积地受到自然和人造电磁环境的威胁。

在美国和其他一些地方，对于不常发生的威胁，最常见的应对方法是忽视它们，直到灾难真的发生，人们才愿意花金钱和精力去防范。实际上，如果在工程设计中稍做考虑，就可能阻止灾难的发生。尽管过去的防护方法在局部范围内很有效，但是，在大气层外核爆炸产生的洲际范围的电磁场冲击下，大量未做防护的电子系统会遭到破坏，除了造成严重的伤亡外，电子系统的恢复也非常困难。

在工程教育课程中，电磁场、导体耦合和电子系统的感应电压电流效应通常是分开讲授的，但是在现代系统的防护中，这些知识必须集成化综合运用。尽管系统高功率电磁防护难度不大、花费不高，但的确需要专业的知识和工程方法，而这些内容在一般的课程中却没有涉及。储备知识的缺乏会使复杂系统的防护困难重重。本书可用于高功率电磁效应和防护方面的高等课程的基础学习。此外，本书还可作为现代电子系统工程防护与试验专业的参考书，对于从事电子系统设计和防护的工程师具有很大的参考价值。

William R. Graham 博士
美国电磁脉冲威胁评估委员会主席
2020 年 3 月
加利福尼亚，圣马力诺

致　　谢

D. V. 吉里（D. V. Giri）：感谢我的导师——哈佛大学的 R.W.P.King 教授、Tai Tsun Wu 教授和空军研究实验室的 Carl E. Baum 博士，他们为我的学术研究奠定了基础，并给予了持续不断的指导。我们每个人最初都像一张白纸，来自世界各地的同仁（人数太多，无法在此一一列出）不断地在这张白纸上书写。我从许多专家那里获得知识，并进行提炼、梳理和组织。我对本书的贡献不完全属于我自己，而是和他人协作的结果，尤其是 Fred M. Tesche 博士，他慷慨地允许我使用他的成果，特别是第 5、7 章的内容是为瑞士国防装备采购局所做的研究。向 Tesche 博士和瑞士国防装备采购局表示诚挚的感谢。

最后，向我的父亲和母亲致敬。我的父亲是白手起家的，他曾说过："教育是开启幸福生活的钥匙"。这句话可以和一段梵文赞美诗共鸣："教育通向谦卑，谦卑通向价值，价值是财富之父，而财富的正确使用给你幸福"。他鼓励我和我的兄弟姐妹努力学习。我之所以成为现在的我，是因为我的父亲和母亲。他们的无私奉献和鼓励，促成我于 1969 年从印度来到哈佛大学读研。满怀谦卑和尊敬，将本书中我撰写的部分奉献给我的父亲和母亲。

R. 霍德（Richard Hoad）：感谢帮助和鼓励我在高功率电磁领域不断探索的技术专家。我从未想过能够在这个特殊的技术领域获得丰富多彩又令人满意的职业经历，正是由于 Nigel Carter 博士、Carl E. Baum 博士、William Radasky 博士和共同作者 D. V. Giri 博士的不断帮助和鼓励，我对 HPEM 效应研究产生兴趣。我对本书的贡献源于他们的教诲和指导。同时，感谢 QinetiQ 公司的同事对我工作的帮助和鼓励，特别是 Barney Petit、Gavin Barber、Paul Watkins 和 David Herke。

最后，也是最重要的，感谢我的妻子 Rachel 和儿子 Joshua 的大力支持和鼓励。

F. 萨巴思（Frank Sabath）：感谢我的导师兼好朋友 Heyno Garbe 教授，是他指导我跨出了进入电磁兼容领域的第一步。我们一起研究电子系统高功率电磁环境效应，讨论模型的合理性，并且他支持我在莱布尼茨汉诺威大学（Leibniz University Hannover）以报告的形式传授知识和经验。感谢德国国防军防护技术和 CBRN[①]防护（CBRN protection）研究所的同事对我工作的帮助和鼓励，特别是 Daniel Nitsch

① CBRN: Chemical, Biological, Radioactive, Nuclear 的缩写。——译者

博士、Martin Schaarschmidt 博士、Stefan Potthast 博士、Andre Bausen 和 Jörg Maack。

最后，感谢我的妻子 Martina 与孩子 Peter 和 Pauline 的包容、支持和鼓励。

感谢国际电工委员会（International Electrotechnical Commission，IEC）允许我们引用国际标准中的内容。全部标准的版权归瑞士日内瓦的 IEC 所有。关于 IEC 的更多信息可查阅网站：www.iec.ch。所摘录内容在本书上下文语境中的位置是否恰当，以及本书其他内容是否正确，由作者负责，IEC 没有任何责任。

感谢国际电气电子工程师协会（Institute of Electrical and Electronics Engineers，IEEE）允许复制相关内容，全部版权归 IEEE 所有。

目　　录

第1章 引 言

1.1 现代社会对电子系统的依赖

当今社会越来越依赖基于半导体技术的各种电子系统。现代电子技术发展的规模与速度都是史无前例的。

然而，随着电子技术复杂性的提高，电子系统功能的可靠性和安全性必将面临新的风险。本书中详细描述的一个风险因素是高功率电磁（high-power electromagnetic，HPEM）环境及其对电子系统的效应。

1.2 HPEM 环境综述

HPEM 环境包括自然的和人造的各种电磁现象。雷电是自然发生的电磁现象，而核电磁脉冲（nuclear electromagnetic pulse，NEMP）、高功率射频（high-power radio frequency，HPRF）（包括射频广播、雷达、高功率射频定向能（high-power radio frequency directed energy，HPRF DE））和蓄意电磁干扰（intentional electromagnetic interference，IEMI）都是人造的电磁现象。电磁波谱见图 1.1。

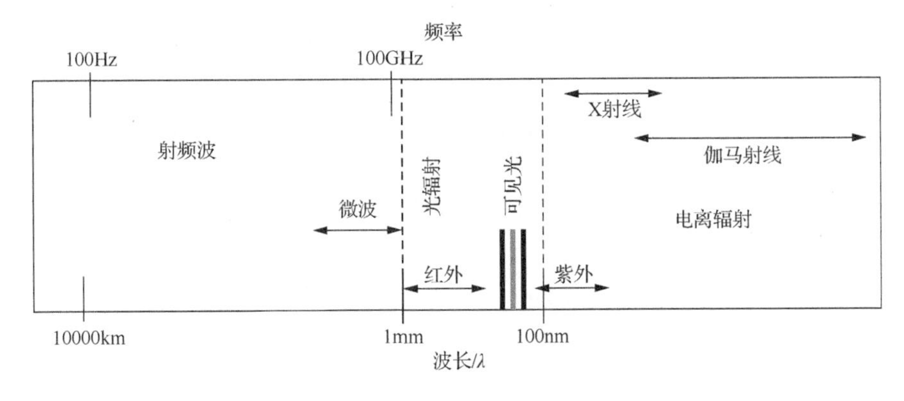

图 1.1 电磁波谱

本书重点关注的是从几赫兹到几十吉赫兹电磁波谱低端区域的 HPEM 现象，

即射频（radio frequency，RF）波和微波①。电磁波谱低端区域的电磁波没有足够的能量引起电离，因此称为非电离辐射。

HPEM 环境可以被认为是一个强电磁现象集合，强到能够在电力电子系统中引起电磁干扰。国际电工委员会将电磁干扰[1]定义为能够导致器件、传输通道或系统性能降级的某种电磁骚扰。

现今，人们对 HPEM 环境的技术含义和特性已经有了更深的理解，并对各种 HPEM 环境的频谱进行了分析，给出了基于频谱的 HPEM 环境分类方法[2]，见图 1.2。这种分类方法由 Giri 和 Kaelin 在 1996 年提出并且经过多次修订，在后续章节中将做更详细的阐述。

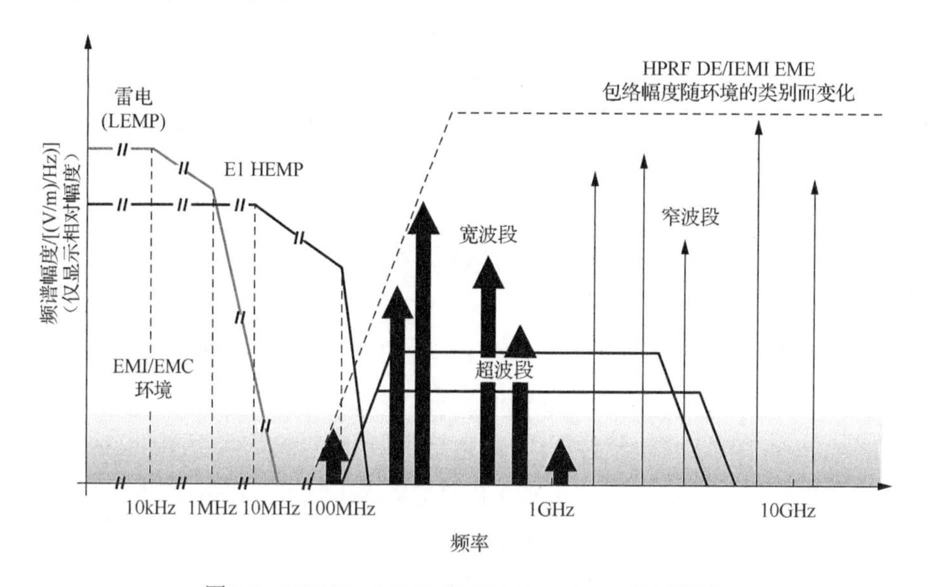

图 1.2　HEMP、LEMP 和 HPRF DE/IEMI 波形频谱

LEMP 为雷电电磁脉冲；EMI/EMC 为电磁干扰/电磁兼容；E1 HEMP 为高空电磁脉冲一期；EME 为电磁环境

系统的物理尺寸会影响 HPEM 环境与系统的相互作用，从而造成不同的电磁干扰和效应。HPEM 环境与电子器件、电路、设备和系统之间的电磁耦合与频率密切相关，是频率的函数。通常，大范围互连的网络和基础设施主要受 HPEM 环境的低频成分（约 100MHz 以下）影响；而与外界隔离的电子设备，只要不和基础设施相连接，主要受几百兆赫兹以上的高频 HPEM 环境影响。原因在于效应过程取决于电磁耦合，而电磁耦合取决于波长。该内容将在后续章节中详细介绍。

① GJB 72A—2002 规定：射频在电磁频谱中介于音频和红外线之间，是用于无线电发射的频率。目前应用的射频范围是 9kHz～3THz。我国将分米波、厘米波和毫米波称为微波，频率范围是 300MHz～300GHz。可见射频的频率范围包括微波。——译者

1.3 HPEM效应综述

HPEM环境对电子器件、设备或系统造成的效应或影响，可分为自然的、偶然的和有目的的三种情形。HPRF DE或IEMI发生器所产生的HPEM环境往往是精心设计的，目的就是故意造成电子系统的失灵、中断或损伤。一般来说，术语HPRF DE与脉冲功率技术的军事应用有关，而IEMI往往是非军事的恶意行为。这些环境会影响军事装备和民用基础设施的正常运行。

研究人员已经系统地研究了HPEM环境导致的失灵、中断和损伤效应。要实现HPEM效应的表征和量化，需要对HPEM环境与系统之间的电磁耦合及相互作用做深入的研究。特定系统的效应表征量可能是一个变动范围很大的量，这是因为HPEM效应对许多变量非常敏感。良好的实验以及建模和分析对于减小效应表征量中的不确定度至关重要。尽管如此，在评估HPEM效应时仍需要进行大量的判断或解释。一旦理解了效应机理，那么下一个目标就是通过电磁兼容（electromagnetic compatibility，EMC）设计或电磁加固、防护或弹性恢复方案，降低系统对HPEM环境的敏感性，从而减小高功率电磁的风险或危害。

1.4 电磁干扰及其影响简史

19世纪90年代末马可尼进行第一次无线电通信实验，人们就知道了存在无线电干扰现象。然而，关于无线电干扰的技术论文直到20世纪20年代才出现[3]，这与无线电发射机和接收机的发展速度一致。无线电干扰在很大程度上是一个同信道干扰问题（即一个无线电台干扰另一个无线电台的接收），原因在于这段时间还没有建立关于无线电频带限制的法律法规。

在此期间，其他自然电磁现象也造成了无线电干扰问题。自然干扰源的例子有雷电（直接和间接效应，有时称为雷电电磁脉冲（lightening electromagnetic pulse，LEMP）、静电放电（electrostatic discharge，ESD））和沉淀静电（precipitation static，P-static）。

20世纪30年代，来自电机、电气铁路和电子标牌等电气设备的无线电干扰开始对无线电信号接收造成严重影响。这些电气设备可以称为发射源，或者更具体地称为无意干扰源，因为它们引起的无线电干扰不是其主要功能的一部分。这种干扰是开关电弧产生的谐波或谐振电路中的自激振荡等二次效应引起的。

由于世界贸易需要在电磁干扰管理方面开展国际合作，1906年成立了两个标准委员会，即国际电工委员会（IEC）和国际无线电干扰特别委员会（International Special Committee on Radio Interference，CISPR）。

然而，随着双极晶体管（20 世纪 50 年代）、集成电路（20 世纪 60 年代）和微处理器芯片（20 世纪 70 年代）等高密度电子元器件的相继出现，电磁干扰问题变得愈加严重。这一时期，军事方面的考虑和需求极大地推动了电磁干扰（electromagnetic interference，EMI）保护和缓解技术的发展，并统称为电磁兼容技术[4]。

半导体的广泛应用标志着电磁干扰和电磁效应的发展进入了一个新的阶段。电子电路不仅能够产生高幅度的电磁干扰，而且非接收器的电子电路也会受到电磁干扰的影响。绝大多数电磁干扰不是 HPEM 环境引起的，而是来自邻近或配套系统的温和而非故意的电磁干扰。然而，随着高功率电磁环境产生技术的发展，特别是雷达的发展，高功率电磁效应开始出现。

两个非常重要的历史事件证明了 HPEM 对现代电子系统的影响，一个是美国 Forrestal 航空母舰的案例[5]；另一个是 1962 年美国进行的 Starfish 高空核爆炸试验[6]的案例。此处提供这两个案例的概要，更多细节和案例可在文献[7]中获得。

案例 1：1967 年，在越南海岸外，一架海军喷气式飞机降落在美国 Forrestal 航空母舰上，在未经命令的情况下释放了弹药，击中了甲板上一架全副武装并正在加油的战斗机，导致战斗机爆炸，134 名水手丧生，航空母舰和飞机严重受损。这次事故是着陆飞机被舰载雷达辐照引起的，雷达产生的电磁干扰向飞机发送了一个错误的信号。调查显示，飞机上的屏蔽终端退化，雷达信号触发了固定操作程序。此次事件的结果是，对系统级 EMC 标准进行了修订，对电爆炸装置做了特别的要求。

案例 2：1962 年 7 月 8 日夜间，TNT 当量约为 1MT 的 Starfish 核装置在约翰斯顿环礁上空约 400km 处被引爆。从爆炸点到夏威夷瓦胡岛（Oahu）的视线距离约为 1400km。瓦胡岛的人们发现：无线电接收器的输入电路出现问题；一架装有拖曳式天线的飞机上，电涌放电器被意外触发，30 盏电灯同时失灵。

Forrestal 航空母舰的灾难是一场严重的悲剧。但是有一点必须指出，HPEM 环境与设备的相互作用不会留下任何物理证据，这进一步导致对 Forrestal 航空母舰事故实际原因调查的延迟和怀疑。尽管如此，这些事件促使军方和民间机构开始关注 HPEM 效应及其缓解技术，并建立了相应的标准和测试规范以解决这些问题。

1.5 体 系 层 级

毫无疑问，以电子学为基础的技术已经渗透到现代社会的各个层面，从整体复杂的基础设施（如电子银行）到个人手持电子设备（如手机）。

图 1.3 中提出了一个贯穿本书的体系（系统的系统）层级结构。该层级结构对于理解耦合和 HPEM 效应非常重要。

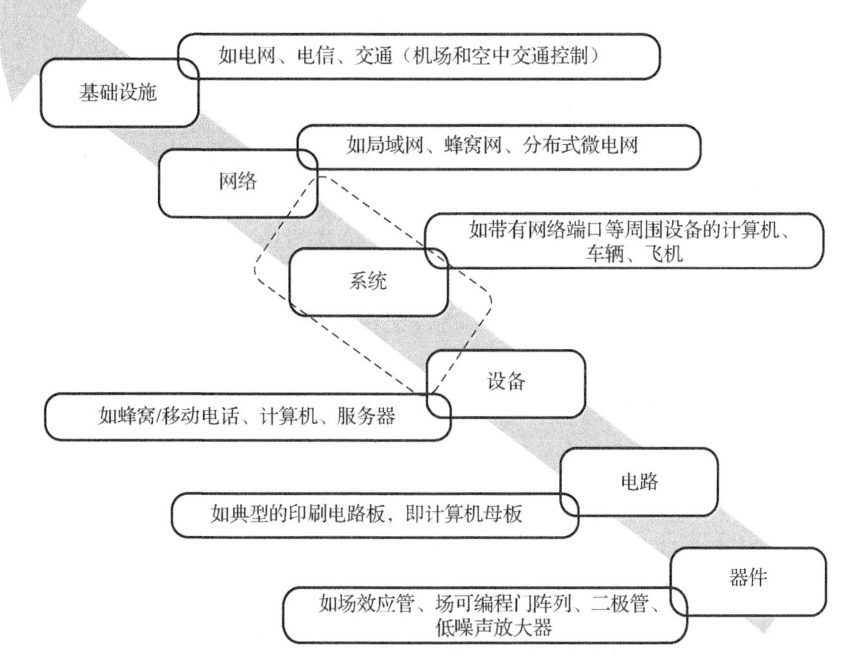

图 1.3　体系层级结构

下面介绍每个层级的特性。

1）器件

器件是任意有源模拟或数字电子元器件。为了使电子元器件发挥作用，必须将其安装到一个电路中，这个电路至少能向该器件提供电源，可能还需提供输入和输出端口。器件通常是系统中实际发生 HPEM 效应的点。由于必须复制电路的重要组成部分，在器件级进行 HPEM 效应测试难度较大。

2）电路

电路是实现特定功能的一组电子元器件的集合。器件可以是模拟的或数字的，而电路通常同时包含这两种类型的器件。尽管电路级 HPEM 效应测试已经开展很久，但在电路级进行 HPEM 效应评估仍然难以做到完全客观，其中仍包含较大的主观性。

3）设备

设备可视为由众多电子元器件构成封装在一个腔体内的电路集合，并带有电缆端口。大多数 HPEM 效应试验基于设备样品。通常，设备必须通过有线或无线方式连接到系统，以充分实现其功能。在设备级开展 HPEM 效应评估工作通常可行性最强。

4）系统

系统是可以实现某个功能的多设备的集合，并有明确的边界。系统级 HPEM 效应评估通常是最不抽象的，但是它们实际上很难实施，因为若系统的尺寸较大，可能需要大型且昂贵的试验平台。

在图 1.3 中，矩形虚线轮廓区域表示大型装备平台的边界。装备平台通常是一个包含设备、系统或小型网络（如办公楼、数据中心或其他物理结构）的集合。在图 1.3 的层级结构中，装备平台可视为无源单元，因为它不会直接受到 HPEM 效应的影响。然而，它可以通过衰减或耦合改变 HPEM 环境的传播过程。

5）网络

网络由相互连接的系统组成，这些系统可以是有线的，也可以是无线的。实践中，对整个网络进行 HPEM 效应试验是不现实的，更实际的做法是对组成网络的系统和设备单独进行测试，然后模拟激励网络的效应。

6）基础设施

基础设施是一个庞大的（几十公里）互联网络，并履行一些重要的功能。基础设施包含上述许多单元，其中一些单元可能只存在一段时间。当基础设施执行一些至关重要的功能时，如在大都市地区配电，它被称为关键基础设施（critical infrastructure，CI）。在基础设施层级进行 HPEM 效应试验一般是非常不切实际的。

在器件层级中，人们可以把微处理器和微控制器等核心器件看作电子系统的电子芯片或大脑。这些器件和其他设备支撑了层级结构的功能，直至最高的基础设施层级。最近，有一种趋势是使用电缆、光纤或者无线方式将器件、设备和系统连接或联网在一起，以实现类似于基础设施的功能。

图 1.4 以图解方式显示了图 1.2 中每种 HPEM 环境的波长如何映射到图 1.3 中的体系层级结构。

基础设施对社会的重要性体现在“关键国家基础设施”（critical national infrastructure，CNI）这一术语中。CNI 的范围大体上需要在国家或国土层面上定义。其中一个定义是国家运转和提供日常生活所依赖的基本服务所必需的装备、系统、场所和网络[8]。国家信息中心可分为以下部门：通信部门、应急服务部门、能源部门、金融服务部门、食物部门、健康卫生部门、运输部门、水务部门。

不可避免，上述部门越来越依赖于电子技术的进步。事实上，社会对基于电子技术基础设施的依赖正在增加（如智能能源、智能城市、电子医疗、人工智能、物联网（internet of things，IoT）、自动驾驶车辆等新事物的出现），有时将其统称为第四次工业革命（the 4th Industrial Revolution，4IR）。在许多国家，CNI 是通过商业提供服务的，其私人业务和功能都是建立在商业或准商业的基础上。

HPEM 环境对 CNI 造成的影响表现为功能退化，这可能导致非常严重的后果，甚至危及生命。

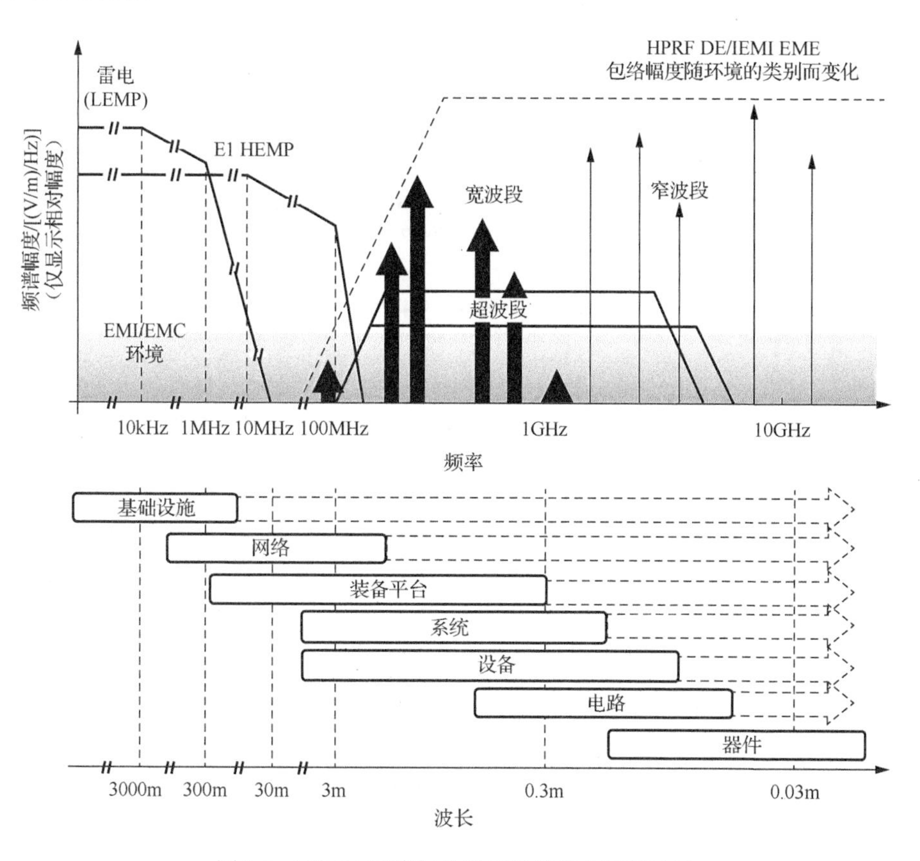

图 1.4 HPEM 环境与体系层级结构之间的映射

1.6 小 结

本书将举例说明 HPEM 环境的产生原理，重点介绍 HPEM 耦合和效应，这些耦合和效应会在 1.5 节中定义的体系层级结构的多个层级上发生。作者将大量引用已发表的公开结果，并在可能的情况下给出结论，证明 HPEM 环境干扰可能影响器件、电路和设备的功能，进而对其产生严重而深远的影响。将对 HPEM 效应的试验技术及试验标准做深入的剖析，并讨论 HPEM 效应研究中分析技术和计算模型的有效性。

本书的主要目的是为读者提供一个参考文本，以纠正错误认识，阐明良好的试验实践，并最终对 HPEM 环境与电子系统的相互作用做出判断。希望这本书能够促使读者考虑 HPEM 现象的严重性，并将其视为对支撑现代社会电子系统的一种威胁，从而前瞻性地考虑 HPEM 弹性恢复和防护技术。

参 考 文 献

[1] IEC 60050-161: International Electrotechnical Vocabulary (IEV) - Chapter 161: Electromagnetic Compatibility, Edition 1.0, August 27, 2007.

[2] Giri, D. V., and A. Kaelin, "Many Faces of HPEM – A Notional View of HPEM Environments," *AMEREM 1996*, Albuquerque, NM, 1996.

[3] Paul, C. R., *Introduction to Electromagnetic Compatibility*, New York: John Wiley & Sons,1992.

[4] Prasad Kodali, V., *Engineering Electromagnetic Compatibility*, New York: IEEE Press, 2000.

[5] Leach, P. O., and M. B. Alexander, *Electronic Systems Failures and Anomalies Attributed to Electromagnetic Interference*, NASA Report 1374, National Aeronautics and Space Administration.Washington, D.C., July 1995.

[6] Tesche, F., "Discussion of EMP Paper by M. Rabinowitz," *IEEE Transactions on Power Delivery*, Vol. PWRD-2, 1987, p. 1213.

[7] IEC 61000-1-5, "High Power Transient Phenomena - High Power Electromagnetic (HPEM) Effects on Civilian Systems," 2004.

[8] CPNI, http://www.cpni.gov.uk/about/cni/. Accessed July 2018.

第2章　HPEM环境

2.1　简　　介

在电磁学术语中，环境一词可以定义为整个电磁波谱中所有电磁（electromagnetic，EM）现象的总和。

电磁环境是很宽泛的，从直流延伸到光学范围，甚至更广。电磁波谱如图2.1所示。

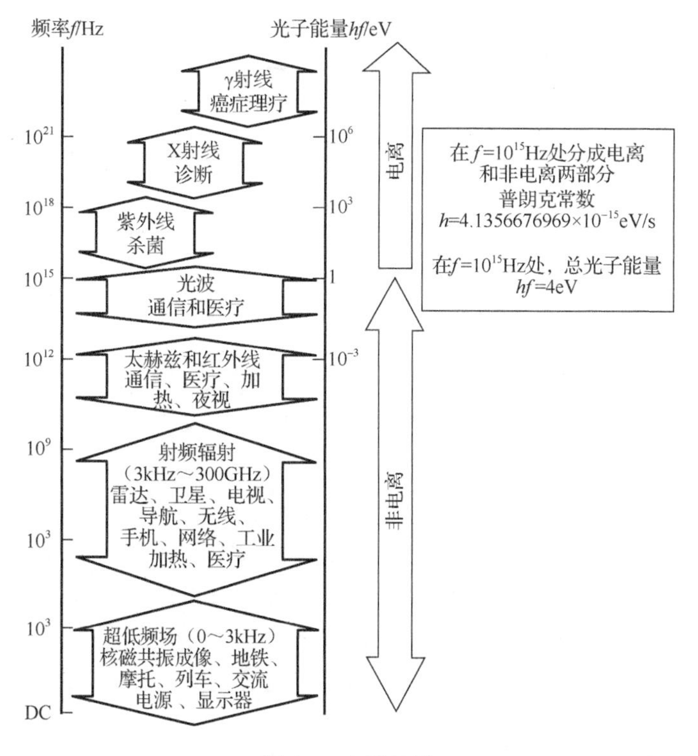

图2.1　电磁波谱

电磁能量以包的形式向外辐射，对应频率f的单个包的能量为hf，其中h为普朗克常数。值得注意的是，电磁波谱大致可以分为电离（$f>10^{15}$Hz或能量>4eV）和非电离（$f<10^{15}$Hz或能量<4eV）两类。本书的重点是研究整个电磁波谱中的几个高功率电磁环境，其频率均在10^{15}Hz以下，属于非电离类。

本书中考虑的 HPEM 环境通常覆盖几千赫兹至 100GHz 的频率范围[1]，可大致分为两类，即反电子系统和反人员系统，如图 2.2 所示。

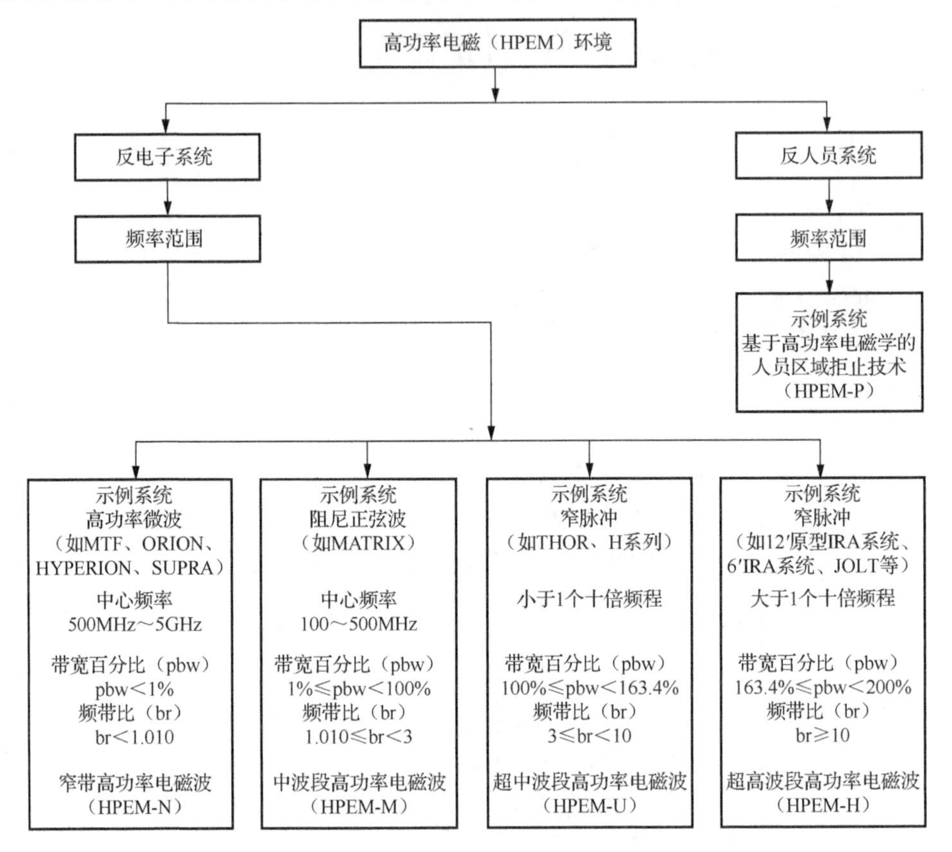

图 2.2　HPEM 环境分类

迄今为止，反人员系统产生的HPEM环境的频率范围主要集中在毫米波频段，而本书关注的是反电子系统的 HPEM 环境，频率范围一般低于 12GHz。这是因为该频率范围与第 1 章中所述的体系层级结构之间的相互作用更强烈（即有效耦合），也说明耦合与波长密切相关。换句话说，HPEM 环境与目标系统的耦合及相互作用是与频率强相关的函数，这将在后面的章节中详细讨论。反电子系统 HPEM 环境对军用和民用设备均有影响[2]。

对 HPEM 环境的专业理解已相当成熟，已经能够在各种标准中定义 HPEM 环境波形。环境波形定义通常是效应评估、电磁防护和弹性设计的起点。

本书中涉及的反电子系统 HPEM 环境在实际部队中的应用如图 2.3 所示。图中，雷电环境是幅值相对较小的 10kA 雷电在距离雷击点分别为 3000m 和 300m 处电场频谱的计算结果[3]。

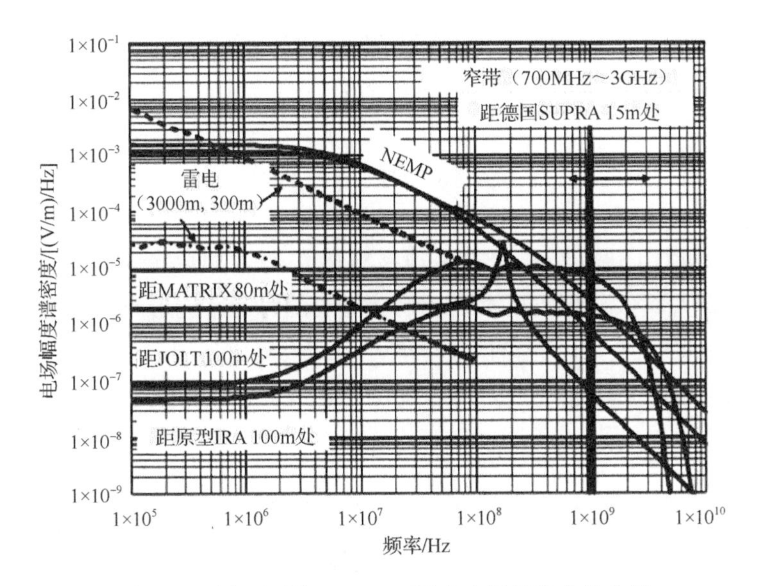

图 2.3 反电子系统 HPEM 环境在实际部队中的应用

图 2.3 中显示了核电磁脉冲（NEMP）E1 期的两条曲线，1GHz 处位于上面的 NEMP 曲线，为 IEC 61000-2-9[4]中的解析表达式给出的；位于下面的 NEMP 曲线由文献[5]～[7]中所述的，现已被撤销的德国国家标准中商指数形式的解析表达式给出。

图 2.3 中，标记为 MATRIX 的曲线是 HPRF DE 系统（该系统在文献[8]中讨论过）的预测输出。

原型脉冲辐射天线（impulse radiating antennas，IRA）和 JOLT 曲线来自距 HPRF DE 模拟器指定距离（100m）的测量结果。这些系统都是超波段（hyperband）模拟器，且均在文献[9]～[13]中有更详细的描述。

最后需要说明的是，1GHz 来源于德国窄带（narrowband）或窄波段（hypoband）HPRF DE 模拟器，称为 SUPRA。该系统在文献[14]和[15]中给出了更详细的描述。

总而言之，HPEM 环境可能：

（1）具有单个频率的多个周期中的单个脉冲（具有一定跳频的强窄带信号）；

（2）包含多个脉冲的脉冲群，每个脉冲包含单个频率的多个周期；

（3）具有甚宽带的单个脉冲（频宽从几百兆赫兹到数吉赫兹）；

（4）许多脉冲状的瞬态脉冲的爆发。

图 1.2 表明，还有其他的 HPRF DE/IEMI 源，其工作频率属于宽波段（mesoband）和窄波段。例如，MATRIX 可以设计在 4 种不同的主频下工作：200MHz、300MHz、400MHz 和 500MHz[16]。

本章简要介绍的 HPEM 环境，对于设计能有效表征器件、电路、设备和系统在真实 HPEM 环境中的效应试验是至关重要的。

2.2 雷　　电

雷电是一种由自然界产生的高功率电磁信号。如果宇宙产生于 130 亿年前，那么地球及其大气层需要 80 亿～90 亿年的时间才能形成。据估计，地球有 40 亿～50 亿年的历史，因此雷电最可能和地球及其大气层一样古老。雷电的类型有多种，但主要的两种类型是云间雷电和云对地雷电，如图 2.4 所示。雷电可以自然发生，也可以人为触发。

图 2.4　两种类型的雷电（云间雷电和云对地雷电）

2.2.1　概述

文献[17]和[18]很好地阐述了雷电 HPEM 环境，图 2.5 则在一张图中尽量展示了雷电的历史记录。

从图 2.5 中可以看出，第一次雷电可能发生在 40 亿～50 亿年前地球大气层形成的时候，电火花早在公元前 600 年就被观察到了。在 18 世纪中叶，人们就通过安装早期的避雷针来保护教堂等建筑物，随后 Franklin 进行了著名的“风筝实验”。在整个 19 世纪和 20 世纪，人们对雷电产生了极大的兴趣，特别是对雷电感应电流和雷电所产生的 HPEM 环境的测量。

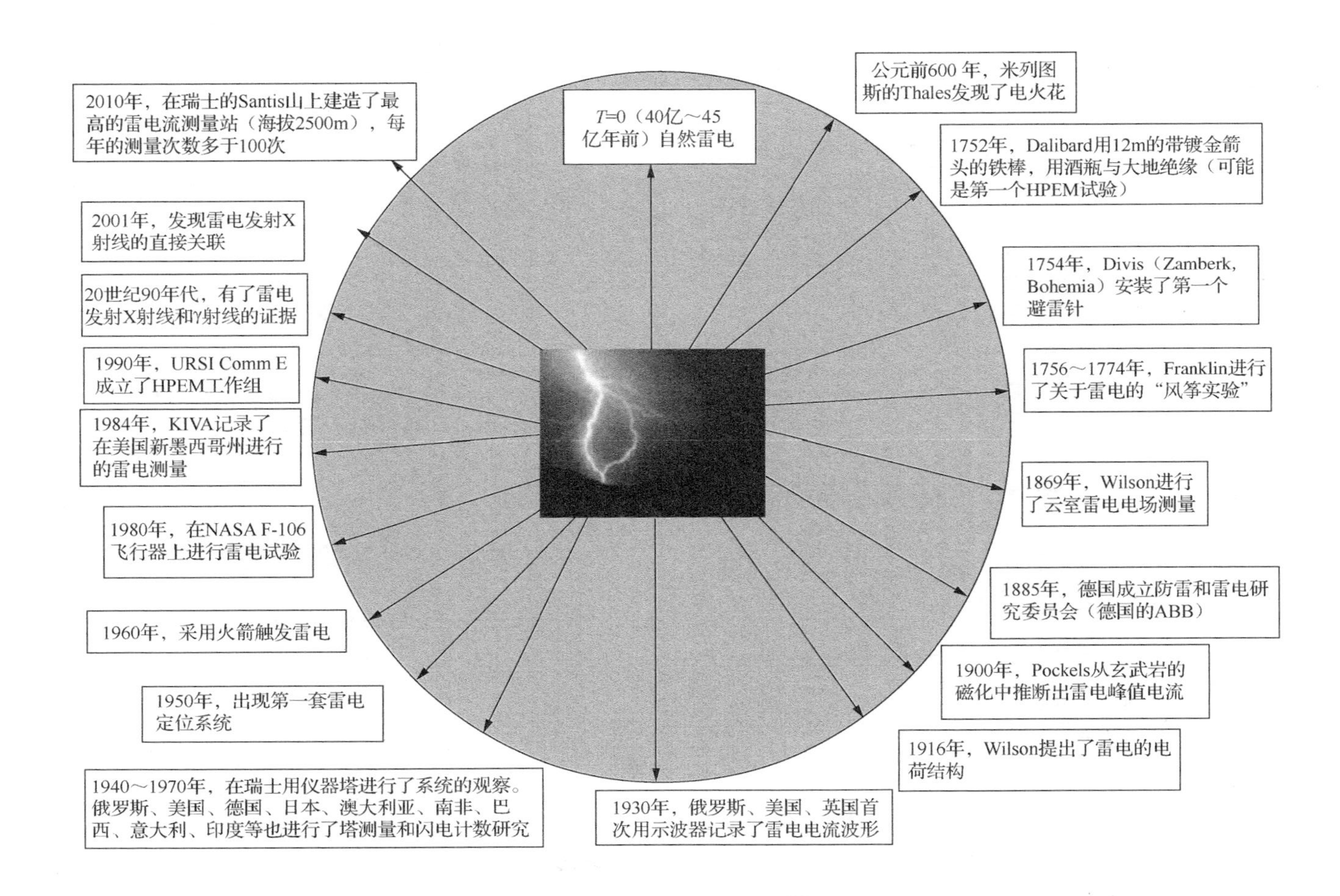

图 2.5　雷电的历史记录[19]

对自然雷击放电中瞬态电流流动的正确理解是很重要的，有助于加深对以下问题的理解：

（1）放电物理；

（2）辐射电磁场；

（3）与电力电子系统的耦合及相互作用；

（4）保护系统免受雷电的不利影响。

过去的几十年里，在世界不同地区的山顶上进行雷电参数的测量，如美国[20-24]、加拿大[25]、中国[26]及瑞士的 Santis 仪器塔[27-31]。通常，通道电流的测量是通过山顶的建筑物或仪器塔进行的。根据测量的通道电流可以计算辐射场。相反，也可以测量一定距离的辐射场，进而推导出通道电流的参数。

在美国，通过一个地下电磁屏蔽舱体 KIVA2 设施进行触发雷电的测量。该设施位于新墨西哥州中部的马格达莱纳山脉的南秃顶，引雷火箭弹就是从这个设施发射的。该设施是一个直径为 5.64m、高为 2.44m、壁厚为 4.75mm 的钢筒，钢筒顶部焊接了一块钢板，仪表架位于其内部。所测量的参数主要为电流的上升时间，即电流上升率或 dI/dt，50m 外电磁场的上升时间，以及雷电的光辐射。为了测量电流参数，设置并校准了一组电流测量传感器，且该组传感器可以在无人值守的情况下实现对直击雷电或者间接雷电的数据记录。

同样地，Santis 仪器塔是瑞士最新的测量雷电参数的仪器塔之一，塔高为 124m，如图 2.6 所示。

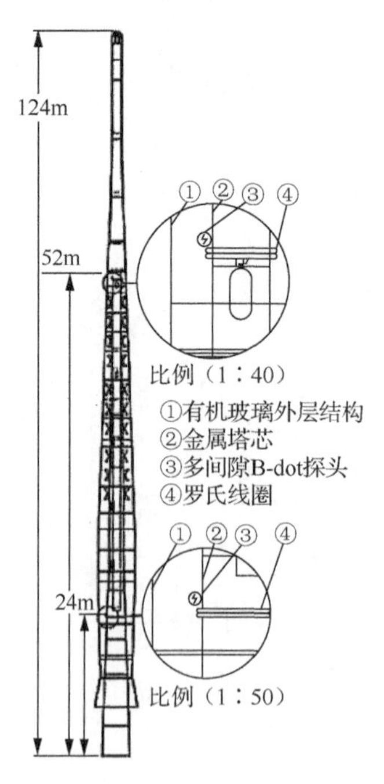

图 2.6　瑞士 Santis 仪器塔

为了便于说明，图 2.7 给出了非触发式自然雷电情况下的典型电流波形。

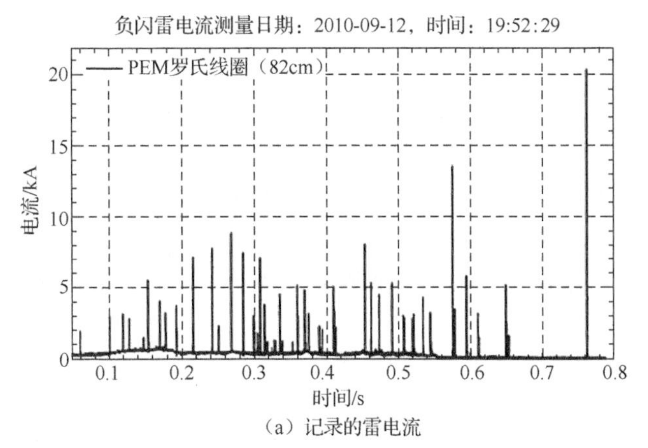

（a）记录的雷电流

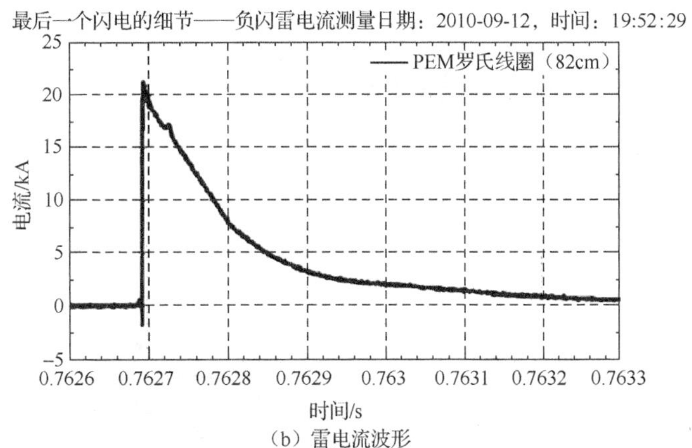

（b）雷电流波形

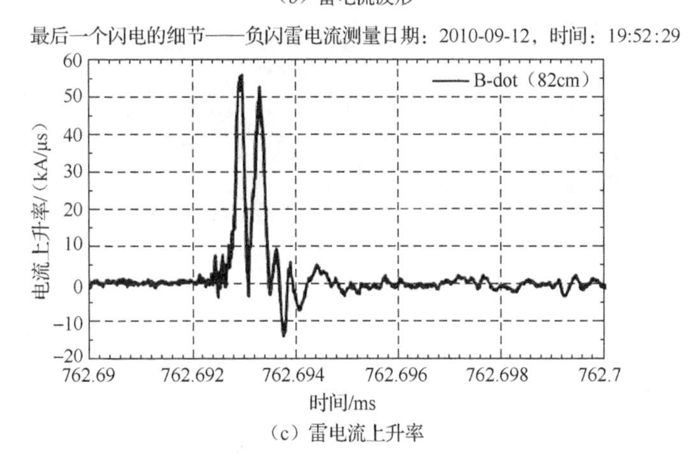

（c）雷电流上升率

图 2.7　非触发式自然雷电情况下的典型电流波形[27]

从图 2.7（b）可以看出，上行负闪雷电流的峰值为 22kA，图 2.7（c）中 dI/dt 的峰

值为 5.6×10^{10}A/s，即最大上升速率（峰值电流/峰值导数）[29]=22kA/（5.6×10^{10}A/s）≈400ns。这是采用用于高空电磁脉冲（high-altitude electromagnetic pulse，HEMP）测量的电流和磁场传感器进行雷电测量的案例。

文献[32]中较为全面地总结了世界各地各种雷击测试仪器塔的模型。

除了通过上述在山顶上的仪器塔进行雷电测量外，也可以通过机载平台就近测量辐射场和雷电流。在 20 世纪 80 年代，使用装有仪器的 F-106 越战飞机研究了附着于飞机上的直击雷电和间接雷电[33]，如图 2.8 所示。这项研究工作历时 5 年，由美国国家航空航天局（National Aeronautics and Space Administration，NASA）兰利研究中心赞助。

（a）1982年风暴危害研究计划的F-106飞机（NASA 816）

（b）F-106飞机前吊杆上的B-dot传感器[33]

图 2.8　雷电的机载测量平台

在图 2.8（a）中，飞机上油漆标记的是雷电附着点。在图 2.8（b）中，B-dot 传感器安装在飞机的前吊杆上，该位置附近的散射场为零。在间接雷电的情况下，因为散射场为零，该传感器只接收入射场。该机载测量平台在雷云中飞行，从雷电的直接附着点处收集数据，测量附近雷电的辐射场，文献[34]和[35]对其所测量的数据进行了描述。

2.2.2 雷电辐射环境

大多数情况下，可以通过近地雷电测量和计算得到雷电流的波形。例如，图 2.3 中给出了距离 10kA 雷击点 300m 和 3000m 处的辐射电场。

相较于 HEMP，大多数人认为在 1MHz 频率以下，自然雷电可能是较大的威胁；而在 1MHz 频率以上，HEMP 无疑会成为更大的威胁。雷电辐射环境与 HEMP 环境之间的一个重要区别是，雷电是影响一架飞机或一座办公楼的局部环境，而 HEMP 则可以在很大区域内同时影响所有飞机或城市。

2.3 核电磁脉冲

核电磁脉冲（NEMP）一词用来描述核武器爆炸后产生的各种瞬态电磁现象。本节主要阐述高空核爆炸产生的电磁脉冲，即高空电磁脉冲（HEMP）。

HEMP 定义为发生在距地球表面 30km 以上高度的核武器爆炸（即爆高大于 30km）产生的瞬态电磁现象。在这种爆高条件下，核爆炸产生的电离辐射、冲击波和热效应到达地面的幅度不足以对电子设备造成重大影响，但其产生的早期（E1）、中期（E2）、晚期（E3）HEMP 电磁信号会到达地面，并对电子设备等造成严重的影响。

核爆炸产生的电离辐射与大气层相互作用，产生康普顿散射电子，这些电子围绕地磁场旋转，在大气层中产生康普顿电流，形成一个有效的辐射天线。这种相互作用的结果是形成一个高幅值、快上升时间的瞬态电磁场，其特征如下[36]。

（1）早期 HEMP（E1）：脉冲波形的初始部分，具有高幅值（数十千伏/米）、纳秒级上升时间、持续时间为数十纳秒的特征；

（2）中期 HEMP（E2）：脉冲波形的中间部分，幅值为几十伏/米，持续时间在毫秒量级；

（3）晚期 HEMP（E3）：或称为磁流体动力学（magneto hydrodynamic，MHD），脉冲波形的最后一部分，幅值较低（毫伏/米或伏/千米），但持续时间在秒量级。

核电磁脉冲（NEMP）还包括如下其他的类型[37,38]。

（1）源区电磁脉冲（source region electromagnetic pulse，SREMP）：或称为大气层内电磁脉冲，产生于核爆炸发生在较低爆高（低于 30km）时，如地面或空中核爆炸。在离核爆炸很近的区域，冲击波、热辐射与电离辐射等和系统的相互作用是核武器效应主要考虑的因素。

（2）系统电磁脉冲（system-generated electromagnetic pulse，SGEMP）：SGEMP是核武器电离辐射的输出（伽马射线或X射线）与系统直接的相互作用，并在系统的结构、电缆和电路板中产生电流。由于核武器产生的伽马射线和X射线在低空时会被大气层衰减，因此对于大气层外的系统（如卫星）需要着重考虑SGEMP。高空核爆炸（high-altitude nuclear explosion，HANE）与天基系统的核武器效应相关。

本书主要讨论HEMP E1环境，因为它是体系层级结构中从器件级到网络级HEMP效应的主要激励因素。

正如Glasstone和Dolan在文献[39]中所指出的，常规烈性炸药的爆炸可以产生电磁信号，因此预测核爆炸时也会产生电磁脉冲。然而，HEMP效应的严重程度和潜在危害在很多年内都没有被意识到。直到第一次核爆炸发生多年后的20世纪70年代初，HEMP环境的强度才被实验观测到。

1962年美国在太平洋约翰斯顿岛附近进行了名为Starfish的核爆试验，该次核爆试验的爆高为400km，当量为1MT，在距爆心1400km外的夏威夷瓦胡岛上测得的HEMP E1电场幅值约为5.6kV/m。这种HEMP环境导致防盗警报器和空袭警报器被触发，一些路灯熄灭，而另一些路灯亮起，一个区域的30盏电灯发生故障，几根保险丝被烧断[40]。与现在相比，当时的电子系统还未兴起，人们现在对电子系统的依赖程度已经达到以前无法想象的水平。

1994年，俄罗斯科学家证实了这些效应[41]。他们在1962年的核爆试验中观察到了更多系统的更多效应，因为他们的高空核试验是在陆地上进行的。据报道，包括电力和通信在内的一些长线缆系统出现了故障，500km长的通信线路上的保护装置也出现了故障。

这些核爆试验证实了所预测的HEMP现象的存在，并促进了描述和量化HEMP环境试验技术的发展，加强了HEMP效应对系统影响的理解。

2.3.1 HEMP辐射环境

真实核爆炸产生的HEMP辐射环境往往与核武器本身的设计细节及武器部署有密切关系，因此常常是高度机密。在20世纪70年代，关于HEMP辐射环境的公开报道都集中在HEMP E1分量的合成环境。

在IEC 61000-2-9[4]中，给出了用于描述HEMP波形各分量的双指数形式的解析表达式，如图2.9所示。基于解析表达式的合成HEMP时域波形如图2.10所示，图中包括早期（E1）、中期（E2）和晚期（E3）分量。

第一个公开发布HEMP E1波形的是Bell实验室[42]，其双指数波形的幅值为50kV/m，上升时间（t_r）为4.6ns，半高宽（full-width half-maximum，FWHM）为200ns。

早期HEMP（E1）

$$E_1(t)=\begin{cases}0, & t\leqslant 0\\ E_{01}\cdot k_1(\mathrm{e}^{-a_1 t}-\mathrm{e}^{-b_1 t}), & t>0\end{cases}$$

E_{01}=50000V/m

$a_1=4\times10^7\mathrm{s}^{-1}$

$b_1=6\times10^8\mathrm{s}^{-1}$

k_1=1.3

中期HEMP（E2）

$$E_2(t)=\begin{cases}0, & t\leqslant 0\\ E_{02}\cdot k_2(\mathrm{e}^{-a_2 t}-\mathrm{e}^{-b_2 t}), & t>0\end{cases}$$

E_{02}=100V/m

$a_2=1000\mathrm{s}^{-1}$

$b_2=6\times10^8\mathrm{s}^{-1}$

k_2=1

晚期HEMP（E3）

$$E_i(t)=\begin{cases}0, & \tau\leqslant 0\\ E_{0i}\cdot k_i(\mathrm{e}^{-a_i\tau}-\mathrm{e}^{-b_i\tau}), & \tau>0\end{cases}$$

$\tau=t-1$

E_{0i}=0.04V/m

$a_i=0.02\mathrm{s}^{-1}$

$b_i=2\mathrm{s}^{-1}$

k_i=1.058

$$E_j(t)=\begin{cases}0, & \tau\leqslant 0\\ E_{0j}\cdot k_j(\mathrm{e}^{-a_j\tau}-\mathrm{e}^{-b_j\tau}), & \tau>0\end{cases}$$

$\tau=t-1$

E_{0j}=0.01326V/m

$a_j=0.015\mathrm{s}^{-1}$

$b_j=0.02\mathrm{s}^{-1}$

k_j=9.481

$$E_3(t)=E_i(t)-E_j(t)$$

图 2.9　IEC 61000-2-9 中 HEMP E1、E2、E3 的解析表达式

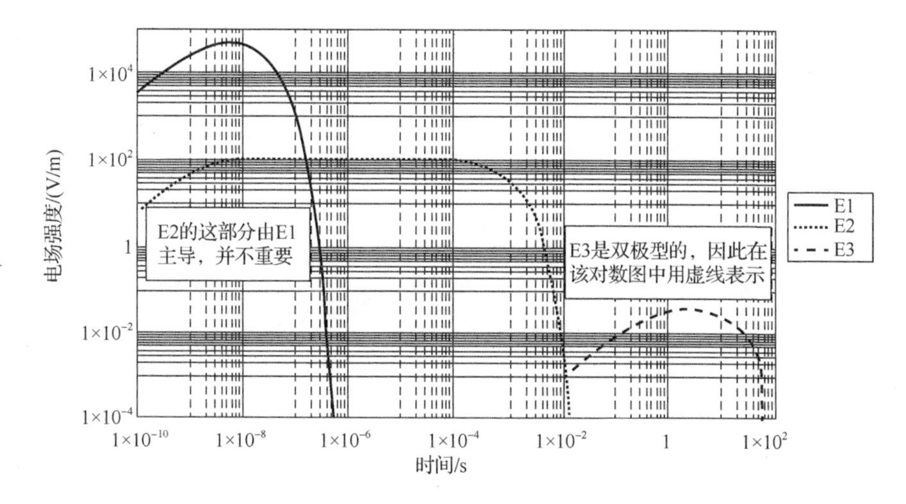

图 2.10　基于解析表达式的合成 HEMP 时域波形

随着分析和建模技术的发展，HEMP E1 环境已经更新了很多版本[6, 43, 44]。表 2.1 给出了公开发布的不同标准中对 HEMP E1 环境的规定。

表 2.1　不同标准中对 HEMP E1 环境的规定

参数	Bell 实验室（20 世纪 60 年代）	Baum（1992 年）	Leuthäuser*（1994 年）	VG 95371-10**（1995 年、2011 年）	IEC 61000-2-9（1996 年）
t_r/ns（10%～90%）	4.6	2.5	1.9	1995 年为 0.9ns，2011 年改为 2.5ns	2.5

续表

参数	Bell 实验室（20 世纪 60 年代）	Baum（1992 年）	Leuthäuser*（1994 年）	VG 95371-10**（1995 年、2011 年）	IEC 61000-2-9（1996 年）
电场峰值 E_0/（kV/m）	50	50	60	50	50
FWHM/ns	184	约 23	23.8	23	23
k_1	1.05	1.3	1.08	1.3	1.3
a_1	4×10^6	4×10^7	2.2×10^9	4×10^7	4×10^7
b_1	4.76×10^8	6×10^8	3.24×10^7	6×10^9	6×10^8
能量密度/（J/m^2）	0.891	0.114	—	0.144	0.114

*注意：Leuthäuser[44]给出的环境为商指数的表达式，其他的均为双指数表达式。

**VG 95371-10 为德国军用 HEMP 标准。

文献[45]概述了所有公开发表的 HEMP 标准的演变过程，这些公开发表的 HEMP E1 环境如图 2.11 所示。

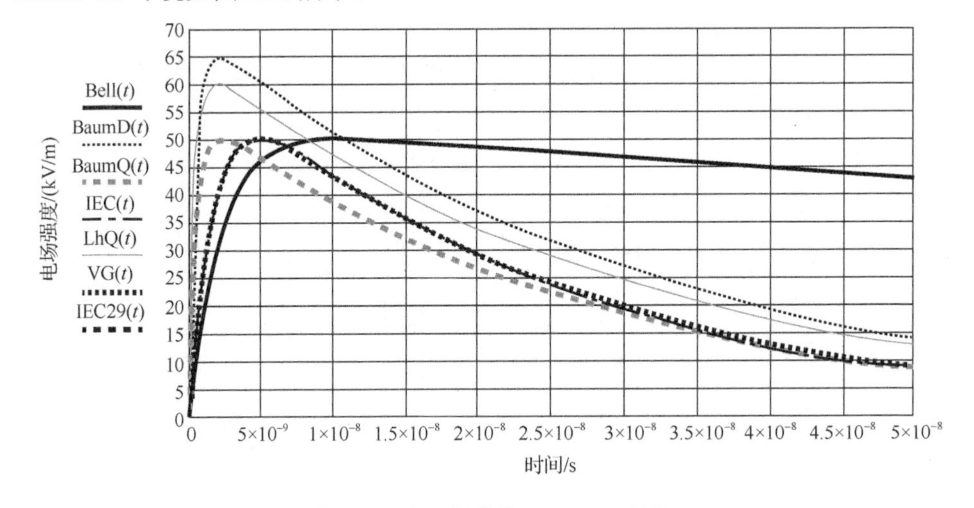

图 2.11　公开发表的 HEMP E1 环境

双指数（double exponential，DEXP）表达式和商指数（quotient of exponentials，QEXP）表达式之间的差异将在下文介绍[46]。

2.3.1.1　HEMP E1 的双指数表达式

HEMP E1 波形的双指数表达式在早期的 HEMP 研究中就开始使用了，文献[6]中给出了详细的描述。

时域表达式如式（2.1）所示，相应的频域表达式如式（2.2）所示：

$$E(t)=E_0\left[\mathrm{e}^{-\alpha(t-t_0)}-\mathrm{e}^{-\beta(t-t_0)}\right]u(t-t_0)\quad \text{V/m} \tag{2.1}$$

式中，E_0 为电场强度常数，单位为 V/m；α、β 为衰减常数，单位为 rad/s；$u(t-t_0)$ 为单位阶跃函数；t_0 为时移，单位为 s。

$$\tilde{E}(\omega)=E_0\left(\frac{1}{\mathrm{j}\omega+\alpha}-\frac{1}{\mathrm{j}\omega+\beta}\right)\quad (\mathrm{V/m})/\mathrm{Hz} \tag{2.2}$$

式中，$\tilde{E}(\omega)$ 为 $E(t)$ 的傅里叶变换，单位为（V/m）/Hz；$\omega=2\pi f$ 为角频率，单位为 rad/s；$\mathrm{j}=\sqrt{-1}$ 为复数。从式（2.2）可以看出：

（1）第一个频率拐点位于 $f=\alpha/2\pi$ Hz 处；

（2）第二个频率拐点位于 $f=\beta/2\pi$ Hz 处；

（3）频谱中低频平坦部分的幅度由下式给出：

$$E_1=E_0\frac{\beta-\alpha}{\alpha\beta}\quad (\mathrm{V/m})/\mathrm{Hz} \tag{2.3}$$ [①]

双指数可以通过许多方法来表征，明确表达式中 E_0、α、β 三个变量，就可以给出一个双指数波形。然而，式（2.1）用测量波形的相关特征量表达更容易，即

（1）峰值电场（E_p），需要注意的是 $E_\mathrm{p}\neq E_0$；

（2）10%～90%上升时间（t_r）；

（3）半高宽（FWHM）；

（4）e 倍衰减时间，即幅值达到 E_p 的 1/e（约为 37%）的时间。

之所以选择这些参数，是因为它们能够很容易地从实际的测量波形中获得。

2.3.1.2　HEMP E1 的商指数表达式

为了避免 HEMP E1 双指数表达式起点的不连续性，推导出另一种解析式，即两个指数之和的倒数，也称为双指数的商，简称为商指数，其时域表达式和频域表达式分别如式（2.4）和式（2.5）所示：

$$E(t)=\frac{E_0}{\mathrm{e}^{-\alpha(t-t_0)}+\mathrm{e}^{-\beta(t-t_0)}}u(t-t_0)\quad \mathrm{V/m} \tag{2.4}$$

$$\tilde{E}(\omega)=\frac{E_0\pi}{\alpha+\beta}\csc\left[\frac{\pi}{\alpha+\beta}(\mathrm{j}\omega+\alpha)\right]\mathrm{e}^{-\mathrm{j}\omega t_0}\quad (\mathrm{V/m})/\mathrm{Hz} \tag{2.5}$$

这种波形表达式的优点是其对时间的一阶导数连续，但缺点是时间扩展到了 $t=-\infty$，这就需要在 $t\leqslant 0$ 时，通过参数 t_0 将信号的幅值调整为无穷小值。

---

① 该公式原书有误，已修正。——译者

采用 Bell 波形给定的参数，并假设 t_0=5ns，图 2.12 给出了 DEXP 和 QEXP 两种不同表达式的波形。

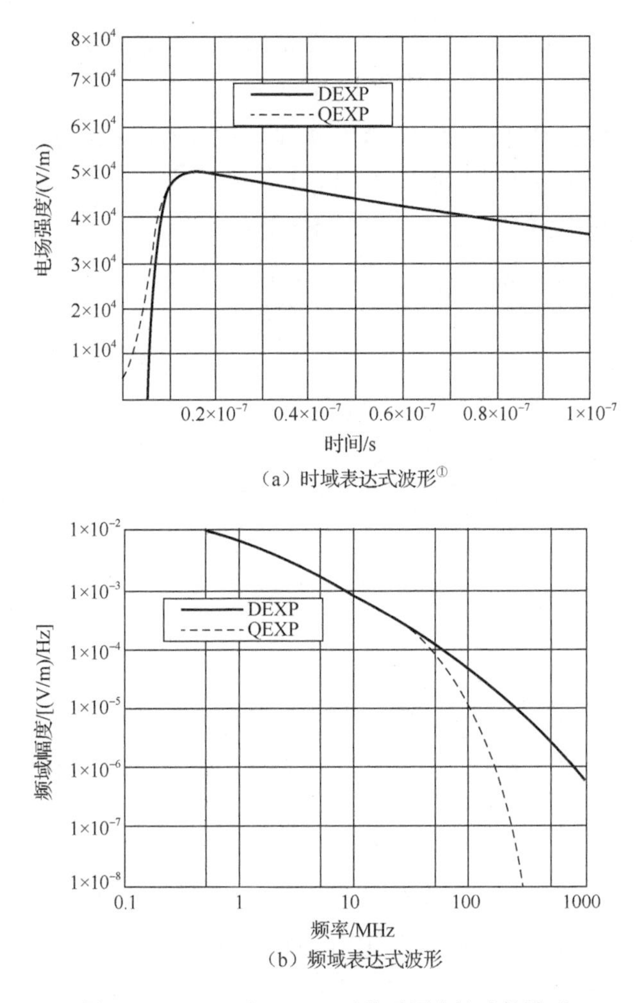

（a）时域表达式波形[①]

（b）频域表达式波形

图 2.12　DEXP 和 QEXP 两种不同表达式的波形

2.3.1.3　HEMP 辐射环境概述

从表 2.1 中可以看出，HEMP E1 环境的定义变化总体趋势表现为较新的 HEMP E1 环境标准的上升时间更快，下降时间更短，因此能量密度比最开始 Bell 实验室版本中的能量密度要低得多。

① 原书图中标识分别为 DBLEXP 和 INVDBLEXP，译著中为便于读者阅读按 DEXP 和 QEXP 标识。——译者

IEC 61000-2-9 中规定的 HEMP E1 环境已成为公开发布的 HEMP E1 环境默认版本，并被美军标 MIL-STD-464 A[47]采用。

2.3.1.4　HEMP E1 环境的覆盖范围

事实上，形成 HEMP 环境的天线是地球磁层。HEMP E1 可视作平面波，以一定的角度向地球表面传播，这个角度被称为倾角，其大小与磁层在核爆点相关经纬度上的磁场模式有关。地球表面及其附近的 HEMP E1 环境能覆盖非常广阔的地理区域，文献[48]中给出了 HEMP E1 环境覆盖范围示例。

HEMP E1 环境的“笑脸”图例①，展示了 75km 爆高时入射电场峰值轮廓。其中等值线表示为最大峰值（标称电场为 50kV/m）的百分比，该最大峰值位于爆点南面，用“十”字标识爆点位置，位于“笑脸”轮廓的北面。

需要注意的是，HEMP E2 紧随 E1 之后，而 E3 又紧跟 E2 之后。实际上，E2 的上升沿/上升时间比 E1 慢得多，在低频段时 E2 的能量成分要比 E1 大很多，但 E1 效应相对 E2 效应更为重要。虽然雷电的波形特征与 HEMP E2 相似，且系统、装置和基础设施可能有防雷措施，但是那些认为雷电防护器件能够自动提供对 HEMP E2 防护的观点是有问题的。因为 HEMP E2 之前的 E1 环境可能已经破坏了一些雷电防护器件。

文献[49]和[50]将 HEMP E3 环境与自然地磁爆环境进行了对比。标准中 HEMP E3 环境（对应于幅值为 50kV/m 的 HEMP E1 标准环境）的磁场变化率（dB/dt）约为 1500nT/min（相当于 40V/km 的电场）。在撰写本小节时，人们正在努力完善对地磁感应电流（geomagnetically induced current，GIC）环境和 HEMP E3 环境的理解。

2.3.2　HEMP 传导环境

HEMP 可使金属结构（如电力线、金属数据/通信线、管道）产生感应电流和感应电压，这些在导体中传播的电流和电压即为传导环境。也就是说，传导环境是一种二次现象，源自 HEMP 辐射环境[51]。

HEMP E1 环境的高幅值电场能有效耦合到天线和暴露在外的线缆上，如电力线和数据/通信线缆。

HEMP E2 环境只能有效耦合到超过 1km 的长导体上。

HEMP E3 环境的耦合对象是很长（超过几公里）的传输线（如电力线和通信线）。

对于系统外的长导线而言，导线是架空还是埋地对 HEMP 传导环境有很大的影响。其他需要考虑的因素还包括导线长度、大地电导率（对于 HEMP E1 环境

① 即 HEMP E1 电场峰值在地球表面的分布图。——译者

为 0～5m 深的大地电导率）、导线负载阻抗、入射波的仰角和极化角。因此，HEMP 传导环境通常以统计方式定义，即在不同条件下产生特定电流水平的概率。

2.3.3 HEMP 的公开记录

20 世纪 60 年代，美苏两国在真实高空核试验中观察到的 HEMP 效应现象已在第 1 章中进行了简要讨论。

1962 年，美国在太平洋约翰斯顿岛上进行的 Starfish 核试验，在 1400km 外的夏威夷瓦胡岛上产生了 HEMP 效应。1994 年，俄罗斯科学家的报告称在 1962 年的一项核试验中也观测到了类似的 HEMP 效应。

在进行这些核试验时，电子系统相对于如今还不成熟。值得庆幸的是，1963 年，美国、英国和苏联签署了名为《部分禁止核试验条约》（Limited Test Ban Treaty，LTBT）的国际条约[52]，该条约禁止了大气层核武器试验。

1963 年以后，大部分 HEMP 效应试验是通过模拟器进行的，同时也可通过地下核试验进行小规模的效应试验。这些试验的大部分数据都是保密的，且这些数据与现代社会的相关性是有争议的。

美国国会通过第 106～398 号公法第十四次条款设立了评估电磁脉冲（electromagnetic pulse，EMP）攻击对美国造成威胁的委员会。从 2004 年到 2008 年，美国电磁脉冲威胁评估委员会全面评估了高空电磁脉冲对美国国家基础设施的影响，并于 2008 年报告了评估结果[53]。

评估活动是在美国电磁脉冲威胁评估委员会的赞助下基于分析和试验进行的。评估的结论：高空电磁脉冲是少数可能使社会面临灾难性后果的威胁之一。各种形式的电子产品的日益普及使用是遭受电磁脉冲攻击的最薄弱环节。电子设备被应用于控制、通信、计算、存储、管理和实施等美国民用系统的各个方面。

虽然在现代军事和民用系统上进行了 HEMP 综合效应模拟试验和分析，但美国电磁脉冲威胁评估委员会的报告没有公布实际的效应数据。

2.3.4 HEMP 环境总结

HEMP E1 是 HEMP 环境的主要组成部分，当其频率成分和对应波长与典型系统的尺寸相当时，将被认为是系统级威胁（图 1.4）。HEMP E1 在地球表面的覆盖范围很广。默认的标准 HEMP 波形由 IEC 61000-2-9 给出，其峰值场强为 50kV/m，上升时间（10%～90%）为 2.5ns，半高宽为 23ns。其他公开资料描述的 HEMP E1 波形具有不同的参数，其三个关键参数的取值范围如下。

（1）峰值场强：50～65kV/m；

（2）10%～90%上升时间：0.9～4.6ns；

（3）半高宽（FWHM）：23～184ns。

随着时间的推移与计算机技术的提高，人们趋向于采用上升时间在 0.9～2.5ns，半高宽在 23～24ns 内的标准规范。

HEMP 环境的分量（E1、E2 和 E3）被单独模拟出来，且 HEMP 效应的评估仅仅是分别针对这些单独的分量进行的。现实中，这些分量将与目标或受威胁对象按顺序或协同作用。因此，对 HEMP 效应进行建模或评估是很困难的。

2.4　高功率射频定向能环境

高功率射频定向能系统一直是许多国家军事研究和发展的重点。HPRF DE 发生器用于产生高功率电磁波，以打击（拒止、中断、扰乱或破坏）电子系统，包括加固过的军事系统。美国国防部（Department of Defense，DoD）对定向能战争的定义[54]：定向能军事行动包括两个方面，一方面，采用定向能武器、设备和对抗措施，对敌军设备、设施和人员造成直接损伤或扰乱；另一方面，通过破坏、扰乱和中断来决定、探索、减少或阻止敌方对电磁频谱的恶意使用。另外，还涉及采用电磁频谱保护友方设备、装备和人员，并容许电磁频谱的良性使用。

尽管最初关于 RF“死亡射线”的讨论与尼古拉 · 特斯拉有关，但目前尚不清楚 HPRF DE 系统和武器的概念是什么时候提出的。特斯拉试图在纽约沃登克利夫建造一个大功率射频发射站，用于远程无线电通信[55]。1940 年末，特斯拉 84 岁时，与《纽约时报》的一名记者讨论了用于攻击飞机的 HPRF DE 武器的概念[56]。特斯拉发明的放大变压器，或称特斯拉变压器，至今仍在一些高功率射频发生器中使用。

在特斯拉之后，HPRF DE 系统这个概念又回到了科幻领域，因为没有任何技术可以用来建造 HPRF DE 系统。第二次世界大战中，随着雷达的出现和远程无线电通信的普及，大功率发射机技术开始用于军事。

在冷战期间，有大量证据表明，苏联提出了 HPRF DE 的概念。主要原因有两个：一是苏联科学家认识到他们在电子系统方面的能力不能和西方相匹敌；二是电子系统 HPRF DE 效应可能是西方潜在的弱点[57]。

之前讨论过的 1962 年 Starfish 核试验出乎意料的副作用，使夏威夷瓦胡岛电力系统中断、损坏和断电，这都归因于 EMP 效应。这种破坏促使人们对 EMP 效应进行了大量的研究，特别是在电磁脉冲的模拟、军事装备和系统的加固保护等技术领域。

为了用非核方法产生类似于电磁脉冲的效果，有必要研制脉冲功率源。大约从 1960 年开始，脉冲功率成为一个专门的研究领域[58]。脉冲功率设计人员的目标是研制高效的脉冲功率机器来驱动各种电磁装置，如电磁脉冲模拟器、电磁发射器、激光系统和 X 光机等。

可以推测，脉冲功率技术的发展进步、高空核试验的效应记录以及 EMP 效应引起类似 1967 年美国福瑞斯塔尔号（USS Forrestal）灾难那样的重大事故，可能促使军方考虑开发非核技术来产生 EMP 效应[59]。事实上，一些早期的 HPRF DE 技术设想就被称为非核电磁脉冲（non-nuclear EMP，N2EMP）。

2.4.1 HPRF DE 系统的现状

在世界范围内，HPRF DE 发生器的研究和开发持续由国家政府国防部门组织，并与企业或大学合作。从公开文献中可以推断，加拿大、中国、法国、德国、印度、伊朗、俄罗斯、瑞典、韩国、美国和英国等国拥有先进的 HPRF DE 模拟器系统[10,14,15]，并对 HPRF DE 系统进行了研究。

覆盖 0.7～3GHz 频率范围的窄带/窄波段模拟器包括：

（1）位于瑞典林科平的移动式微波试验装置（microwave test facility，MTF），由五个固定频率的微波源组成，分别是 L、S、C、X 和 Ku 雷达波段；

（2）移动式猎户座（Orion）系统，最初位于英国（现在又回到美国），使用相对论磁控管和喇叭馈电反射面天线[60]；

（3）具有频率捷变功能的亥伯龙窄波段（Hyperion hypoband）模拟器，高峰值功率的固定装置，位于法国格拉马研究中心（Centred Etudes de Gramat）；

（4）具有频率捷变功能的 SUPRA 窄波段模拟器，后加速相对论速调管的固定装置，位于德国明斯特市的军事科学防护技术研究所（Wehrwissenschafliches Institut für Schatztechnologien，WIS）。

图 2.13 给出了四个高功率窄波段模拟器的照片。

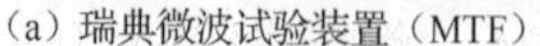
（a）瑞典微波试验装置（MTF）

（b）移动式猎户座窄波段模拟器

（c）亥伯龙窄波段模拟器

（d）SUPRA窄波段模拟器

图 2.13　四个高功率窄波段模拟器的照片
（来自文献[14]：©2004 IEEE，经允许转载）

这些模拟器的详细性能说明在表 2.2 中给出，也可在 IEC/TR 61000-4-35[15]中找到，该标准是 HPEM 模拟器的名录汇编，包括窄带和宽带两种类型。

表 2.2　欧洲窄带 HPEM 系统实例

特性	瑞典 MTF	英国 Orion	法国 Hyperion	德国 SUPRA
射频源	常规管	相对论磁控管	相对论磁控管和后加速相对论速调管	后加速相对论速调管
频率/GHz	1.3、2.86、5.71、9.3、1.5	1～3	1.3～1.8（磁控管）；2.4～3（磁控管）；0.72～1.44（速调管）	0.675～1.44
最大功率	25MW、20MW、5MW、1MW、0.25MW 作为频率的函数	微波功率 350MW；脉冲功率 5GW，500kV，50Ω	—	400～200MW
最大 prf	1000Hz、1000Hz、1000Hz、1000Hz、和 2100Hz	单次至 100Hz	—（磁控管）；1Hz（速调管）	10Hz
最大脉冲持续时间	5μs、5μs、5μs、3μs、8μs 和 0.53μs	500ns	100ns（磁控管）；200ns（速调管）	>300ns
场水平	—	—	60kV/m（磁控管）；40kV/m（速调管）	15m 处为 70kV/m

注：prf 为脉冲重复频率（pulse repetition frequency）。

HPRF DE 系统现在越来越成熟，在军事和民用方面都有广泛的用途，例如：

（1）反简易爆炸装置（counter improvised explosive devices，C-IED）；

（2）反机动工具（车辆和船只/快速来袭攻击艇（fast incoming attack craft，FIAC）拒止）；

（3）地面防空（ground-based air defense，GBAD）、压制敌人防空（suppression of enemy air defense，SEAD）和反无人机（counter unmanned aerial vehicle，C-UAV）；

（4）深度目标攻击；

（5）反人员系统（通常反人员系统工作在毫米波频段，本书不讨论该主题）。

文献中也广泛讨论了爆炸驱动 HPEM 发生器，Altgilbers 等[61]对该技术进行了很好的总结。在主流媒体中，电磁炸弹（E-bomb）一词与电磁脉冲炸弹（EMP-bomb）、类电磁脉冲炸弹（EMP/Ty bomb）和射频弹药（RF munitions，RFM）等术语一起使用。描述电磁炸弹应用的文章源于 Kopp[62]和后来的 Abrams[63]。

电磁炸弹是一种爆炸驱动 HPEM 发生器，炸药能量可以直接转换成射频能量，也可以用来提供驱动微波调制器的电功率。能量产生机制基于磁累积式发生器（magneto-cumulative generators，MCG）、磁通压缩发生器（flux compression generators，FCG）和磁流体动力学（magneto hydrodynamic，MHD）装置。Kristiansen[64]曾报道过一种将炸药能量直接转换为辐射电磁波的方法，但后来遭到否定。

从世界范围来看，美国和俄罗斯在磁通压缩领域已研究了多年，处于领先水平[65]。俄罗斯已经生产了一种结合 MCG 技术的移动式雷电模拟器[66]；美国也研制了一种基于电磁炸弹概念的便携式高功率微波（high-power microwave，HPM）系统[67]。俄罗斯的工作集中于将 MCG 产生的脉冲电流注入装备的低阻抗接地网[68]，据称是为了模拟正极性雷击。据推测，电磁炸弹也能使电力线的远端感应到非常高的电流。

从根本上说，虽然这种脉冲功率是由爆炸产生，而不是由更传统的基于电气/电子的脉冲功率系统产生，但爆炸驱动源产生的环境通常与传统系统产生的环境相似。这主要是因为两种类型的脉冲功率源均需要设计天线作为负载，而对其产生环境参数影响最大的因素是天线的几何形状。

有多篇文章指出，HPRF DE 技术已经从美国国家实验室转移到国防工业产品中。例如，诺斯罗普 · 格鲁曼公司的 NUCAS 平台（Northrop Gramman NUCAS platform）[69]、雷神公司的警戒鹰系统（Raytheon Vigilant Eagle system）[70]和波音公司的 CHAMP 系统（Boeing CHAMP system）[71]。也有一些商业供应商的 HPRF DE 系统应用于车辆和船舶拒止。例如，德国迪尔（Diehl）公司的 HPEM 安全停车系统[72]和 Teledyne e-2v 安全停车系统[73]。

用于测试 HPRF DE 系统效应的 HPRF DE 模拟器也开始商业化[74,75]。

美国国防部和北约组织认为，HPRF DE 技术已相当成熟，必须被纳入国防 EMC 标准[76,77]。HPRF DE 环境的定义已经开始出现在非保密和开源的标准中。MIL-STD-464C 中的窄带 HPM 环境见表 2.3，宽带 HPM 环境见表 2.4。

表 2.3　MIL-STD-464C 中的窄带 HPM 环境

频率范围/MHz	电场强度（1km 处）/（kV/m）
2000～2700	18.0
3600～4000	22.0
4000～5400	35.0
8500～11000	69.0
14000～18000	12.0
28000～40000	7.5

表 2.4　MIL-STD-464C 中的宽带 HPM 环境

频率范围/MHz	宽带电场分布（100m 处）/（mV/m/MHz）
30～150	33000
150～225	7000
225～400	7000
400～700	1330
700～790	1140
790～1000	1050
1000～2000	840
2000～2700	240
2700～3000	80

MIL-STD-464C 中规定的宽带 HPM 环境以频谱的形式给出，实际上由不同带宽的激励源所产生[78]。推导这些环境参数的详细技术工作在保密报告中，不易查到。这意味着安全专家需要根据特定的场景对该环境参数进行重大的修正或调整。

2.5　蓄意电磁干扰环境

1999 年，科学界给出蓄意电磁干扰（intentional EM interference，IEMI）的正式定义[79,80]：蓄意或恶意地产生电磁能量，在电气和电子系统中引入噪声或信号，从而干扰、扰乱或破坏这些系统，以达到恐吓或犯罪的目的。

已出版文献中使用了各种其他术语来描述 IEMI 或某个很小的侧面，包括但不限于：

（1）电磁恐怖主义（EM terrorism）；

（2）边信道攻击/漏洞挖掘，网络社区使用的术语；

（3）电子攻击；

（4）高能辐射场（high-energy radiated fields，HERF）；

（5）非核 EMP（NNEMP 或 N2EMP）。

IEMI 至少在技术界已经成为首选术语。“电磁恐怖主义”一词已经基本上从词典中删除，因为人们已经认识到，电磁效应不直接杀伤人员，无法达到恐怖袭击效果。

HPRF DE 和 IEMI 两个领域之间的主要区别，不在于产生电磁环境所采用的技术或所产生电磁环境的特征，而在于 HPEM 效应器使用者的动机和欲威胁的目标。HPRF DE 发生器是复杂的军事系统，应用于军事目的，而 IEMI 包含各种类型和性能的发生器，可能用于邪恶或带有恶意的目的。

技术复杂度或设计能力较低的 IEMI 发生器，能够产生略高于一般 RF 背景环境电平的 RF 信号，可以有效地在近距离干扰 RF 通信。随着可产生射频信号的强度或能量的增加，IEMI 发生器可有效地进行远距离干扰，或在近距离内对电气和电子设备产生暂时的扰乱。IEMI 发生器的技术复杂度对工作效率和有效范围有很大影响。因此，了解技术复杂度与实施行动人员设计能力之间的关系很重要。

2.5.1　IEMI 技术能力小组

对 IEMI 产生技术感兴趣的个人或团体的技术能力有几种不同的定义。IEC 考虑了三种技术复杂度水平或能力水平，在文献[81]中给出描述，现总结如下。

（1）初级：拥有少量技术和商业支持的个人或小团体。

（2）中级：经过专业技术知识的学习培训，资金比较充足的个人或团体。

（3）高级：资金雄厚，有研究生教育背景，并拥有足够的研究能力、资源和资助的个人或团体。

从风险分析角度，可以定义五种能力水平[82]。

（1）初级工：拥有通用知识，但没经过任何专业技术知识学习的个人或小组。

（2）中级工：拥有基本技术知识，经过一些基础技术学习的个人或小组。

（3）高级工：具有良好知识和技术基础的个人或团体（如合格的技术工人、技术员）。

（4）研究生：具有研究生水平专业知识和技术的个人或团体。

（5）专家：具有较高学术水平、专业知识和技术造诣深厚，并具有相当的研究能力和资源的个人或团体。

采用低、中、高技术三级划分方法[2]，将 IEMI 发生器的特点总结如下。

1）低技术系统特征

（1）系统性能较差；

（2）技术水平较低；

（3）易于组装和部署，如可隐藏在墙后或卡车及类似车辆的后面。

2）中技术系统特征

（1）设计者的技能达到合格的电气工程师水平；

（2）采用相对更复杂的部件，如将商用雷达系统改装成军事系统。

3）高技术系统特征

（1）包含专门和尖端的技术；

（2）做特殊改装后，甚至可能对特定目标造成严重损伤。

2.5.1.1　初级/低技术能力小组

阻断或干扰射频或无线通信的干扰器在互联网上公开售卖。购买和使用干扰设备不需要太多的专业知识，其有效作用距离可能非常小（可能小于 10m）[83]，而且其可能干扰的目标对象要比其他 IEMI 发生器的少。设计远距离有效的干扰器需要专业知识。世界上许多地方规定使用此类干扰器是非法的，如英国[84]。美国通过了禁止销售此类设备的法律[85]，但起诉干扰或干扰事件的肇事者，需要受害方自己收集证据来证明受到了干扰。

IEMI 发生器的方案、说明和演示可在互联网上获得。这些在公开论坛上讨论的 IEMI 发生器具有一定的可信度。粗略地回顾一下这些设计可以发现，许多设计并不复杂，IEMI 发生器的系统使用的是众所周知的电压倍增电路或借鉴了其他高压系统的思想（如汽车点火系统）。

新手或低技术能力组确实可以使用特斯拉线圈和微波炉磁控管作为设计基础。一些学术研究表明，非工科专业的本科生就能够成功地制造出这种低技术的 IEMI 发生器[86]。微波炉技术的一个优点是它与许多 Wi-Fi/无线网络（工业、科学和医疗（industrial scientific and medical，ISM）频段为 2.4GHz）共享同一频段。这种发生器有能力阻断无线网络，甚至可能会损坏无线网络接入点。

其他学术研究也已经证实，泰瑟枪或电击枪能够直接在信息通信技术（information communications technology，ICT）设备的外露连接器上产生高压电弧[87]。

施里纳瞬态电磁装置（Schriner transient electromagnetic device，STED）[88]是用商用部件制造，主输出开关采用汽车点火系统和油冷式火花隙开关，辐射天线采用美国生产的喇叭天线。这种 IEMI 发生器曾在美国国家电视台进行过公开展示。

2.5.1.2 中级/中等技术能力小组

所有投放市场的电气和电子产品都要求对电磁干扰具有一定程度的抗扰度，这就是所谓的电磁兼容性（EM compatibility，EMC）。EMC 抗扰度测试设备可从专业供应商处购买，这种设备包括行波管（traveling-wave tube，TWT）放大器。该放大器可作为测试设备在 EMC 屏蔽实验室的试验中使用；但是不难想象，它也可在实验室环境之外用于 IEMI 目的。特别地，为满足军事或国防需求而设计的行波管放大器（traveling-wave-tube amplifier，TWTA），不需要重大修改就可有效用于 IEMI 发生器的设计。

船用雷达设备可以设法从多种渠道采购。该设备作为 IEMI 发生器使用，所需的改装较少，有磁控管和固态两个版本可供选择。

互联网上可以采购到全套的固定式和移动式原军用射频广播和搜索雷达系统。众所周知，一些出售军事装备的网站能够提供完整的移动雷达系统。这些网站也提供雷达设备和组件，包括放大器、脉冲源、微波管和天线。功率非常高的调制器也出售，但是没有给出价格，该设备用于 IEMI 发生器时所需的改装较少。

用于国防和安全测试的多用途（如车辆、船只和反无人机拦截）HPRF DE 源已公开发布广告。虽然制造这些 IEMI 发生器需要中等技术能力，但其中一些发生器完全可以自行购买，并被有能力的技术小组获得、盗用和使用。此类 IEMI 发生器的一些例子如下：

（1）德国 Diehl&Rhinemetal 公司开发的 HPEMcase 和 HPEMcar 停车发生器；

（2）荷兰 TNO 公文包式发生器[89]；

（3）应用物理电子学所（Applied Physical Electronics，APE）手提箱式 HPEM 发生器；

（4）俄罗斯科学院（Russian Academy of Sciences，RAS）紧凑型自主脉冲重频振荡器[90]；

（5）Teledyne-e2v 安全停止系统；

（6）Replex DS 和 UWB HPEM 模拟器。

2012 年 5 月，一家美国参展商将一个手提箱式 HPEM 发生器运往英国，并在英国议会大厦（Portcullis House）内展出。该展览是电气基础设施安全峰会的一项活动[91]，图 2.14 给出了活动中展示的该装置照片。

欧洲 HIPOW 研究项目[92]回顾了 HPEM 发生器对欧洲基础设施的影响，指出这种专业设备的技术能力和扩散特别令人担忧。

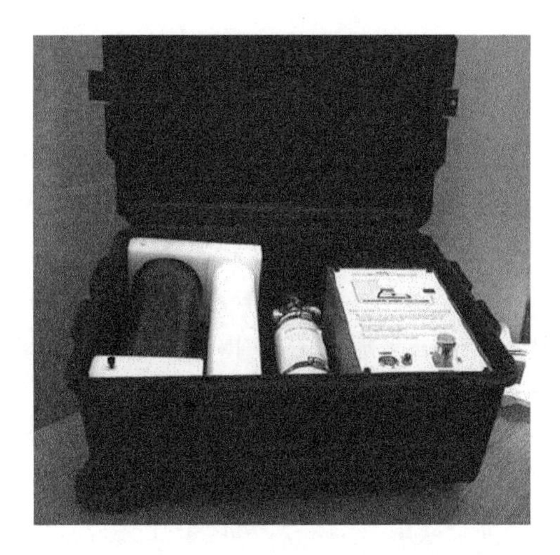

图 2.14　2012 年在英国议会大厦内展出的手提箱式 HPEM 发生器

2.5.1.3　专家/高技术能力小组

从技术能力的角度看，IEMI 技术与 HPRF DE 技术几乎是相同的。其主要的区别在于使用者的动机、喜好和活动原则，或者根本没有原则。

2.5.2　IEMI 环境概述

参考 IEC 61000-4-36[81]，表 2.5 提供了按能力组列出的辐射 IEMI 源输出参数（rE_{far}），仅用于示例的目的。随着技术的成熟，IEMI 环境会不断发展。

表 2.5　按能力组列出的辐射 IEMI 源输出参数（rE_{far}）

能力	IEMI 源波形类别	示例 IEMI 源名称或技术类型	rE_{far}/V	近/远距离（近似值）/m
初级	超波段	静电喷枪	5000	1
	窄波段	微波炉磁控管	2000	1
中级	超波段	商用固态脉冲源	60000	1
	宽波段	商用 HPEM 测试源	120000	2
	窄波段	典型雷达	450000	5
高级	超波段	军事 HPRF DE 演示系统	5300000	50
	宽波段	军事 HPRF DE 演示系统	500000	5
	窄波段	军事 HPRF DE 演示系统	30000000	50

参数 rE_{far} 描述了由远场区电场测量值导出的距天线 1m、2m 等处的归一化电压。它由远场中给定距离处的功率密度导出，等效各向同性辐射功率（equivalent isotropic radiated power，EIRP）。2.6 节将全面介绍术语宽波段、窄波段和超波段。

2.5.3 HPRF DE 和 IEMI 使用的案例

HPRF DE/IEMI 发生器真正作用于电子系统的公开文献很少。但是，如第 1 章所述，无意干扰源对电子系统产生效应的真实案例很多。无意干扰源包括雷达、RF 广播发射机等 HPEM 系统和雷电等自然现象。

经过深入的审视，人们发现许多关于军事行动中所使用的 HPRF DE 描述似乎是不正确的。其中一个报道强调了美军在 1991 年 1 月的“沙漠风暴”行动（Operation Desert Strom）中使用了一种 HPM 炸弹，击毁了伊拉克的雷达，该说法可能错误解读了有关报道。该报道中提到了高速反辐射导弹（high-speed antiradiation missiles，HARM），如 AGM-88，此类导弹可以锁定雷达和其他射频发射源[93]。但是，该导弹弹头其实是一种常规爆炸装置，不会产生 HPEM 环境。

另一个报道指出，在 1999 年塞尔维亚冲突期间，美国及北约组织使用了一种 EMP 或 HERF DE 武器。据称，该武器显然是用来攻击塞尔维亚的通信和电力系统的。同样，这个报道很可能是曲解了第一次使用的基于 BLU-114/B 的特殊软炸弹，它实际上就是简单地散布碳纤维致使架空电力线短路[94]。在更强调电子攻击的是目标而不是武器类型的场合，军方将这两种形式的武器都称为电子攻击，更增加了人们的困惑。

施里纳是美国参议院联合经济委员会（Joint Economic Committee，JEC）关于射频武器听证会的撰稿人，他在美国国家电视台公开展示了他的低技术 TED IEMI 发生器[95]，其他的演示也出现在 INFOWARCON’99 研讨会上。在这些演示过程中，攻击目标包括各种系统。但总的来说，这些演示很难令人信服，因为攻击目标的位置在 IEMI 发生器的视线范围内，距离很短（几米），而且很可能对攻击的目标进行了精心挑选。

有几个未经证实的例子表明，IEMI 发生器已用于攻击民用系统[96,97]。《泰晤士报》的一篇文章指出，据说某种 IEMI 发生器被用来敲诈英国金融机构。然而，这篇文章中的措辞模糊费解，可能指的是一种更为传统的网络攻击。

另一个例子是，日本某个犯罪集团使用 IEMI 发生器来干扰赌博机（日本弹珠盘）。据称，在赌博机旁边放置了一个手提箱式 IEMI 发生器（可能是微波炉磁控管），导致机器错误付账，肇事者最终被抓获[98]。该事件大部分为逸闻趣事，即使是真实的，犯罪人员也与被干扰系统的距离很近，甚至可能有接触，而不是远距离的电磁攻击。

在圣彼得堡，一名罪犯使用 IEMI 发生器使一家珠宝店的安全系统失灵。报告提到，IEMI 发生器的制造过程中包括一项类似于组装家用微波炉的技术[99]。

在多个欧洲城市（如柏林），犯罪分子使用全球移动通信系统（global system

for mobile-communications，GSM）干扰器使豪华轿车的安全系统失效[100]。

在荷兰，一个人因为贷款被拒绝而中断了当地银行的计算机网络。他根据互联网的信息，构建了一个手提箱式 IEMI 发生器。该银行的职员一直没有意识到他们受到了网络袭击，也没有发现是什么造成了混乱，直到袭击者被抓获[101]。

美国参议院联合经济委员会 1991 年、1997 年和 1998 年就低技术 RF 武器及其对关键国家基础设施的潜在影响举行了听证会[102]。美国国会分别于 1997 年和 1999 年就电磁脉冲对美国基础设施的威胁问题举行了两次听证会[103]。

HPRF DE/IEMI 与黑客、犯罪分子和信息战的目标有关[104-108]。与网络和物理等其他形式的攻击相比，IEMI 具有如下一些优势：

（1）被发现的风险极低（隐蔽性强）；

（2）没有指纹、脚印或证据；

（3）发生器相对容易生产或获取；

（4）后勤要求低；

（5）对人员没有直接的致命性威胁；

（6）不可预测性，具有随机效应；

（7）犯罪人员可以貌似合理地狡辩或否认。

在过去的几年里，可用于 IEMI 发生器的技术显著增加，有证据表明这些 IEMI 发生器技术正在扩散。到目前为止，还没有看到明确可信的 HPRF DE/IEMI 真实系统效应的记录。据推测，部分原因可能是对这种形式的威胁缺乏认识，或者缺乏必要的探测系统。然而，英国下议院国防特别委员会（U.K. House of Commons Defence Select Committee）[109]的一项调查报告显示，虽然现有的非核 EMP/IEMI 装置可能是粗制滥造的，但非国家公职人员生产此类设备是一件值得关注的事情。如果同时结合其他形式的攻击，即使是局部损伤也可能产生较大的破坏作用。

2015 年，欧盟第七框架三个研究项目在安全主题下开展，目的是评估欧洲国家关键基础设施的 IEMI 风险。三个项目分别为关键基础设施的高功率电磁效应（HIPOW）[110]、提高关键基础设施抗电磁攻击能力的策略（STRUCTURES）[111]、提高铁路网抗电磁攻击的安全性（SECRET）[112]。项目指出，现代社会对电子基础设施的依赖和 IEMI 发生器较容易采购或制造，是人们必须关注 IEMI 风险的主要原因。HIPOW 和 SECRET 指出所有 CNI 部件均存在 IEMI 风险，SECRET 专门探讨了现代铁路运输网，特别是欧洲铁路交通管理系统（european rail traffic management system，ERTMS）的 IEMI 风险。ERTMS 为列车和路边铁路设施操作员之间提供无线信号和通信。SECRET 项目指出，这条无线链路容易受到 IEMI 发生器的攻击，如果不加防护措施，可能会导致列车停运，甚至造成铁路交通的严重混乱。

新闻报道和基于互联网的讨论表明，一些意图开展恐怖活动的组织，近十年来一直对使用 IEMI 发生器感兴趣[113,114]。

在撰写本书时，HPEM 环境，特别是 HPRF DE 和 IEMI 环境，可能对基础设施构成威胁的问题，正引起美国政府和欧洲政府及其立法者的关注，他们辩论的焦点是，是否将 HPEM 环境防护作为一项法律要求[115,116]。在美国，《关键基础设施保护法》（*Critical Infrastructure Protection Act*，CIPA）已经获批成为法律，并由美国国土安全部（Department of Homeland Security，DHS）管理。CIPA 特别提到了 HPEM 对基础设施的威胁。在欧洲，网络信息安全法是否应考虑 HPEM 还模棱两可。实际上，该法令没有提到具体威胁。然而，该法令要求重点服务部门和数字业务运营商提供报告并采取行动，以防止 HPEM 导致大面积服务中断。

2.5.3.1　意外产生电磁效应的文献记录

尽管可信的 HPRF DE 或者恶意使用 IEMI 的公开文献数量非常有限，但仍有大量事件是 HIME 自然或无意地暴露在相对较弱的电磁环境中造成的。Armstrong 收集的 500 多起此类事件的资料非常有用[117]。其中两个非常有意义且广泛讨论的案例是美国海军福瑞斯塔尔号（USS Forrestal）灾难和 TWA 800 飞机失事[118]。两个案例都提到电磁干扰因为没有留下任何痕迹或证据而无法被证实。

Shahar 认为，这些非恶意电磁干扰的案例可能会鼓动敌对组织利用电子系统的电磁敏感性弱点[119]。文献中引用的一个案例是航空公司在商业航班上要求关闭手机和 IT 设备等个人电子设备（personal electronic devices，PED）[120]。该案例结合 PED 干扰飞机系统的公开证据[121]，可能会起到鼓动攻击的作用。

Shahar 也推断，HPRF DE 技术的军事演示，如在中国湖进行的演示[122]以及广泛宣传的军用级 IEMI 技术的演示[123,124]，可能都会鼓动犯罪团伙尝试 HPRF DE/IEMI 技术。

2.6　HPRF DE 和 IEMI 环境的分类

HPRF DE 和 IEMI 系统最好按其频谱带宽进行分类，如表 2.6 所示。在其他一些文献中，术语 HPM 和超宽带（ultrawideband，UWB）也用于描述相同或类似的系统（即对 HPRF DE/IEMI 系统进行分类，但这些定义通常不太明确）①。大

① 基于频谱范围描述电磁环境，我国使用两套术语：窄带（narrowband）、宽带（wideband）和超宽带（ultrawideband）；窄谱（narrow spectrum）、宽谱（wide spectrum）和超宽谱（ultrawide spectrum）。前者较为常见，本书也使用；后者定义为功率为 3dB 的频谱宽度与中心频率之比。本书专门基于信号能谱带宽比（br）定义了术语 hypoband、mesoband 和 hyperband，但我国较少使用。三者在物理意义上相近，只是字面和数学表述上略有差异。鉴于单词中“po”类似于中文的“波”音，无线电技术中存在术语“中波”，本书翻译为窄波段、宽波段和超波段。——译者

多数 HPRF DE/IEMI 系统产生脉冲或瞬态输出。注意，每个 HPRF DE/IEMI 系统都具有唯一的特征参数，而描述参数却是通过统计方法导出的。

表 2.6　HPRF DE 和 IEMI 系统的频谱带宽分类

频谱带宽分类	典型脉冲上升时间	典型脉冲宽度	典型脉冲重复频率（prf）	带宽百分比（pbw）	带宽比（br）
窄波段或窄带（短脉冲）	>2ns	<200ns	100Hz	pbw≤1%	br≤1.01
窄波段或窄带（长脉冲）	>50ns	>200ns 至 CW	100Hz	pbw≤1%	br≤1.01
宽波段	—	<50ns	1kHz	1%<pbw≤100%	1.01<br≤3
次超波段	<1ns	<10ns	1kHz	100%<pbw≤163.4%	3<br≤10
超波段	<150ps	<1ns	1kHz	163.4%<pbw≤200%	br>10

带宽比（br）是包含 90%能量的高端频率和低端频率的比值，见式（2.6）。带宽百分比（percent band width，pbw）是用百分比表示类似的概念，见式（2.7），最大可能的 pbw 为 200%。

$$\mathrm{br} = \frac{f_h}{f_l} \tag{2.6}$$

$$\mathrm{pbw} = \left[200\frac{(\mathrm{br}-1)}{(\mathrm{br}+1)}\right]\% \tag{2.7}$$ ①

下面对不同类别的 HPRF DE/IEMI 波形的幅度谱做更详细的描述。

2.6.1　窄波段

窄波段类环境也称为窄带或 HPM，描述这一技术领域最全面完整和最新的参考文献是 Benford 的《高功率微波》[125]。

从技术上讲，对于长脉冲系统，窄波段波形可以产生中等峰值功率（几百千瓦）和中等平均功率（几十千瓦）；对于短脉冲系统，窄波段波形可以产生高峰值功率（几吉瓦）和低平均功率（几千瓦）。根本的决定因素是高功率射频脉冲的产生机制。区分长脉冲和短脉冲是必要的，因为这两种不同类型系统的工作机制差异很大。窄波段长脉冲系统的最大工作脉冲宽度通常从几百纳秒到连续波（continuous wave，CW），而窄波段短脉冲系统的最大工作脉冲宽度通常在几百纳秒范围内。

① 原书式（2.7）中缺少%。——译者

式（2.8）给出了窄波段脉冲的解析表达式，图 2.15 给出了方波调制的窄波段短脉冲波形示例。

$$\begin{cases} A(t)=\sin(\omega_0 t)u(t-\tau), \quad 0 \leqslant t \leqslant (NT) \\ \left|\tilde{A}(\omega)\right| = \dfrac{2\omega_0 \sin(N\omega T/2)}{\omega_0^2-\omega^2} \end{cases} \tag{2.8}$$

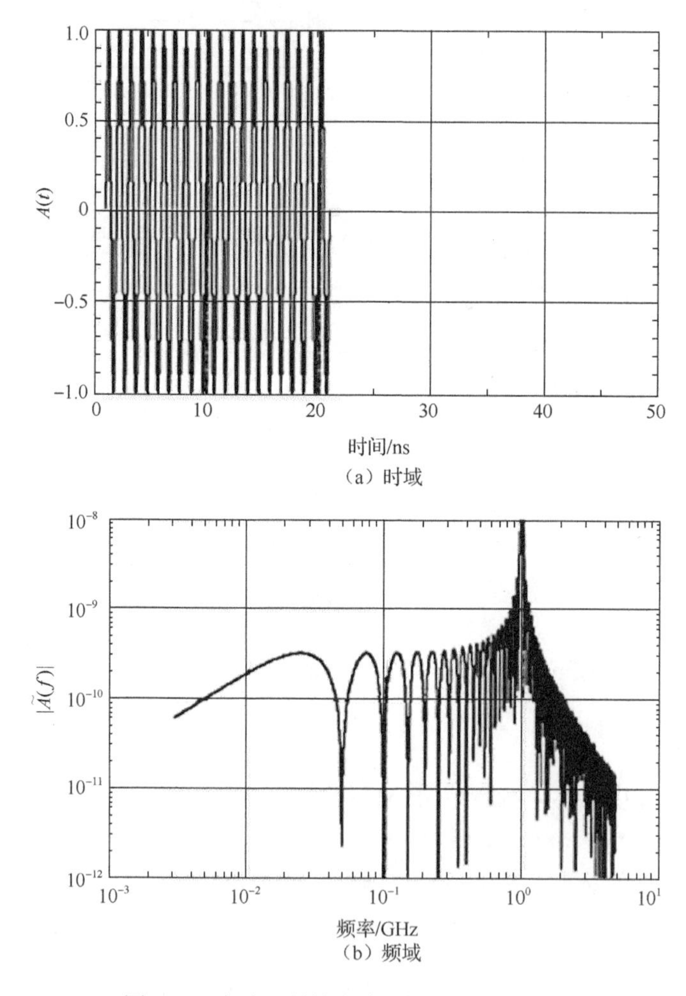

图 2.15　方波调制的窄波段短脉冲波形示例

图 2.15 中的波形参数为 $\omega_0 = 2\pi f_0$， $f_0 = 1\text{GHz}$； T=1ns； N=20； τ=1ns。这是无阻尼正弦波 20 个周期的示例。

波导中高斯调制的窄波段短脉冲时域波形如图 2.16 所示。

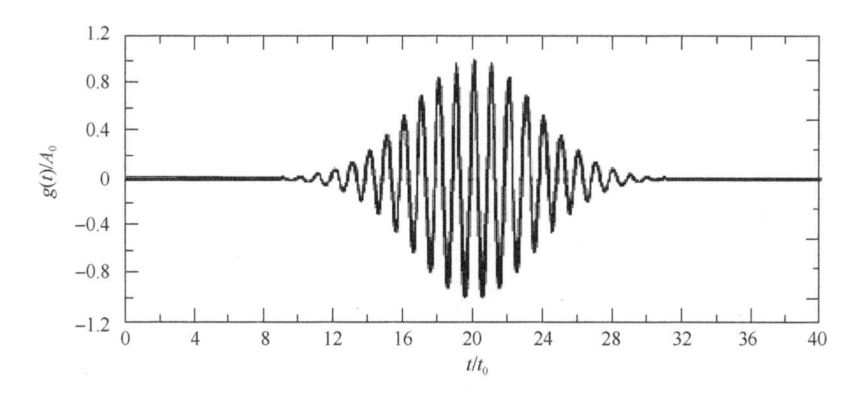

图 2.16　高斯调制的窄波段短脉冲时域波形示例

2.6.1.1　窄波段短脉冲系统

为了获得非常高的峰值辐射功率，窄波段短脉冲系统通常采用相对论或切连科夫技术，如返波振荡器（backward wave oscillators, BWO）、磁绝缘线振荡器（magnetically insulated line oscillators, MILO）、相对论磁控管（relativistic magnetron）、后加速相对论速调管（RELTRON）和虚阴极振荡器（virtual cathode oscillators, VIRCATOR）。这些系统的效率通常低于 25%，因此对于长脉冲群，此类系统的平均输入功率要求很高。窄波段短脉冲系统通常工作在离散频段，这些系统的工作频率很难调谐，典型的调谐范围远低于 10%，而且通常需要更换初级电子管振荡器。这种系统的最大脉冲重复频率（pulse repetition frequency，prf）通常为 100Hz。

示例系统均采用高增益天线，如喇叭天线、喇叭馈电抛物面反射器天线和缝隙阵列。这些系统产生的峰值辐射功率可以近似，甚至超过天线孔径处空气的介电击穿阈值（几千兆瓦），因此必须考虑特殊的设计。

当窄波段[①]短脉冲系统的脉冲串持续时间较长（几十秒）或要求脉冲串重频时，如在试验或模拟环境中，其发生器的体积可能非常大。如果只需要一个脉冲，那么发生器就可以设计得更紧凑，其体积主要取决于储能或初级电源系统。

2.6.1.2　窄波段长脉冲系统

窄波段长脉冲系统，也称为超窄波段（ultra-hypoband）系统，通常使用行波管放大器（traveling-wave-tube amplifiers，TWTA）、固态功率放大器（solid-state power amplifiers，SSPA）和磁控管来实现中等水平的高峰值和平均辐射功率。雷达、医疗放射治疗和无线电发射机等设备，经过改装和相应的天线设计，可应用于 HPRF DE/IEMI。

① 原文为 hyperband，疑应为 hypoband。——译者

窄波段长脉冲系统的效率通常低于 25%，因此难以产生长脉冲群。窄波段长脉冲系统通常工作在离散频段。系统的工作频率调谐取决于所采用的技术。TWTA 和 SSPA 的调谐范围是一个倍频程或更大，而磁控管的调谐范围通常小于 10%。此类系统的最大 prf 通常为 1000Hz 或由占空比确定。典型的占空比最大约为 6%。

Teledyne-e2v Safe-Stop 系统采用高增益天线，如喇叭天线和缝隙阵列。峰值功率可能只有几兆瓦。产生脉冲串所需的系统体积可能相当大，需要一个类似于车辆的装备平台，用于安装系统并提供初级电源系统。

2.6.2 宽波段

宽波段类环境有时也称为中等带宽、阻尼正弦振荡或非核电磁脉冲。宽波段系统通常采用 Marx 发生器（及其衍生物）、非线性传输线（nonlinear transmission lines, NLTLs）和其他谐振技术（如 Tesla 变压器），实现中等水平的峰值和平均辐射功率。

宽波段源通常采用偶极子（或其衍生物）作为辐射单元。天线的设计对脉冲源的辐射主频有极大的影响。辐射主频可定义为时域测量波形的傅里叶变换谱中具有最高频谱幅度的频率点。

宽波段脉冲的解析表达式在式（2.9）、式（2.10）和式（2.11）（幅度）中给出，式（2.12）和式（2.13）可用于推导关于宽波段波形的重要参数：

$$E(t)=E_0\mathrm{e}^{-\alpha t}\sin(\omega t)u(t) \tag{2.9}$$

$$\tilde{E}(f)=\frac{\omega_0 E_0}{\alpha^2+\omega_0^2-\omega^2+2\mathrm{j}\alpha\omega} \tag{2.10}$$

$$\left|\tilde{E}(f)\right|=\frac{\omega_0 E_0}{\sqrt{(\alpha^2+\omega_0^2-\omega^2)^2+4\alpha^2\omega^2}} \tag{2.11}$$

$$\left|\tilde{E}(0)\right|=\frac{\omega_0 E_0}{\alpha^2+\omega_0^2} \tag{2.12}$$

$$\text{Spectral peak}=\frac{E_0}{2\alpha} \tag{2.13}$$

宽波段波形的示例见图 2.17。

图 2.18 给出来自垂格（TRIGER）系统的宽波段测量波形示例（QinetiQ 公司提供）[126]。

宽波段源通常是可调谐的，因此源波形的主频（f_{d}）可以改变。但是，主频的改变受到以下因素的限制：

（1）脉冲功率源；

（2）主开关的气体压力、气体类型或间隙宽度（如果使用 Marx 发生器或 Tesla 发生器或其衍生物）；

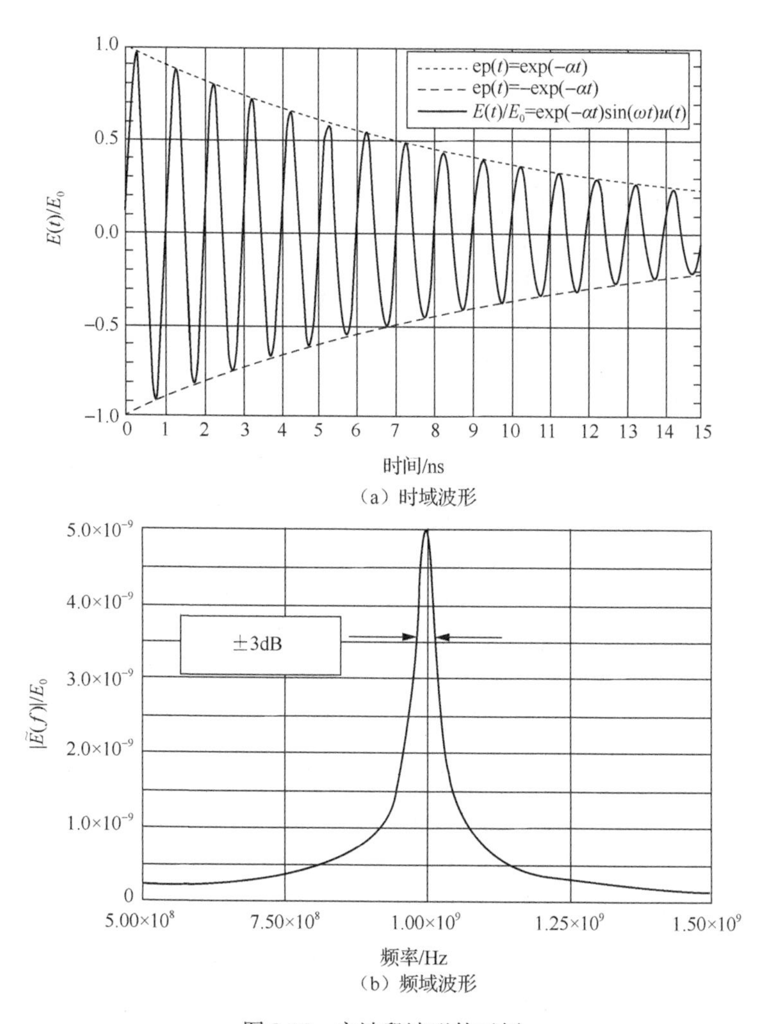

（a）时域波形

（b）频域波形

图 2.17　宽波段波形的示例

（3）偶极子天线长度或几何形状；

（4）上述因素的任意组合。

因此，宽波段源的调谐通常不能在其工作过程中自动实现，并且为了将辐射源调谐到不同的辐射主频，使用者需要调整上述关键因素。

因为通常使用火花隙开关作为输出开关，典型的 prf 最大值为 1kHz。

Diehl 公司的 HPEM CarStop 系统就是火花隙开关的一个例子。宽波段系统可以产生接近 1GW 的峰值辐射功率，系统结构相对紧凑，如前面已经讨论的手提箱式的设计。最大的部件通常是辐射天线，天线尺寸必须足够大（>1m）才能在典型工作频率（几百兆赫兹）下有效工作。

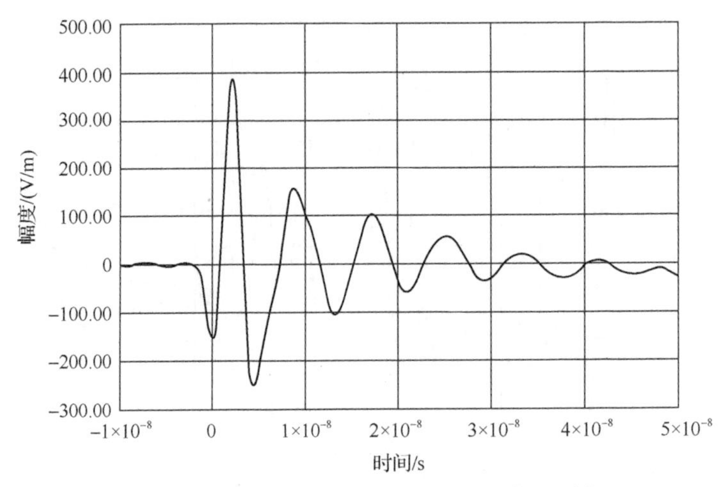

图 2.18 来自 TRIGR 的宽波段测量波形示例
（QinetiQ 公司提供）

2.6.3 超波段

超波段类环境也称为超宽带（ultrawideband）。次超波段（sub-hyperband）和超波段系统通常采用 Marx 发生器（及其衍生物）和固态器件（如雪崩二极管堆栈）来获得非常高的峰值辐射功率。

超波段源通常采用专用天线，如横电磁模（transverse electromagnetic mode, TEM）喇叭天线（包括 TEM 喇叭阵列）和脉冲辐射天线（impulse radiating antenna，IRA）。超波段系统的主要目标是获得非常高的脉冲上升率，从而获得非常宽的瞬时带宽。

文献[127]给出了超波段脉冲的解析表达式，图 2.19 给出了超波段波形的示例。

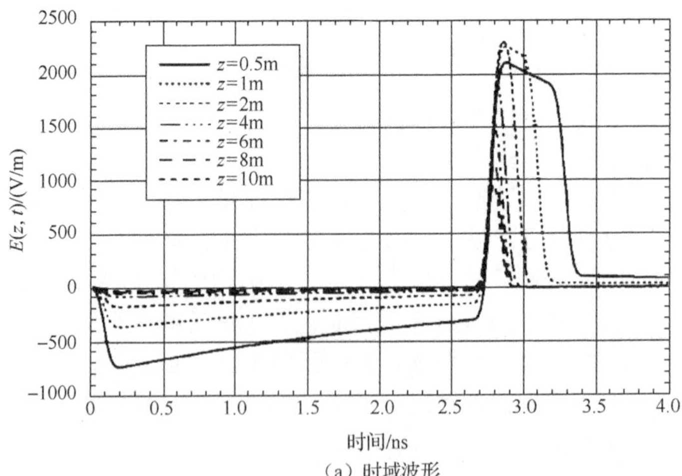

（a）时域波形

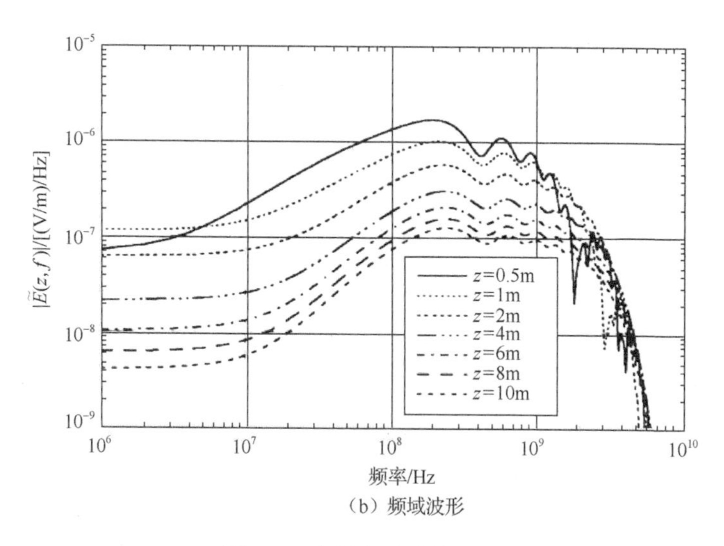

（b）频域波形

图 2.19　超波段波形的示例

JOLT 系统可能是迄今为止指标最高的超波段模拟机，照片见图 2.20（a）。图 2.20（b）是在距发生器 85m 处测得的电场时域辐射波形，该波形的幅度并没有归一化。

超波段源的 prf 通常是有限的。对于大多数高峰值功率的超波段源，prf 最大可达 1kHz，其中输出开关通常采用火花隙开关技术。有一些基于固态技术的示例系统能够在较低的峰值辐射功率下实现数兆赫兹的 prf。

超波段系统因为其辐射能量的频谱会覆盖射频系统的信道，可能会对通信或传感器造成潜在的干扰。

（a）拖车上JOLT系统的照片

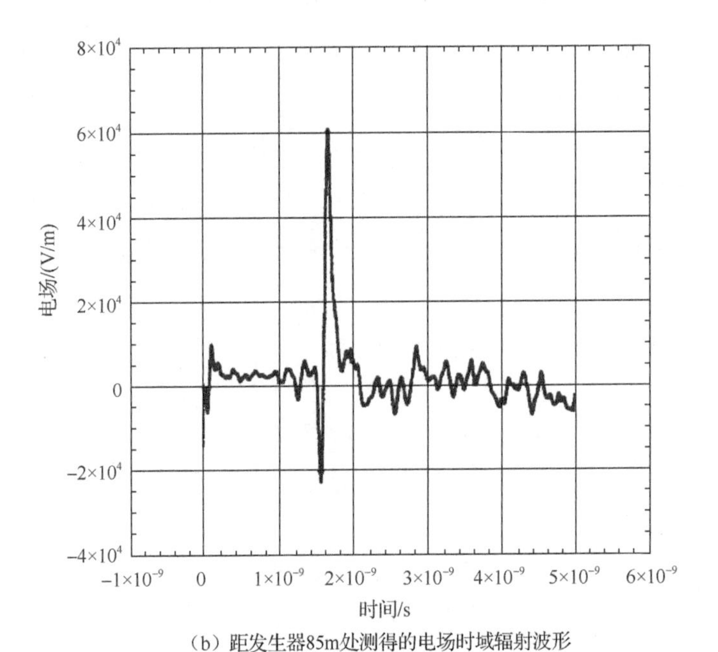

（b）距发生器85m处测得的电场时域辐射波形

图 2.20　超波段模拟机 JOLT 系统与输出波形

2.7　小　　结

高功率电磁环境和波形参数的表征和定义至关重要，因为可以为科学家和工程师提供一种共同的专业术语，以便对效应试验结果进行比较和参照，从而使加固和防护设计可以和其前后的工作保持一致和连贯。雷电环境的正式定义已经给出相当一段时间，但人们仍有兴趣加深对这一传统 HPEM 环境的理解。同样，对 HEMP 环境的研究也在持续，以提高模拟环境的保真性。HPRF DE 和 IEMI 环境虽然已经开始进行分类和定义，但这是一个快速发展的领域，电磁环境（electromagnetic environment，EME）的定义必然会继续改进。

参考文献

[1] IEC 61000-2-13, “Electromagnetic Compatibility (EMC) – Part 2-13: Environment High-Power Electromagnetic (HPEM) Environments – Radiated and Conducted,”March 9, 2005.

[2] Giri, D. V., and F. M. Tesche, “Classification of Intentional Electromagnetic Environments (IEME),” IEEE Transactions on Electromagnetic Compatibility, Vol. 46, No. 3,August 2004.

[3] Uman, M., The Lightning Discharge, New York: Academic, 1987, p. 118.

[4] IEC 61000-2-9, “Electromagnetic Compatibility (EMC) – Part 2-9: Description of HEMP Environment — Radiated Disturbance,” 1996.

[5] Giri, D. V., C. E. Baum, and W. D. Prather, “The Relationship Between NEMP Standardsand Simulator Performance Specifications,” Sensor and Simulation, Note 538, 2009.

[6] Baum, C. E., “Some Considerations Concerning Analytic EMP Criteria Waveforms,”Theoretical Note 285, Air Force Weapons Laboratory, Kirtland AFB NM, October 1976.

[7] Hoad, R., and W. A. Radasky, “Progress in High Altitude Electromagnetic Pulse (HEMP) Standardization,” IEEE Special Issue on High Altitude Electromagnetic Pulse, Vol. 55,No. 3, Jun 2013.

[8] Giri, D. V., F. Tesche, and M. Nyffeler, “Switched Oscillators and Their Integration into Helical Antennas,” IEEE Transactions in Plasma Science, 2010.

[9] Baum, C. E., et al., “JOLT: A Highly Directive, Very Intensive, Impulse Radiator,” Proceedings of the IEEE, Vol. 92, No. 7, July 2004.

[10] Prather, W. D., et al., “Survey of Worldwide High-Power Wideband Capabilities,” IEEE Transactions on Electromagnetic Compatibility, Vol. 46, No. 3, 2004, pp. 335–344.

[11] Giri, D. V., et al., “Design, Fabrication, and Testing of a Paraboloidal Reflector Antennaand Pulser System for Impulse-Like Waveforms,” IEEE Transactions on Plasma Science,Vol. 25, No. 2, April 1997, pp. 318–326.

[12] Baum, C., “Temporal and Spectral Radiation on Boresight of a Reflector Type of Impulse Radiating Antenna (IRA),” in Ultra-Wideband Short-Pulse Electromagnetics 3, NewYork: Plenum Press, 1996.

[13] Giri, D. V., et al., “Intermediate and Far Fields of a Reflector Antenna Energized by aHydrogen Spark-Gap Switched Oscillator,” IEEE Transactions on Plasma Science, Vol.28, No. 5, October 2000, pp. 1631–1636.

[14] Sabath, F., et al., “Overview of Four European High Power Microwave Narrow-Band TestFacilities,” IEEE Transactions on Electromagnetic Compatibility, Vol. 46, No. 3, August 2004.

[15] IEC/TR 61000-4-35 Ed. 1, “Electromagnetic Compatibility (EMC) -- Part 4-35: Testingand Measurement Techniques -- High Power Electromagnetic (HPEM) Simulator Compendium,” 2009.

[16] Giri, D. V., et al., “Switched Oscillators and Their Integration into Helical Antennas,”IEEE Transactions on Plasma Science, Vol. 38, No. 6, 2010, pp. 1411–1426.

[17] Gardner, R., Lightning Electromagnetics, Boca Raton, FL: CRC Press, 1990.

[18] Uman, M. A., The Lightning Discharge, New York: Academic Press, 1987.

[19] Giri, D. V., “History of High-Power Electromagnetics (HPEM) with Illustrative Examplesof HPEM Systems,” Proceedings of the EUROEM Symposium, London, U.K., July 13,2016.

[20] Baum, C. E., et al., “The Measurement of Lightning Environmental Parameters Relatedto Electronic Systems,” IEEE Transactions on Electromagnetic Compatibility, Vol. EMC-24, No.2, May 1982, pp. 123–137.

[21] Fisher, R. J., and M. A. Uman, “Measured Electric Field Risetimes for First and Subsequent Lightning Return Strokes,” J. of Geophysical Research, Vol. 77, January 20, 1972, pp.399–406.

[22] Krider, E. P., C. D. Weidman, and R. C. Noggle, “The Electric Fields Produced by Lightning Stepped Leaders,” J. Geophysical Research, Vol. 82, No. 6, February 20, 1977,pp. 951–960.

[23] Baum, C. E., et al., “Measurement of Electromagnetic Properties of Lightning with 10Nanosecond Resolution,” Proc. Lightning Tech, NASA Conference, Pub. 2128 and FAARD-80-30, April 1980, pp. 39–82.

[24] Baker, L., et al., "Calculation of Lightning Channel Characteristics: Comparison of Existing Models," Lightning Phenomenology Notes, LPN 9, April 20, 1983.

[25] Hussein, A. M., et al., "Simultaneous Measurement of Lightning Parameters for Strokes to the Toronto Canadian National Tower," Journal of Geophysical Research, Vol. 100, 1995,pp. 8853–8861.

[26] Cai, L., et al., "The Foshan Total Lightning Location System in China and Its Initial Operation Results," Atmosphere, Vol. 10, 2019, p. 149.

[27] Romero, C., et al., "A System for the Measurements of Lightning Currents at the Santis Tower," Electric Power Systems Research, Vol. 82, 2012, pp. 34–43.

[28] Rachidi, R., and R. Thottappillil, "Determination of Lightning Currents from Far Electromagnetic Fields," Journal of Geophysical Research, Vol. 98, 1993, pp. 18315–18320.

[29] Romero, C., et al., "A Statistical Analysis on the Risetime of Lightning Current Pulsesin Negative Upward Flashes Measured at Säntis Tower," International Conference on Lightning Protection (ICLP), Vienna, Austria, 2012.

[30] Pavlone, M., et al., "Measurement of Lightning Currents at the Santis Tower in Switzerland," AMEREM 2014, Paper ID 028, University of New Mexico, Albuquerque,NM, 2014.

[31] Rachidi, F., and M. Rubinstein, "Lightning Measurement Station at the Santis Tower:An Update on Recent Instrumentation and Data," AMEREM 2018, Santa Barbara, CA,2018.

[32] Rachidi, F., and M. Rubinstein, "Modelling Lightning Strikes to Tall Towers," Chapter25, in Lightning Electromagnetics, V. Cooray (ed.), London: IET, 2012, pp. 873–916.

[33] Giri, D. V., and C. E. Baum, "Airborne Platform for Measurement of Transient or Broadband CW Electromagnetic Fields," Sensor and Simulation, Note 284, May 22,1984. ece-research.unm.edu/summa/notes.

[34] Pitts, F. L., and M. E. Thomas, 1980 Direct Strike Lightning Data, NASA Conference Pub. 2128 and FAA-RD-80-30, April 1980, pp. 283–299.

[35] Pitts, F. L., "Electromagnetic Measurement of Lightning Strikes to Aircraft," AIAA Paper81-0083, February 1981.

[36] Lee, K. S. H., EMP Interaction: Principles, Techniques, and Reference Data: A Handbookof Technology from the EMP Interaction Notes, Hemisphere Pub.Corp., 1986.

[37] EP 1110-3-2, "Engineering and Design - Electromagnetic Pulse (EMP) and Tempest Protection for Facilities Proponent," December 31, 1990.http://publications.usace.army.mil/publications/eng-pamphlets/EP_1110-3-2_pfl/toc.htm.

[38] NATO AECTP 250, "Electrical and Electromagnetic Environmental Conditions–Leaflet256 Nuclear Electromagnetic Pulse (NEMP/EMP)," Edition 2, November 2010.

[39] Glasstone, S., and D. J. Dolan, The Effects of Nuclear Weapons, 3rd ed., Washington,D.C.: U.S. Department of Defense and the Energy Research and Development Administration, 1977.

[40] IEC 61000-1-3, "Electromagnetic Compatibility (EMC) – Part 1-3: General - The Effects of High-Altitude EMP (HEMP) on Civil Equipment and Systems," 2002.

[41] Loborev, V., "Up to Date State of the NEMP Problems and Topical Research Directions,"Proceedings of the European Electromagnetics International Symposium–EUROEM 94, June 1994, pp. 15–21.

[42] Bell Laboratories, Electrical Protection Department, Loop Transmission Division, EMP Engineering and Design Principles, Whippany, NJ: Bell Telephone Labs, 1975.

[43] DIN VG95371-10, "Bundesamt für Wehrtechnik und Beschaffung," Germany, 1995,NA-140-00-19 AA-Nuclear electromagnetic pulse (NEMP) and lightning protection,October 2014.

[44] Leuthäuser, K. D., "A Complete EMP Environment Generated by High-Altitude Nuclear Bursts: Data and Standardization," Theoretical Note 364, Air Force Phillips Laboratory,February 1994.

[45] Giri, D. V., and W. D. Prather, "High-Altitude Electromagnetic Pulse (HEMP) Risetime Evolution of Technology and Standards Exclusively for E1 Environment," IEEE Transactions on Electromagnetic Compatibility, Vol. 55, No. 3, 2013, pp. 484–491.

[46] Giri, D. V., W. D. Prather, and C. E. Baum, "The Relationship Between NEMP Standardsand Simulator Performance Specifications," Sensor and Simulation Notes, Note 538,2009.

[47] U.S. MIL-STD-464A, "Electromagnetic Environmental Effects Requirements for Systems," December 19, 2002.

[48] Savage, E., J. Gilbert, and W. Radasky, "The Early-Time (E1) High-Altitude Electromagnetic Pulse (HEMP) and Its Impact on the U.S. Power Grid," Meta-R-320,January 2010, http://www.eiscouncil.com/App_Data/Upload/9b03e596-19c8-49bd-8d4e-a8863b6ff9a0.pdf.Accessed March 2018.

[49] Tesche, F. M., "Comparison of the Transmission Line and Scattering Models for Computingthe HEMP Response of Overhead Cables," IEEE Transactions on Electromagnetic Compatibility, Vol. 34, No. 2, May 1992, pp. 93–99.

[50] Tesche, F. M., and P. R. Barnes, "The HEMP Response of an Overhead Power Distribution Line," IEEE Transactions on Power Delivery, Vol. 4, No. 3, July 1989, pp. 1937–1944.

[51] IEC 61000-2-10, "Electromagnetic Compatibility (EMC) — Part 2-10: Environment —Description of HEMP Environment — Conducted Disturbance," 1998.

[52] International treaty, "Treaty Banning Nuclear Weapon Tests in the Atmosphere, in Outer Space and Under Water," signed at Moscow, August 5, 1963, entered into force October10, 1963, https://www.state.gov/t/isn/4797.htm. Accessed April 4, 2018.

[53] Graham, W. R., "Report of the Commission to Assess the Threat to the United States from Electromagnetic Pulse (EMP) Attack," April 2008.

[54] U.S. Department of Defense (2007) Joint Publication 1–02: Department of Defense Dictionary of Military and Associated Terms 12 April 2001 (As Amended Through 13June 2007). Washington, D.C.: U.S. Department of Defense.

[55] Seifer, M., Wizard: Life and Times of Nikola Tesla, New York: Citadel Press, 1998.

[56] "Death Ray for Planes," The New York Times, September 22, 1940.

[57] Shweitzer, R. L., "Radio Frequency Weapons and Infrastructure," Statement before the Joint Economic Committee of the United States Congress, June 17, 1997, www.house.gov/jec/hearings/ espionag/schweitz.htm.

[58] Smith, I. D., and H. Aslin, "Pulsed Power for EMP Simulators," IEEE Transactions on Antennas and Propagation, Vol. 26, No. 1, January 1978.

[59] Leach, P. O., and M. B. Alexander, Electronic Systems Failures and Anomalies Attributedto Electromagnetic Interference, NASA Report 1374, National Aeronautics and Space Administration, Washington, D.C., July 1995.

[60] Price, D., J. Levine, and J. Benford, "ORION--A Frequency Agile HPM Field Test System," Seventh National Conference on High-Power Microwave Technology, Laurel,MD, 1997.

[61] Altgilbers, L. L., J. Baird, and B. L. Freeman, Explosive Pulsed Power, Imperial College Press, February 17, 2011.

[62] Kopp, C., "An Introduction to the Technical and Operational Aspects of the Electromagnetic Bomb," Australian Air Power Studies Centre, Paper No. 50, November1996.

[63] Abrams, M., "The Dawn of the E-Bomb," IEEE Spectrum Magazine, September 2003.

[64] Kristiansen, M., Fundamental Limits to Compact, Expendable Pulsed Power and Microwave Sources, Report Number: A281383, September 2000.

[65] Goforth, J. H., et al., "US/Russian Collaboration: Experiments with Explosive Pulsed Power," Pulsed Power 2001, IEE Symposium, May 1–2, 2001 pp. 1/1–1/4.

[66] Terekhin, V. A., et al., "Transportable Simulators of Electromagnetic Pulses Based on Magnetocumulative Generators," 12th IEEE International Pulsed Power Conference, 1999. Digest of Technical Papers, Vol. 2, June 27–30, 1999.

[67] Adee, S., "Portable E-Bomb to Be Tested," IEEE Spectrum Online, April 2009.

[68] Siniy, L., V. E. Fortov, and Y. Parfenov, "Russian Research of Intentional EMI Disturbancesover the Past 10 Years," AMEREM 2006, Albuquerque, NM, July 2006.

[69] Fulghum, D. A., "Northrop Crafts Multimission N-UCAS," Aviation Week, AerospaceDaily & Defense Report, May 21, 2008, http://www.aviationweek.com/aw/generic/story_channel.jsp? channel defense&idnews/NUCAS032108.xml.

[70] HSDailyWire.com, "Raytheon's Vigilant Eagle," February 21, 2008, http://hsdailywire.com/ single.php?id 5591.

[71] Jackson, R., "Boeing Feature Story - CHAMP – Lights Out," October 2012, http://www.boeing.com/Features/ 2012/10/bds_champ_10_22_12.html.

[72] Diehl BGT Defence, "White Paper on HPEM Technology," June 2013.

[73] Teledyne-e2v, "RF Safe-StopTM–Air, Land, Sea," https://www.e2v.com/resources/account/ download- literature/81.

[74] APELC Datasheet, "APELC Footlocker MIL-STD 464C Source, Model Number EMPF-464-D4-A," http://www.apelc.com/product/footlocker-system-150-kvm-hprf-source/,January 10, 2017.

[75] REPLEX, "DS and UWB HPEM Simulators," http://www.replex.co.kr/.

[76] MIL-STD 464C, "Electromagnetic Environmental Effects, Requirements for Systems,"December 1, 2010.

[77] NATO AECTP 250, Leaflet 257, "High Power Microwaves," Final draft April 16, 2013.

[78] Sebacher, K., "Directed Energy and High Power Microwave Test Requirements," 2009 IEEE EMC Symposium Workshop, Austin, TX, August 17, 2009.

[79] "Workshop on Electromagnetic Terrorism and Adverse Effects of High Power Electromagnetic (HPE) Environments," Proceedings of the 13th International Zurich Symposium and Technical Exhibition on Electromagnetic Compatibility, February 16–18, 1999.

[80] IEC 61000-2-13 Ed. 1.0, "Electromagnetic Compatibility (EMC) – Part 2-13: High Power Electromagnetic (HPEM) Environments - Radiated and Conducted," March 2005.

[81] IEC 61000-4-36, "Electromagnetic Compatibility (EMC) – Part 4-36: Testing and Measurement Techniques – IEMI Immunity Test Methods for Equipment and Systems,"2014.

[82] Sabath, F., "A Systematic Approach for Electromagnetic Interference Risk Management," IEEE Electromagnetic Compatibility Magazine, Vol. 6, No. 4, 2017, pp. 99–106.

[83] van de Beek, S., "Vulnerability Analysis of the Wireless Infrastructure to Intentional Electromagnetic Interference," Ph.D. Thesis Series No. 16-413, Centre for Telematics and Information Technology, Enschede, The Netherlands, 2016.

[84] UK Ofcom, "Radio Frequency Jammers,"https://www.ofcom.org.uk/spectrum/interference- enforcement/spectrum-offences/jammers.

[85] U.S. Federal Communications Commission (FCC), "Communications Act of 1934, asamended, 47 U.S.C," Section 301, 302a(b), 333, 2009.

[86] Baker, G., et al., "The Feasibility and Effectiveness of a Common Consumer Device asan Electromagnetic Interference Source," American Conference on Electromagnetics(AMEREM), Albuquerque, NM, July 9–14, 2006.

[87] Baker, G., R. Tuttle, and J. Rudmin, "Investigation of Stun Gun Effectiveness as Intentional Electromagnetic Interference Sources," European Conference on Electromagnetics(EUROEM), Lausanne, Switzerland, July 21–25, 2008.

[88] Schriner, D., "The Design and Fabrication of a Damage Inflicting RF Weapon by 'BackYard' Methods," Statement before the Joint Economic Committee of the United StatesCongress, February 25, 1998,www. house.gov/jec/hearings/02-25-8h.htm.

[89] Clingendael Centre for Strategic Studies (CCSS), "Directed Energy Weapons, a New Way of Warfare," Report No. 5, July 1, 2004, http://www.ccss.nl.

[90] Bezrukov, M. J., et al., "Compact Autonomous Pulse-Repetitive Oscillators," 7th Int. Crimean Conference Microwave Telecommunication Technology (CriMiCo'2007), Sevastopol, Crimea, Ukraine, September 10–14, 2007.

[91] EISS, "Electrical Infrastructure Security Summit – Report III Conclusions and Recommendations," The Houses of Parliament, London, U.K., May 14–15, 2012, http://www.eissummit.com/images/upload/conf/media/ EISS%20III%20London%20Report.pdf.

[92] The EU 7th Framework Project, HIPOW, www.hipow-project.eu/.

[93] Isby, D. C., "Cruise Missiles Flew Half the Desert Fox Strike Missions," Jane's Missiles and Rockets, Vol. 3, No. 2, February 1999.

[94] Bender, B., "US Soft Bombs Prove NATO's Point," Jane's Defence Weekly, Vol. 31, No.19, May 1999.

[95] Sawyer, D., "20/20 Segment on Non-Lethal Weapons," American Broadcasting Company(ABC), February 1999.

[96] Hodge, C. C., Redefining European Security (Contemporary Issues in European Politics), Abingdon, UK: Routledge Press, 1999.

[97] Rosenberg, E., "New Face of Terrorism: Radio-Frequency Weapons," The New York Times, June 23, 1997.

[98] U.S. Department of Homeland Security, "The Threat of Radio Frequency Weapons to Critical Infrastructure Facilities," TSWG and DTEO Publication, August 2003.http://www.dtic.mil/dtic/tr/ fulltext/u2/a593293.pdf.

[99] Hoad, R., and I. Sutherland, "The Forensic Utility on Detecting Disruptive Electromagnetic Interference," Proceedings of the 6th European Conference on Information Warfare and Security (ECIW 2007), July 2007.

[100] Sabath, F., "What Can Be Learned from Documented Intentional Electromagnetic Interference (IEMI) Attacks?" Proceedings of the 2011 XXXth URSI General Assemblyand Scientific Symposium, 2011.

[101] Saxton, J., "Hearing of the Joint Economic Committee 'Radio Frequency Weapons and Proliferation: Potential Impact on the Economy," February 25, 1998, http://www.house.gov/jec/hearings/02-25-8h.htm.

[102] Weldon, C., "US Congress Hearing 'Threat Posed by Electromagnetic Pulse (EMP) to US Military Systems and Civil Infrastructure,'" June 1997, http://commdocs.house.gov/committees/security/ has197010.000/has197010_0.HTM.

[103] Bartlett, R. G., "106th Congress House Hearing 'Electromagnetic Pulse (EMP): Should This Be a Problem of National Concern to Private Enterprise, Businesses Small and Large,as Well as Government?'"June 1, 1999, http://frwebgate.access.gpo.gov/cgi-bin/getdoc.cgi?Dbname =106_house_hearings&docid=f:59747.wais.

[104] Schwartau, W., Cybershock: Surviving Hackers, Phreakers, Identity Thieves, Internet Terrorists and Weapons of Mass Disruption, New York: Thunder's Mouth Press, 2000.

[105] Schwartau, W., Information Warfare: Chaos on the Electronic Superhighway, 1st ed., NewYork: Thunder's Mouth Press, 1994.

[106] Wik, M. W., R. L. Gardner, and W. A. Radasky, "Electromagnetic Terrorism and Adverse Effects of High Power Electromagnetic Environments," Workshop W4, Proceedings of the 13th International Zurich Symposium and Technical Exhibition on EMC, February1999.

[107] Levien, F., "The Role of Directed Energy Weapons in Information Warfare," IQPC,London, U.K., January 21, 2004.

[108] Van Keuren, E., D. J. Wilkenfeld, and J. Knighton, "Utilisation of High Power Microwave Sources in Electronic Sabotage and Terrorism," Proceedings 25th Annual IEEE International Carnahan Conference on Security Technology, October 1–3, 1991,pp. 16–20.

[109] HCDC, House of Commons Defence Select Committee Report, "Developing Threats:Electro- Magnetic Pulses (EMP)," Tenth Report of Session 2010–12, February 8, 2012.

[110] HIPOW project website, www.hipow-project.eu/.

[111] SECRET project website, www.secret-project.eu/.

[112] STRUCTURES project website, www.structures-project.eu/.

[113] Shahzad, S. S., 'The Changing Face of Resistance," Asia Times Online, June 23, 2006, http://atimes.com/atimes/Middle_East/HF23Ak02.html.

[114] Vital Perspective.com, "Report: Al-Qaeda Working on Electromagnetic Bomb to Put U.S.in Stone Age," June 22, 2006, http://www.typepad.com/services/trackback/6a00d8341da99d53ef00d8352e ca0653ef.

[115] 114th United States Congress (2015-2016), H.R.1073, "Critical Infrastructure ProtectionAct (CIPA)," https://www.congress.gov/bill/114th-congress/house-bill/1073.

[116] "Directive (EU) 2016/1148 of the European Parliament and of the Council of 6 July 2016 Concerning Measures for a High Common Level of Security of Network and Information Systems Across the Union," July 6, 2016, http://eur-lex.europa.eu/legal-content/EN/TXT/?uri=uriserv:OJ.L_.2016.194.01.0001.01.ENG&toc=OJ:L:2016:194:TOC. AccessedMarch 2018.

[117] Armstrong, K., "The First Five Hundred 'Banana Skins'– A Collection of Anecdotes on EMI," October 2007, www.theemcjournal.com.

[118] Pevler, A. E., "Security Implications of High-Power Microwave Technology," Proceedings of the IEEE International Symposium on Technology and Society at a Time of Sweeping Change, June 20–21, 1997, pp. 107–111.

[119] Shahar, Y., "Directed Energy Hazards to Civil Aviation," Workshop B, IQPC Directed Energy Weapons (DEW) 2009, London, U.K., February 25, 2009.

[120] Civil Aviation Authority (CAA), "Advice to Passengers – On Board the Aircraft," http://www.caa.co.uk/default.aspx? Catid 1770&pagetype 90&pageid 9853.

[121] The Federal Aviation Authority (FAA), Advisory Circular 91.21.1B, "The Potential for Portable Electronic Devices (PED) to Interfere with Aircraft Communications and Navigation Equipment," August 25, 2006.

[122] Henderson, W. M., and D. A. Schriner, "Radio Frequency Weapons - 21st Century Threat Live Fire Testing of Radio Frequency Weapons," Aircraft Survivability, Summer1998, http://www.nawcwpns.navy.mil/~pacrange/s1/news/1998/RFWeap.htm.

[123] Jackson, R., "Boeing Feature Story - CHAMP – Lights Out," October 2012, http://www.boeing.com/ Features/2012/10/bds_champ_10_22_12.html.

[124] natochannel.tv, "HPEM　NATO Test 2013," 2013, https://www.youtube.com/watch?v　VnDeq3Y0_FI.

[125] Benford, J., J. A. Swegle, and E. Schamiloglu, High Power Microwaves, 3rd ed., BocaRaton, FL: CRC Press, 2015.

[126] Hoad, R., et al., "Development of a Mesoband Immunity Test Method," ASIAEM 2017, Bangalore, India, July 2017.

[127] Baum, C., "Temporal and Spectral Radiation on Boresight of a Reflector Type of Impulse Radiating Antenna (IRA)," in Ultra-Wideband Short-Pulse Electromagnetics 3, C. Baum, L. Carin, and A. P. Stone, (eds.), New York: Plenum Press, 1996.

第 3 章　HPEM 耦合与相互作用

3.1　电磁耦合与相互作用模型

工程中，通常使用干扰源-目标模型描述干扰源与目标系统之间的电磁作用（图 3.1）。该模型中，干扰源可以是雷电、高空核爆炸、HPRF DE 或 IEMI 发生器。对于雷电，可以将雷击过程等效为天线，专家有时将雷击过程建模为偶极子天线。对于由高空核爆炸引起的高空电磁脉冲，可以将地球磁层等效为天线。对于 HPRF DE 和 IEMI 发生器，天线是连接发生器或发射器的实际物理结构。

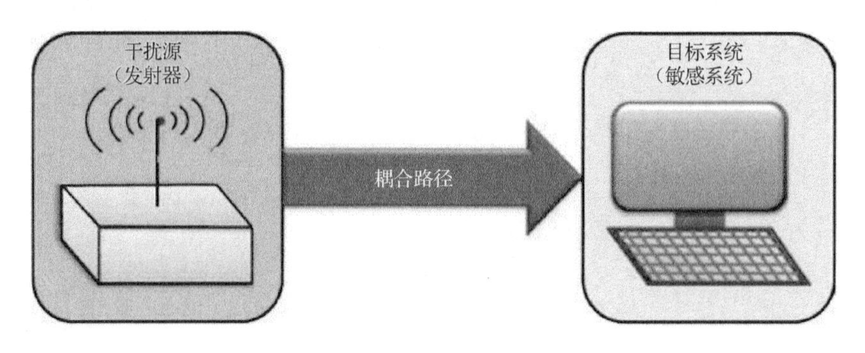

图 3.1　干扰源-目标模型

干扰源产生的电压、电流或电磁场作用于目标系统，进而影响系统的内部器件和电路。当电磁干扰到达器件、电路或设备时，会导致目标系统出现性能降级、故障或者破坏等效应现象。

如图 3.1 所示，干扰源-目标模型会给读者留下简单印象，误认为干扰源和目标系统之间仅通过一条耦合路径相连接。然而，由于现实场景非常复杂，干扰源会通过多条耦合路径传至器件、电路、设备或系统。比如，在 HPEM 环境下，发射器产生电磁场，直接辐射至目标系统，或者通过一条连接在目标系统且耦合了电磁能量的线缆传至目标系统。某些情况下，干扰源和目标系统会连接在同一线缆或同一导体表面。一般情况下，连接在射频发射器、目标器件或系统的导体会和电场（容性）、磁场（感性）相互作用，从而拾取电磁能量影响目标系统。

据图 3.2 可知，分析干扰源和目标系统之间的耦合过程充满挑战。大多数情况下，不需要精确的理论计算或试验分析，只需要合适的定性估计。获取耦合模型的常用方法是将耦合网络分解为多条简化的耦合路径集合，分解过程通常是从 HPEM 环境开始，确定可到达目标系统的耦合路径[1]：

（1）传导耦合，指 HPEM 通过线缆或导体表面传至目标系统；

（2）辐射耦合，指 HPEM 通过电磁场辐射直接作用于目标系统。

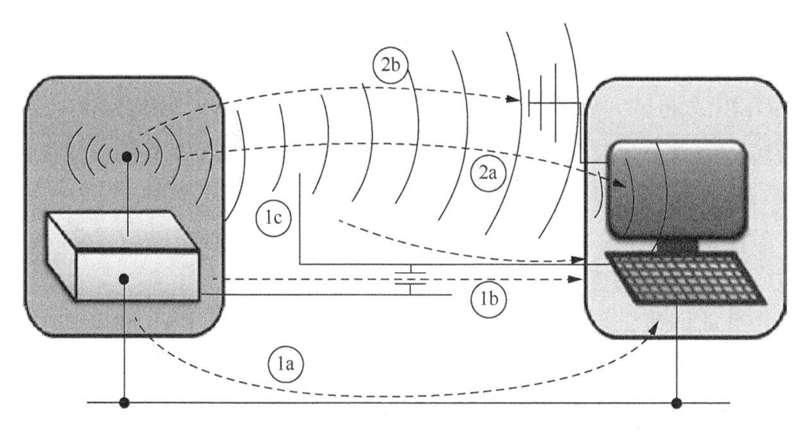

图 3.2　耦合模型详解示意

1. 传导耦合

（1）纯传导耦合（如共阻抗耦合），是指干扰发射器发射出干扰信号，通过互相连接的线缆或导体传输至目标系统。其中线缆有电力线、网络连接线等；导体有铜冷却管等。

（2）两条或多条电缆或导体之间的串扰耦合，这些电缆或导体连接在发射器或目标系统，通过电场（容性）或磁场（感性）耦合拾取电磁能量。

（3）干扰源发射的电磁干扰辐射目标系统的电缆、导体或天线。天线（如 Wi-Fi 天线），屏蔽不良的电线、电缆或金属管道，均能够从周围电磁场拾取干扰能量。此外，若通过非天线结构（如孔缝、外壳）、线缆等拾取干扰能量，通常称为后门耦合；通过天线或传感器等组部件拾取干扰能量，称为前门耦合。

2. 辐射耦合

（1）辐射源通过空气直接辐射到目标系统。干扰源通过天线结构辐射电磁场，电磁波穿透目标系统外壳，或通过孔缝泄漏到达目标系统内部，影响目标系统内部敏感电子器件。

（2）天线-天线辐射。例如，发射器和接收机都是特定的收发设备，如典型无线通信传输路径（无线局域网（WLAN）、无线电广播/接收等）。

对于上述路径的耦合物理机制的分析，需要在涵盖所有电磁现象的麦克斯韦方程组基础上展开，但是电磁理论在实际中的应用非常复杂，因此只需要对电磁现象的相关方面进行概述即可。

关于电子系统的防护加固问题，需要重点考虑 HPEM 能否通过预期接口或非预期薄弱环节（外壳中的孔缝）耦合进入电子系统内部。基于接口类型，耦合通道分为如下两类。

1）前门耦合

如果 HPEM 通过与外界通信交互的接口耦合，称为前门耦合。对这种类型接口进行屏蔽加固，在降低 HPEM 干扰的同时，会引起系统出现不同程度的性能下降或部分功能性损失，如天线或传感器的耦合通道。前门耦合可分为如下两种[2]。

（1）带内前门耦合，指 HPEM 干扰的频率范围与目标设备的工作频率部分或完全一致，如通信基站的带内辐射。

（2）带外前门耦合，指 HPEM 干扰的频率范围不在目标设备的工作频率范围内。例如，兆赫兹无线耦合千兆赫兹主频的 HPEM 波形；数字电视摄像机的传感器用于收集光谱波长范围内的信号以产生图像，然而比光波频率低的射频干扰能够通过光学孔径耦合进入系统内部。

天线或传感器通常与接收机前端组件连接，这些射频组件收集来自天线或传感器的射频能量并对其进行处理（图 3.3）。天线或传感器具备一定程度的频率选择特性，但是前门耦合带内频率的选择性取决于接收机射频前端的滤波器、低噪声放大器和混频器等组件的共同作用。

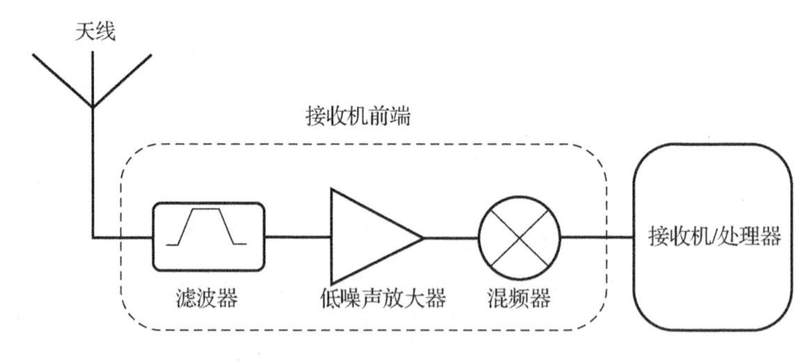

图 3.3　典型接收机前端配置

图 3.4 给出了带内前门耦合和带外前门耦合示意图。据图可知，通带内干扰（Case#1）比其他通带外干扰（Case#2 和 Case#3）有更高的耦合效率，这是因为电子系统会通过调谐天线或传感器以及后端输入滤波器收集通带内的电磁辐射，所以更为敏感。图 3.4 同时说明，寄生谐振可以产生阻带内耦合，即通带外干扰（Case#3）。一般来说，由于影响因素很多，带内前门耦合和带外前门耦合的耦合效率计算比较复杂。

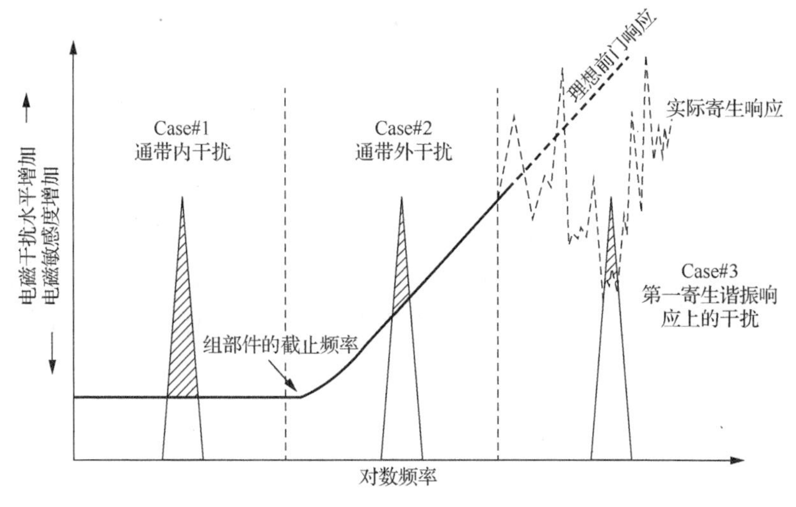

图 3.4　带内前门耦合和带外前门耦合
（实线：理想前门响应；虚线：实际寄生响应）

2）后门耦合

如果 HPEM 干扰通过电缆、孔缝或者外壳的设计缺陷进入系统内部，称为后门耦合。通常可以屏蔽后门耦合的接入点，但并不会降低或影响系统本身的性能，如通风口、显示屏或者舱门缝隙等。HPEM 也可以直接耦合到和设备或者电路相连接的外部线缆，之所以将其归为后门耦合而非前门耦合，是因为使用屏蔽线缆并不会降低系统本身性能。

3.2　拓 扑 概 念

拓扑概念[3-5]是一种结构化分析方法，用于电磁环境与复杂系统相互作用的可视化分析，允许将复杂交互环节分解为多个简单子环节。拓扑分析从源电磁环境开始，通过一系列简单的步骤传播电磁环境（辐射和传导），直至目标系统。在每一步中，电磁场传播特性使用测量结果、适当的分析方法或数值模型来表征。通常使用范数/标量表征电磁环境特征，如峰值电压、电流、电场、磁场、总能量、峰值功率和峰值时间积分，以及上述标量的变化率。

下面介绍一个关于电磁干扰源和目标器件或电路之间电磁相互作用的拓扑概念应用案例。图 3.5 给出了辐射耦合的相互作用序列和因素分解示意图。如图所示，射频干扰源（发射机）通过天线产生电磁场（辐射源电磁环境），再以电磁波形式传播到目标设备的外部结构（表面）。图 3.5 中，灰色框表示目标器件、电路或设备。外部电磁环境可以在目标外部结构表面产生电荷或电流。其中，一种表面电流响应以透射方式进入目标系统壳体内部，另外一种电磁能量则通过孔缝（窗户、通风口等）泄漏进入目标系统（屏蔽体）内部。电磁干扰（包括射频干扰）进入目标系统内部后，可以通过内部耦合（辐射或传导）方式从进入点重新分散到内部相应的敏感位置。对于电磁干扰，能量重新分配机制通常包括传输线传导（传导环境）、电场直接辐射和谐振耦合场。现实生活中的目标系统都有更复杂的设计，如具有多个屏蔽面或屏蔽层，这种情况下，耦合、透射和传播的过程将重复进行，直到传至易损组件或敏感端口。

辐射、透射、传播和耦合的整个过程称为电磁相互作用。拓扑分析有一系列分析步骤，如图 3.5 所示。相互作用序列图说明了分析流程、电磁环境（如源环境、外部环境、内部环境、目标环境）及任何特定部分所需的模型（如波传播、扩散耦合）。

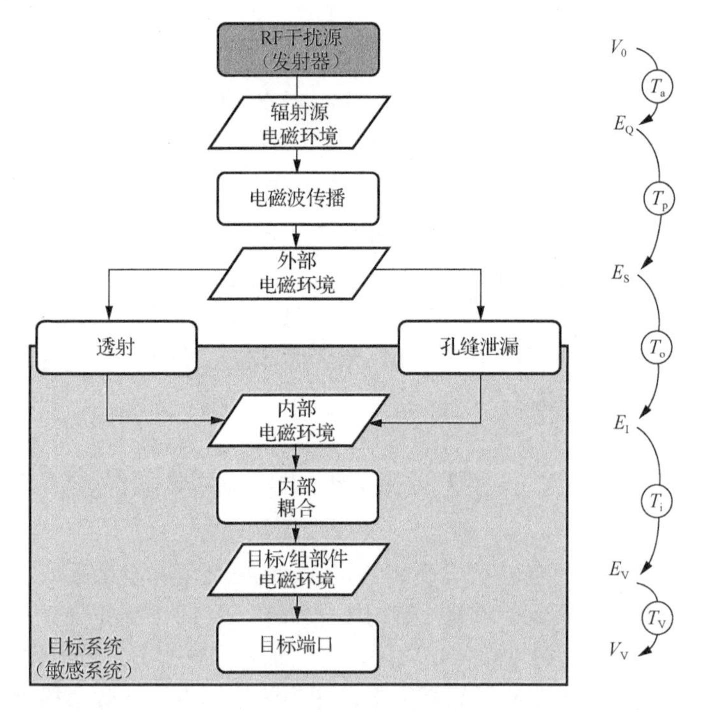

图 3.5　辐射耦合的相互作用序列（左）和因素分解（右）

入射电磁场与目标系统的耦合机制决定了电磁波能量传输到目标系统的效率。转移的能量如何影响目标系统的正常运行，无论是临时中断还是永久性损坏，都需要通过研究目标系统的效应来确定。

研究表明，对于计算机网络的后门耦合，当频率低于千兆赫兹时，耦合效率主要依赖于能量从入射辐射场到线缆和其他互联网络结构的转换过程。在高于几百兆赫兹的频率下，耦合能量主要通过单个设备的外壳孔缝或开口进入目标系统内部。一般来说，目标系统的尺寸决定谐振频率的范围，决定着任何给定频率范围内可以从入射场中提取的总功率。Baum[6]指出可以用经验近似估计设备的典型谐振频率，这种粗略估计的方法应用于具有人机界面（如笔记本电脑）的典型便携式电子系统，用该方法近似估计便携式计算机外壳的谐振频率约为 1GHz。

图 3.6 为传导耦合的相互作用序列和因素分解，容性、感性和共阻抗耦合（galvanic coupling，也称为电导性或电阻性耦合）发生在目标系统易损设备的边界处。实际上，这些耦合也可以发生在发射器到目标系统电磁敏感端口之间的任何位置。

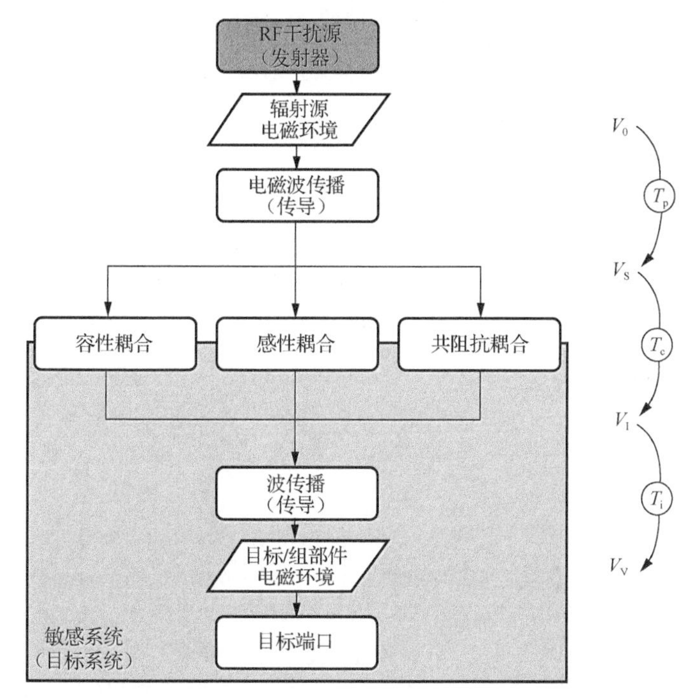

图 3.6　传导耦合的相互作用序列（左）和因素分解（右）

3.3　传 递 函 数

3.3.1　天线传递函数

天线传递函数（T_a）用于描述 HPEM 干扰从激励源通过天线或者作为天线的导电结构辐射的物理过程。一般地，假设射频（RF）干扰是通过天线辐射的，该天线辐射电磁场具有一定的方向性。最大有效口径为 A_{ant} 的天线的最大方向性系数 D_0 由式（3.1）给出[7]：

$$D_0=\frac{S_{max}}{S_{iso}}=\frac{4\pi\cdot A_{ant}}{\lambda^2} \tag{3.1}$$

式中，S_{max} 为天线在最大辐射方向上的辐射功率密度；S_{iso} 为相同辐射功率下无方向性天线的辐射功率密度；λ 为工作波长。

最大方向性系数 D_0 与天线效率 η_{re} 相乘即为天线最大增益[8]，如式（3.2）：

$$G_0=\eta_{re}\cdot D_0 \tag{3.2}$$

式（3.1）和式（3.2）通常由孔径效率积分得到。天线效率是天线的实际辐射功率与天线终端的吸收功率之比，表征天线能量的转换效率。为了估计最恶劣情况，可假设天线效率 $\eta_{re}=1$，则天线的最大方向性系数与最大增益相同。Kildal 等在文献[9]中提出了一个方程，如式（3.3）。基于该方程可以采用启发式算法（一个基于直观或经验构造的算法），在可接受的成本（指计算时间和空间）下，给出待求解组合优化问题中每一个实例的一个可行解，该可行解与最优解的偏离程度一般无法预计。现阶段，启发式算法以仿自然体算法为主，主要有蚁群算法、模拟退火法、神经网络法等。估计任意尺寸天线的方向性，如图 3.8 所示。

$$D_{0,max}=\left(2\pi\frac{r_{min}}{\lambda}\right)^2+3 \tag{3.3}$$

式中，r_{min} 为可以包围天线的最小球体的半径（图 3.7）；λ 为射频场的波长。

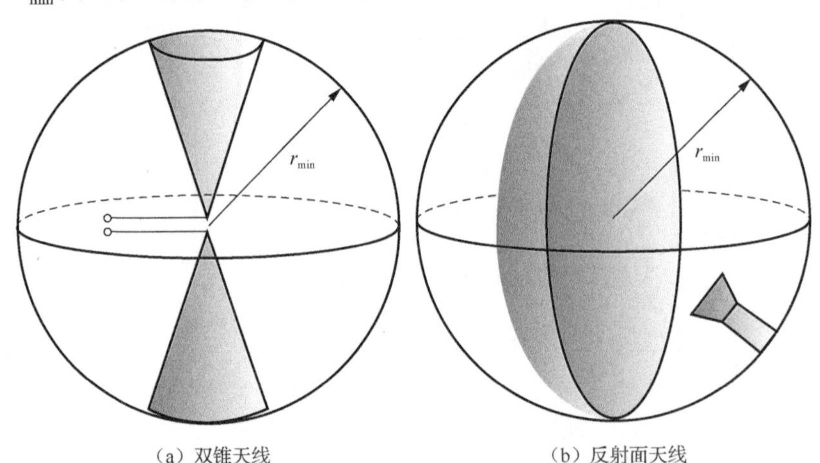

（a）双锥天线　　（b）反射面天线

图 3.7　两个可以包围天线的最小球体的半径定义示意图

包围天线的随最小球体直径变化的方向性曲线如图 3.8 所示。图中实线为式（3.3）①定义的启发式公式曲线[9]。通过式（3.3），计算该天线在视轴方向的辐射功率密度：

$$S_{max}=\frac{P_{in}\cdot G_0}{4\pi R^2}=\frac{P_{in}}{4\pi R^2}\left[\left(2\pi\frac{r_{min}}{\lambda}\right)^2+3\right] \tag{3.4}$$

式中，R 为距天线的距离；P_{in} 为天线终端的输入功率。

① 原书为式（3.4）。——译者

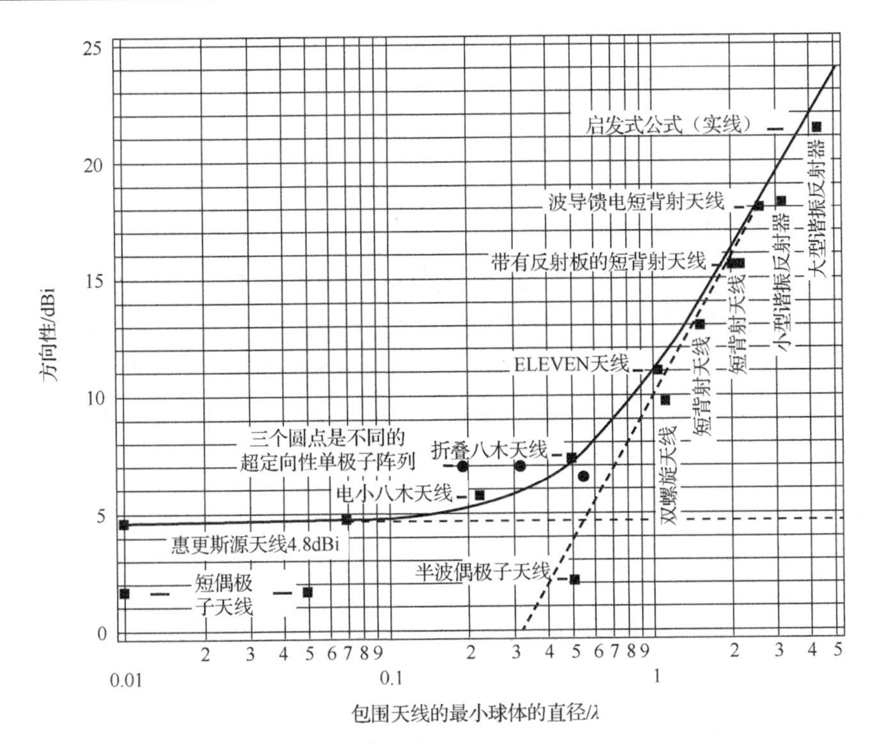

图 3.8　包围天线的随最小球体直径变化的方向性曲线[9]

如果采用集总元件等效微波网络 [10]，则射频源可以用一个源电压 V_0 馈入天线输入导纳 Y_{s_0} 来描述，其功率为

$$P_{\text{in}} = V_0^2 \cdot Re\left\{Y_{s_0}\right\} \tag{3.5}$$

对于一个平面波，结合式（3.4）和式（3.5）可得

$$E_{\max} = \sqrt{S_{\max} \cdot \zeta_0} = \frac{V_0}{R}\sqrt{\frac{\zeta_0 \cdot Re\left\{Y_{s_0}\right\}}{4\pi}\left[\left(2\pi\frac{r_{\min}}{\lambda}\right)^2 + 3\right]} \tag{3.6}$$

式中，$\zeta_0 = \sqrt{\dfrac{\mu_0}{\varepsilon_0}}$ 为自由空间的波阻抗。

从式（3.6）中可以得到天线传递函数：

$$T_{\text{a}} = \frac{E_{\max}}{V_0} = \frac{1}{R}\sqrt{\frac{\zeta_0 \cdot Re\left\{Y_{s_0}\right\}}{4\pi}\left[\left(2\pi\frac{r_{\min}}{\lambda}\right)^2 + 3\right]} \tag{3.7}$$

该传递函数近似正比于天线尺寸与辐射场波长的比值。这里需要注意的是，天线的方向性系数越大，其传递函数越大。例如，将射频能量辐射到一个更小的扇区。

3.3.2 自由空间波传播

除了需要考虑天线的辐射损耗外，还需要考虑自由空间波传播时的传递函数（$T_{p,\omega}$），即电磁波从天线传播至目标物过程中的损耗。空气中的化学成分、空气污染、雨水和植被都会从电磁波的传播过程中吸收能量。国际电信联盟（International Telecommunication Union，ITU）已经研究了电磁波在大气中传播的衰减问题，研究结果发表在文献[11]和[12]中。电磁波在大气中的传播具有非线性和高度复杂性。一般来说，这种衰减可以采用一个传递函数来表征。对于自由空间的典型 HPEM 环境，当频率在 10GHz 以下时，大气衰减小于 0.01dB/km，因此自由空间波传播的传递函数可近似为

$$T_{p,\omega} \approx 1 \tag{3.8}$$

3.3.3 耦合/辐射效率

分布式目标系统从入射平面波中获取能量的能力可以用其有效面积来量化。有效面积类似于与天线频率相关的有效口径。在给定频率下，当接收天线与入射平面波的极化方向一致时，其匹配负载接收到的最大功率由天线的有效面积和入射平面波功率密度的乘积表示。天线有效面积的概念用于推导 Friis 传输公式，该传输公式可用于计算距发射天线 r_R 处由最佳方向的接收天线接收的最大功率。Friis 传输公式给出匹配负载的接收功率 P_R：

$$P_R = \lambda^2 \frac{G_S \cdot G_R}{(4\pi r_R)^2} P_S \tag{3.9}$$

式中，λ 为输入功率是 P_S 的发射天线产生的入射平面波波长；G_S、G_R 分别为发射天线和接收天线的功率增益。

有效面积的概念可以扩展到电缆，称为有效长度。有效长度 L 是如下参数的函数：

（1）电缆相对于入射场的走向；

（2）电缆相对于地平面（如接地板或外壳表面）的高度和走向；

（3）电缆的端接阻抗。

耦合效率随频率变化的示意图如图 3.9 所示。结果表明，耦合效率在分布式目标系统谐振区以外的区域以恒定的速率下降。谐振区是系统尺寸和相互作用的 HPEM 环境波长的函数。

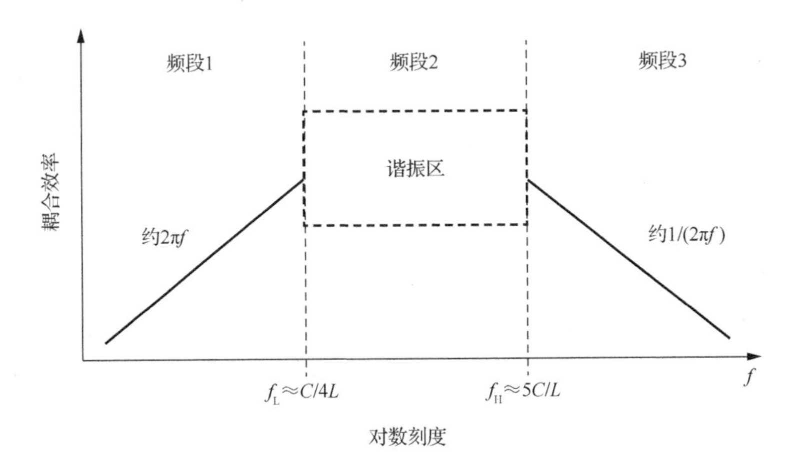

图 3.9　耦合效率随频率变化的示意图

应注意的是，有效长度 L 是一个复数。对于电缆，有效长度 L 可能受到许多因素影响，包括但不限于：

（1）电缆相对于 HPEM 波传播方向的走向；

（2）电缆相对于其他导电和非导电元件的走向（如线束中的其他电缆）；

（3）电缆环路面积，包括环路的地面镜像；

（4）电缆与其他导电和非导电元件（如地面）的距离；

（5）电缆在导电或高 Q 值腔体中的位置。

耦合/辐射效率示例：一个简单通用的目标系统受平面波照射后的响应如图 3.10 所示，该曲线通过将射频信号从网络分析仪的一个端口注入测试腔体，并将另一个端口连接到位于测试腔体内的受试电缆上的连接器测量得到。图 3.10 中

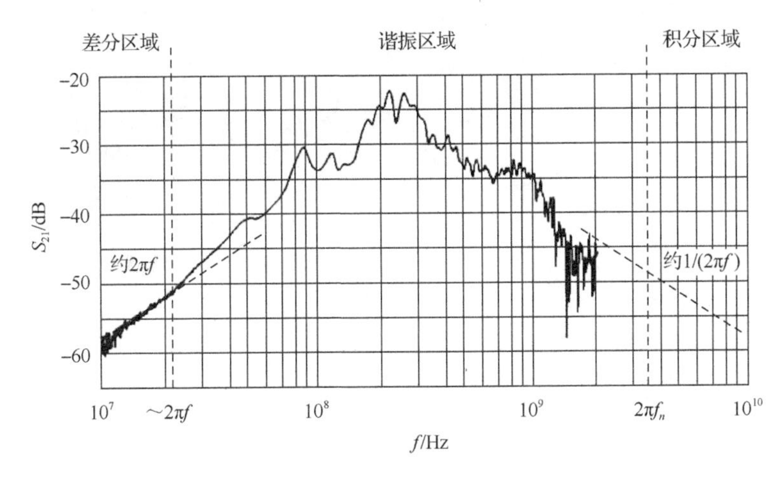

图 3.10　一般目标系统响应（实线）和典型目标系统响应（虚线）随频率的变化曲线

低频部分，该曲线呈现 20dB/十倍频的上升速率，与图 3.9 所示模型预测的一样；大约在 20MHz 处，耦合量进一步增加；在 90MHz 处，出现第一个峰值或谐振点；在 200～300MHz 处，出现两个强谐振点；在这些谐振点之后，响应函数开始下降，并在整个高频区域以-20dB/十倍频的速率下降。

实际上，真实系统要复杂得多，其相应的传递函数也更加复杂。Wraight 等[13]利用低电平扫描电流（low-level swept current，LLSC）技术测量了飞机电缆束的传递函数。该技术是测量飞机及其他类似尺寸系统耦合的常用技术，并在多个标准中进行了描述[14,15]。该技术采用均匀电场辐照受试系统（system under test，SUT)，采用垂直极化和水平极化发射天线依次从四个方向辐照。首先，获取的单个测量数据，分别保存为 8 个频域数据文件，包括两种极化、四个方向文件。然后，将这些测量数据求和得到一个广义传递函数，该广义传递函数是由最大耦合测量数据合成的，且与天线极化方式和入射方向无关。飞机系统的典型 LLSC 传递函数如图 3.11（a）所示，其广义传递函数如图 3.11（b）所示。从图 3.11（a）可以看出，典型 LLSC 传递函数与天线极化方式和入射角（方向）有关。

在大部分频率范围内，传递函数的变化值不会超过 25dB。但所有的曲线都会出现典型谐振模型所具有的共同特征，即谐振区两侧的耦合效率下降。谐振区的具体频率位置和谐振峰值均随目标系统的尺寸或几何形状变化。

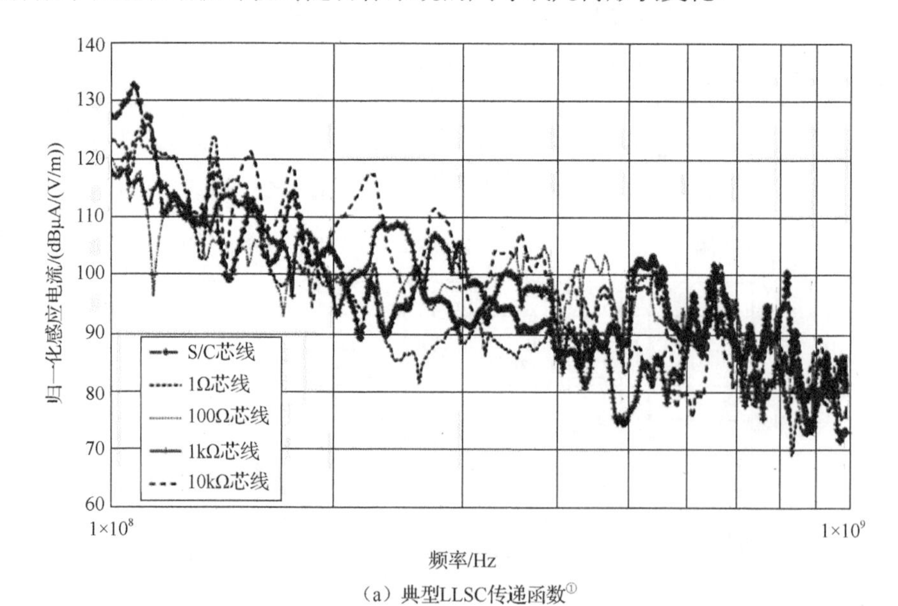

（a）典型LLSC传递函数①

① S/C 芯线表示芯线短路。——译者

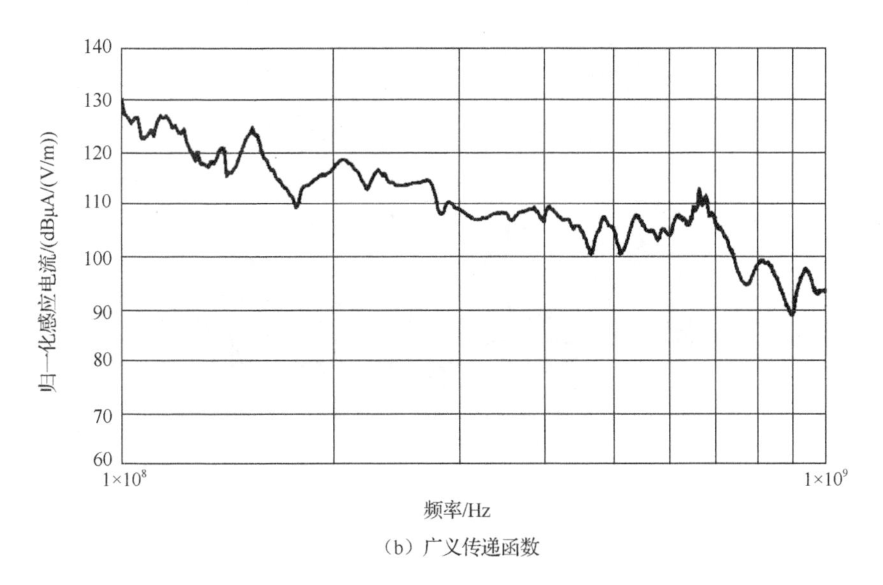

（b）广义传递函数

图3.11　飞机系统的传递函数

然而，需要注意的是，耦合效率是可以急剧变化的，不仅仅只取决于极化方式、方向和入射角。为了证明这一点，Nigel Carter博士通过实验研究了环境小扰动对耦合系数变化的影响。在一次室外实验中，他观察到在测量过程中，耦合系数每小时都有很大的变化。例如，他观察到当一团云从太阳前面经过时，耦合系数随之发生了变化。从本质上讲，太阳引起了飞机上所有缝隙和结合点的热膨胀，进一步改变了系统的尺寸或几何形状，而这些条件的变化导致了所观察到的耦合系数的变化。为了验证观察结果，他将实验移到了更为可控的混响室（reverberation chamber，RC）环境中，并用木棒敲打机身，如图3.12（b）所示。从图3.12（a）中可以看出，对机身看似非常小的扰动，能够造成耦合系数高达20dB的变化。

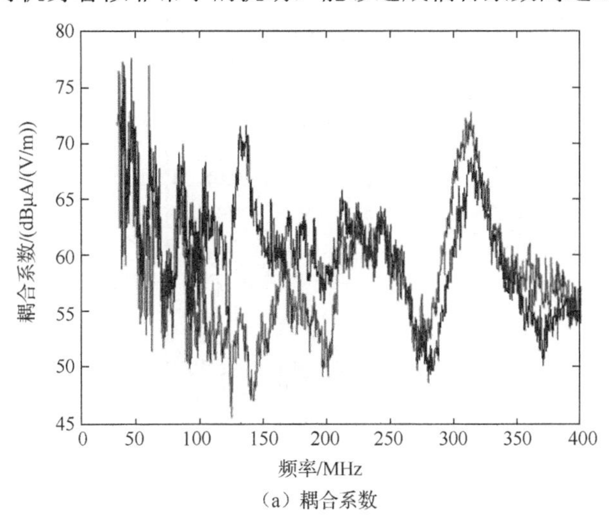

（a）耦合系数

（b）Nigel Carter博士敲打机身

图 3.12 飞机内部电缆实验的耦合

3.3.4 透射

与透射相关的传递函数 $T_{\mathrm{o,d}}$ 用于描述射频辐射波通过导体或电介质屏障时出现的衰减现象，如图 3.13 所示。由于电导率 σ 、磁导率 μ 和介电常数 ε 的变化，入射电场 $\vec{E}_{\mathrm{inc}}$ 从外部入射到屏障表面时会发生反射，反射电场 $\vec{E}_{\mathrm{refl}}$ 由该表面的反射系数给出。入射电场未反射部分则透射到屏障内部，记为透射场 $\vec{E}_{\mathrm{trans,b}}$ 。在导体屏障的内部，电场幅值以 $\mathrm{e}^{-\alpha z}$ 的速率衰减，其中 α 为材料的衰减常数。对于良导体材料（通常情况下），衰减常数 α 与材料的趋肤深度 δ 有关：

$$\alpha=\frac{1}{\delta}=\sqrt{\pi f\,\mu_{\mathrm{b}}\sigma_{\mathrm{b}}} \tag{3.10}$$

式中，μ_{b} 和 σ_{b} 分别为材料的磁导率和电导率。

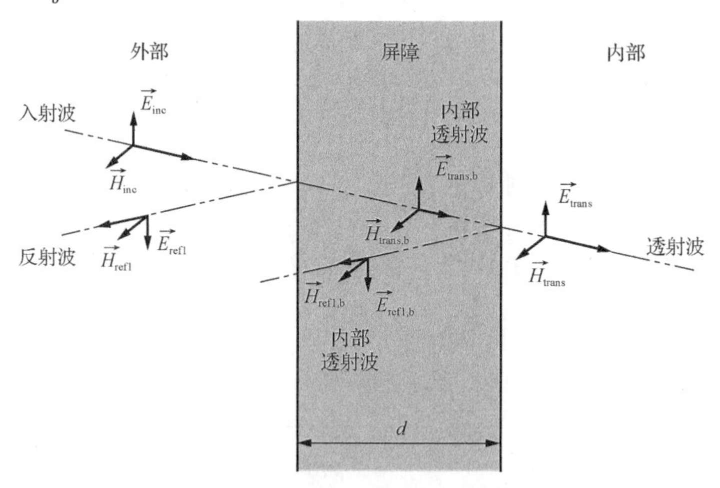

图 3.13 屏障对平面波的屏蔽现象

对于频率为 f 的入射波，如果屏障材料的趋肤深度 δ 小于屏障厚度 d，则透射场 $\vec{E}_{\text{trans,b}}$ 到达屏障内表面时会大幅衰减。$\vec{E}_{\text{trans,b}}$ 在该表面发生反射，记为 $\vec{E}_{\text{refl,b}}$。该反射场 $\vec{E}_{\text{refl,b}}$ 的一部分透射到屏障外部，与外部的反射场叠加，而另一部分又在屏障外表面上发生反射。之后经过屏障衰减到达屏障内表面，一部分发生反射，另一部分发生透射。透射至屏障内部的电场互相叠加，形成屏障内的总场。该过程以类似的方式继续，但后续的反射场和透射场在通过导体屏障时会不断衰减。在预期的入射场频率下，如果屏障厚度远大于屏障材料的趋肤深度，则屏障内表面的持续反射几乎不受影响。因此，当屏障厚度远大于屏障材料的趋肤深度时，通常可以忽略多次反射和透射的影响，并且只考虑界面处的初始反射和透射[16-19]。

综上所述，电磁波通过屏障的传递函数为

$$T_{\text{o,d}} = \frac{\left|\vec{E}_{\text{inc}}\right|}{\left|\vec{E}_{\text{trans}}\right|} \tag{3.11}$$

屏障（如系统外壳）通常用作屏蔽，电磁场的衰减通常以屏蔽效能 SE_E 来表征。屏蔽效能的定义为距离辐射源给定距离处，不加屏蔽的场强与加屏蔽的场强之比：

$$\text{SE}_E = 20\lg\frac{\left|\vec{E}_{\text{inc}}\right|}{\left|\vec{E}_{\text{trans}}\right|} = 20\lg\left(T_{\text{o,d}}\right) \tag{3.12}$$

金属的屏蔽效能本质上是由其导电性能和厚度决定的，而介电材料的屏蔽效能主要是由其波阻抗失配和吸收损耗决定的。显然，吸收损耗与屏蔽层厚度成正比。

文献[17]～[19]表明，已经有数项研究在排除孔缝和贯穿性导体等其他影响因素的条件下，对典型建筑材料的屏蔽效能 SE_E 进行了测量或建模。在这些研究中，依据标准测量方法对测量过程进行了很好的控制。图 3.14 中给出了钢筋混凝土和高导电水泥板的屏蔽效能。

钢筋混凝土（钢筋）是一种很常见的结构，可以提供良好的屏蔽性能，因此受到特别关注。文献[20]～[22]的研究表明，钢筋间距、网层数、网层内钢筋的电连接，以及板内钢筋与其他板的连接对屏蔽效能有很大的影响。普通屏蔽体的屏蔽效能很大程度上取决于所用材料的电导率、磁导率和介电常数，以及具体的设计。通常，建筑物和系统外壳的典型材料能够提供高达 60dB 的屏蔽效能。当频率低于 1GHz 时，高导电性材料的屏蔽效能可能会达到 80dB。

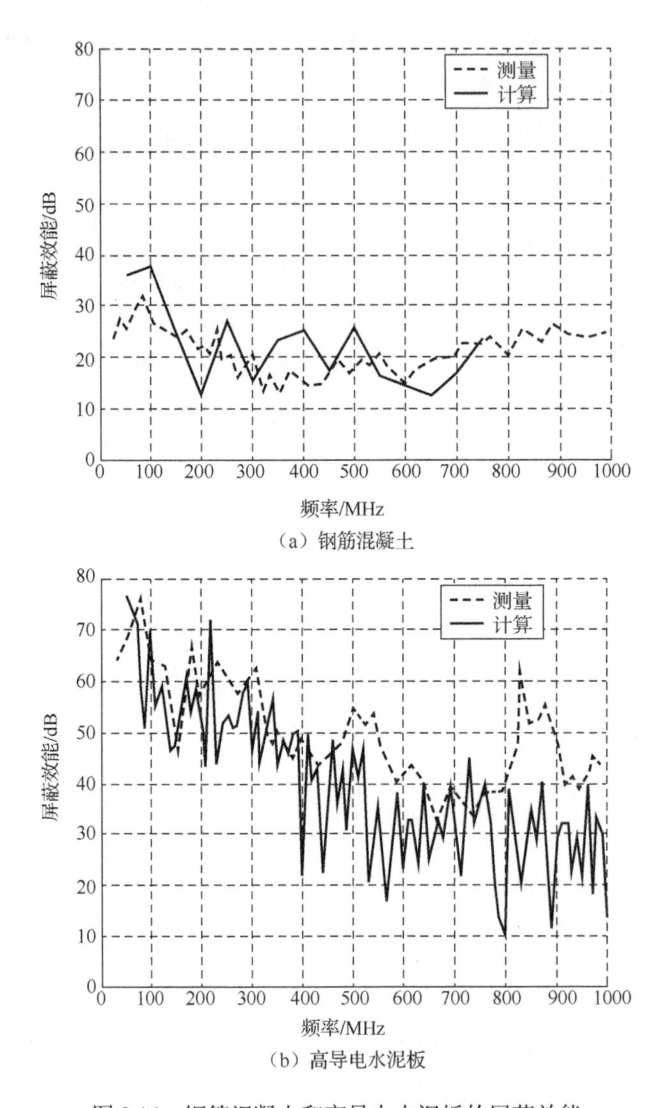

（a）钢筋混凝土

（b）高导电水泥板

图 3.14　钢筋混凝土和高导电水泥板的屏蔽效能

3.3.5　孔缝泄漏

$T_{o,Ap}$ 表示孔缝泄漏的传递函数。实际上，真实的壳体，如建筑物、飞机外壳、设备箱体或外壳，都会包含贯穿壳体的电缆或管道，用于冷却、通风、传感器布置、屏幕显示或门窗等。这些外壳、装置上的贯穿体或孔缝为射频干扰提供了一条无衰减传播路径。然而，孔缝泄漏的建模与分析较为复杂，因为孔缝的通带取决于孔缝的大小和形状，以及 HPEM 环境的波长。

当射频信号的波长小于孔缝尺寸时，该信号将不衰减地透过孔缝。一般认为，Ott 的孔缝泄漏公式近似给出了规则矩形孔缝的屏蔽效能（可用于含门窗的壳体）[23]：

$$\mathrm{SE}_{A\mathrm{p}}=20\lg\frac{\lambda}{2l}=20\lg T_{\mathrm{o,Ap}} \tag{3.13}$$

式中，$\mathrm{SE}_{A\mathrm{p}}$ 为屏蔽效能，单位为 dB；l 为孔缝的最长尺寸；λ 为 HPEM 环境的波长。

事实上，式（3.13）仅与导电板（如钢板）的孔缝有关。在实际应用中，用于建筑物的混凝土等材料会导致峰值频率移动，但一般情况下，这种频率偏移量很难预测。冲击场的入射角度也会改变孔缝的有效尺寸。

3.3.6 传导耦合

沿着导体或电缆传播的电磁波会受到多种损耗机制的影响。与传导传播相关的传递函数用 $T_{\mathrm{p},g}$ 表示。导体或电缆的有限导电性、周围材料（绝缘介质）、电缆几何尺寸和电缆辐射的变化都会吸收电磁波的能量。一般来说，传导传播过程中的衰减可以通过一个与频率相关的传递函数来表示。典型的非屏蔽电力线和其他类似的电缆通常不用于传输射频能量，耦合到这些电缆上的高频干扰会发生较大衰减，因为大部分能量会辐射到周围环境中。对于频率在 5GHz 以下的典型 HPEM 辐射环境，在小于 10cm 的电缆上传播的传递函数可近似为

$$T_{\mathrm{p},g}\approx 1 \tag{3.14}$$

3.3.7 电耦合、容性耦合和磁耦合

传导 HPEM 干扰不可能总是沿着从源到目标物的互连介质进行传播。实际上，连接到干扰源的电缆可能通过共阻抗（电耦合）、电场（容性耦合）或磁场（磁耦合）耦合到与受干扰对象相连的电缆上。一般来说，对电缆耦合建模是一项困难的工作，但在大多数情况下，可以通过假设电缆是弱耦合来解决这一问题[16]。连接到干扰源（电源线）电缆上的电压和电流将通过共阻抗、互电容或互电感使与受干扰对象（接收线）连接的线缆上产生感应电压和感应电流。同样，这些在接收线上感应出的电压和电流也会在电源线上感应出电压和电流。通过弱耦合的假设，可以忽略从接收线到电源线的反向耦合，即从一根电缆到另一根电缆的电压和电流感应是单向的（从电源线到接收线）。

有限的电导率和电缆的缺陷会在共阻抗电路之间形成耦合。例如，具有共同的回流电缆或参考导体。两线之间共阻抗耦合的示意图如图 3.15 所示。图中，电

源为电源线提供电压U_G，电源输出阻抗为Z_G，电源线末端负载阻抗为Z_L。接收线右侧与受干扰对象相连，受干扰对象输入阻抗为Z_V，另一端阻抗为Z_T。对于一般的负载和电缆的电导率，参考导体的阻抗通常比连接的负载阻抗要小得多，因此电源线中的电流主要通过参考导体返回，这将在参考导体中产生一个U_0的压降。如果参考导体的单位长度分布阻抗由一个集总阻抗Z_0表示，则参考导体上的压降由下式给出：

$$U_0 = Z_0 I_G = \frac{Z_0}{Z_0 + Z_L} U_G \tag{3.15}$$

这一干扰电压直接出现在接收电路中，对受干扰对象产生影响。共阻抗耦合的传递函数$T_{p,R}$为

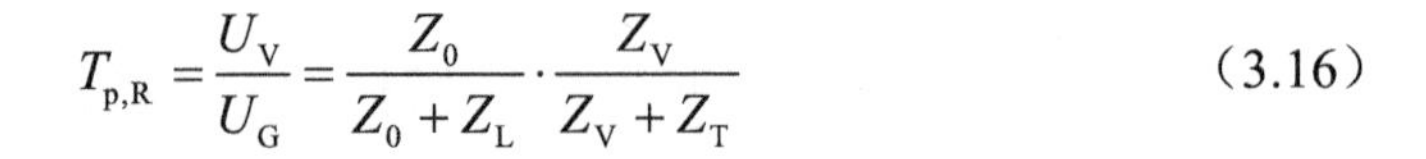

$$T_{p,R} = \frac{U_V}{U_G} = \frac{Z_0}{Z_0 + Z_L} \cdot \frac{Z_V}{Z_V + Z_T} \tag{3.16}$$

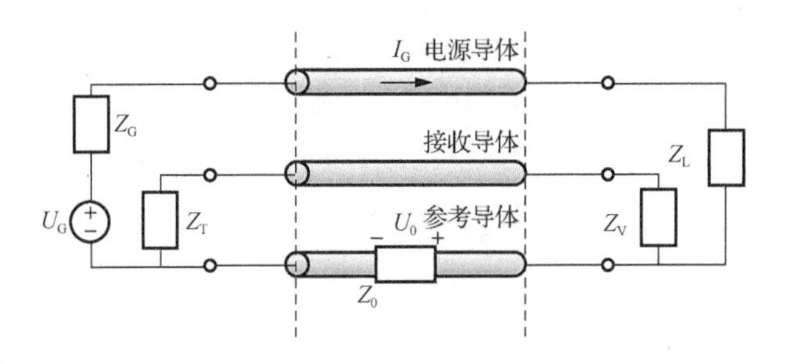

图 3.15　两线之间共阻抗耦合的示意图

3.3.8　容性耦合

大多数情况下，干扰源系统和受干扰系统并不共用一个回路导体，而是采用互相平行的电缆或导线分别连接。例如，它们都安装在一个电缆槽中。这种布局方式就可以通过电场和磁场进行耦合。通过电场耦合（容性耦合）的示意图如图 3.16 所示，平行运行的线路可视为多导体传输线。在多导体传输线模型中，四个导体上的电荷通过单位长度电容矩阵与两条线路（电源线和接收线）的电压建立联系。接收线上的单位长度感应电荷q_R由下式给出：

$$q_R = (c_R + c_m) U_R - c_m U_G \tag{3.17}$$

式中，c_R为接收线的单位长度自电容；c_m为电源线与接收线之间的单位长度互电容。

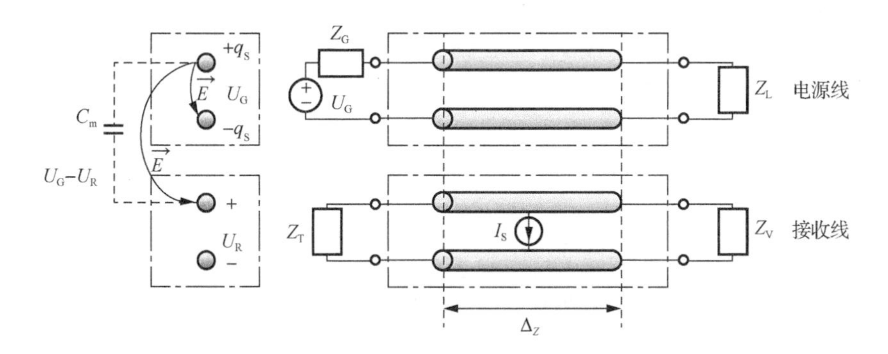

图3.16　通过电场耦合（容性耦合）的示意图

由于电流是电荷对时间的导数，因此接收线上的电流可由下式给出：

$$I_R = \frac{\partial q_R}{\partial t} = \left(c_R + c_m\right)\frac{\partial U_R}{\partial t} - c_m\frac{\partial U_G}{\partial t} \tag{3.18}$$

式中，等式最右边第一项电流是由接收线上的电压感应出来的，第二项电流则是由互电容产生的，并描述了两条线之间的耦合。在基于电路的模型中，第二项电流通过在接收线上引入电流源来表示。由于该电流源是由电场耦合产生的，所以通常也称为容性耦合。如果在频域将单位长度的分布互电容用一个集总的互电容 $C_m = c_m\Delta z$ 表示，则接收线上的感应电流由下式给出：

$$I_S = -j\omega C_m U_G \tag{3.19}$$

图3.16给出了最终的集总电路模型，由此可推出容性耦合的传递函数 $T_{p,C}$ 如下式：

$$T_{p,C} = \frac{U_V}{U_G} = j\omega\cdot C_m\cdot\frac{Z_V\cdot Z_T}{Z_V+Z_T}\cdot\frac{Z_L}{Z_G+Z_L} \tag{3.20}$$

3.3.9　感性耦合

根据安培环路定理，电源线上的电流 I_G 会产生一个磁场。根据法拉第定律，如果该磁场穿过由接收线形成的回路，将会在接收线上产生压降，该压降与 I_G 的时间导数成正比。

两条线通过磁场的耦合可以用单位长度的互感 l_m 来表示。因此，磁耦合通常被称为感性耦合，其感应电压由下式给出：

$$U_S = l_m\frac{\partial I_G}{\partial t} \tag{3.21}$$

如果在频域中将单位长度的互感用集总互感 $L_{\mathrm{m}} = l_{\mathrm{m}} \Delta z$ 来表示，则接收线上的感应电压为

$$U_{\mathrm{S}} = \mathrm{j}\omega L_{\mathrm{m}} I_{\mathrm{G}} \tag{3.22}$$

图 3.17 给出了最终的集总电路模型，由此可推出感性耦合的传递函数 $T_{\mathrm{p,L}}$ 如下式：

$$T_{\mathrm{p,L}} = \frac{U_{\mathrm{V}}}{U_{\mathrm{G}}} = -\mathrm{j}\omega \cdot L_{\mathrm{m}} \cdot \frac{Z_{\mathrm{V}}}{Z_{\mathrm{V}} + Z_{\mathrm{T}}} \cdot \frac{1}{Z_{\mathrm{G}} + Z_{\mathrm{L}}} \tag{3.23}$$

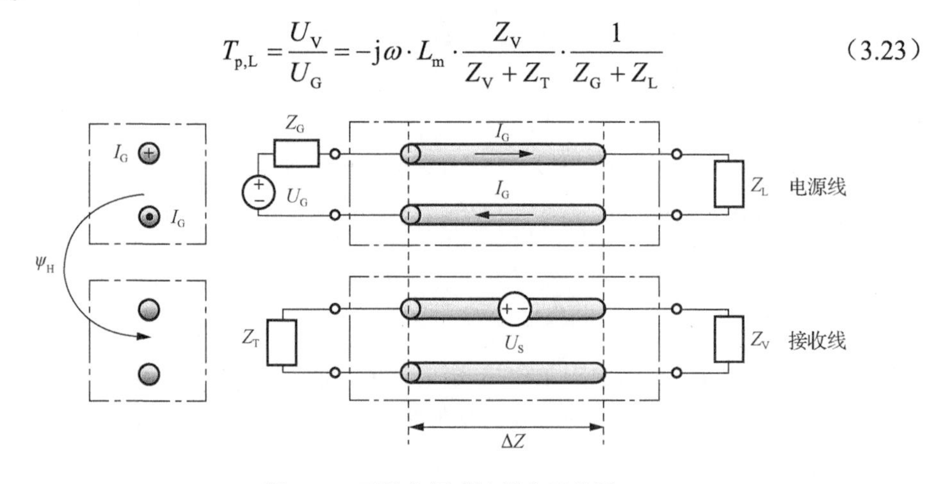

图 3.17　两线之间感性耦合示意图

3.4　系统壳体内部场变化

当 HPEM 干扰进入系统壳体（如遮蔽物、建筑物、房间或设备外壳）内部时，如果系统外壳具备部分导电特性，将会产生谐振场，进而导致系统内部场的分布发生变化，其中壳体内部幅度较强或较弱的电场被称为热点或冷点。实际上，这种现象在混响室试验中得到了应用，利用屏蔽腔体的高导电性和反射特性产生增强场，并通过机械搅拌的方式在试验空间周围移动来产生热点。建筑物内部的普通房间和设备壳体的内部都证明了这种混响效应，但其大小不明显。这主要是由于外壳内壁的损耗更大，或者空腔中填充了部分损耗材料，如房间中的软质家具。

Pauli 和 Moldan[24]、Parmantier 和 Junqua[25]、Junqua 等[26]和 Dawson 等[27]研究了有耗空腔结构（如建筑物中的房间）内 HPEM 场强的变化情况。建筑物内或穿过建筑物的 HPEM 耦合建模主要采用电磁拓扑（electromagnetic topology，EMT）原理[4,5]，具体就是使用功率平衡（power balance，PWB）方法，构造能够反映电磁相互作用和电磁损耗机制的联合模型。此外，通过对电磁能量衰减的测量验证了仿真结果的有效性。

图 3.18 显示了建筑物内几个测量位置在宽频范围内的平均屏蔽效能变化结果。

据图可知，在某些频点上，建筑物内部房间之间的电磁衰减的变化差可达30dB，这种现象在射频和无线通信的腔体传播应用场景下是很普遍的。例如，在机动车辆和建筑物房间内的空腔中，通常称这种现象为衰落，专门用于描述接收信号的衰减特性。

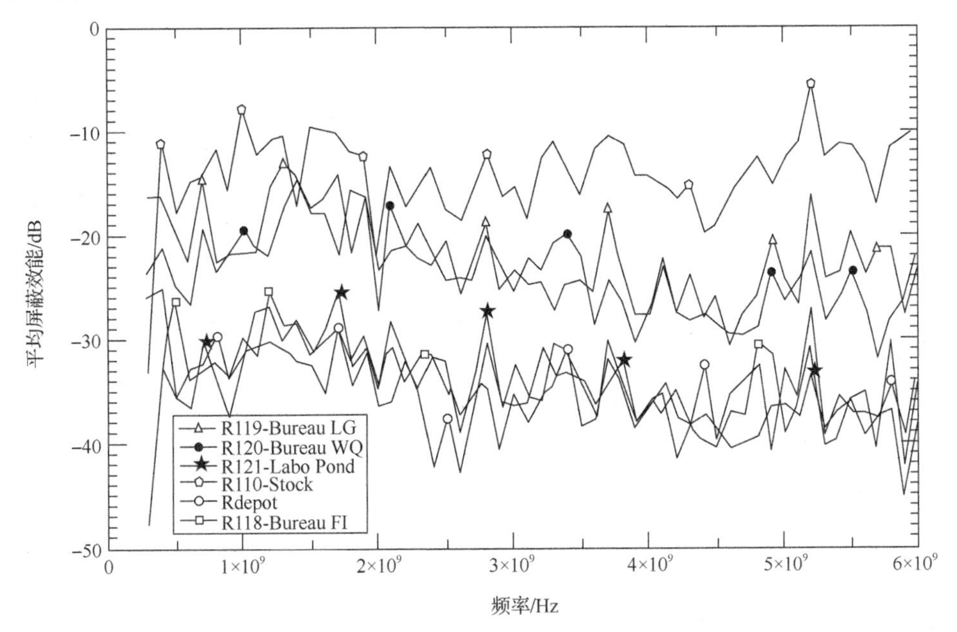

图3.18 建筑物内不同房间的平均屏蔽效能测试结果①
（由Junqua等[26]提供）

3.5 总体响应

3.5.1 器件、设备、系统、网络和基础设施

由于目标系统的尺寸和互连性是电磁耦合和效应的主要影响因素，因此粗略地根据目标系统的物理尺寸定义不同级别效应物的体系层级结构显得至关重要。利用1.5节提出并讨论过的体系层级结构，可以确定不同HPEM环境下的最强辐射耦合，将其作为波长和目标系统的物理尺寸函数。

3.5.2 耦合：HPEM环境类型的函数

图1.4给出了HPEM环境与体系层级结构的映射关系。在图1.4的下半部分，矩形图框表示体系层级结构的典型物理尺寸，并和HPEM波长相对应，图中虚线

① 图中曲线注释仅为区分测点，不影响正文内容理解。——译者

轮廓的箭头表示以某个体系层级为例，虽然在某些波长上电磁耦合占主导地位，但该层级由若干低层级构成，比如，构成基础设施的层级有网络层和系统层等，甚至设备等更低层级，而这些低层级所对应的波长也会有电磁耦合作用。图 1.4 中的上半部分是从频谱角度表示 HPEM 环境的能量覆盖范围。

3.5.2.1 雷电

如图 1.4 所示，雷电的辐射能量大多低于 10MHz，并延伸至直流，最短波长可达 30m。因此，雷电辐射能量能够有效耦合到基础设施、装备平台、网络和系统等。雷电的辐射天线是雷击本身，可以认为是云地之间的单极子天线，从而形成云对地面放电，辐射出电磁场，但其辐射场的方向性很低。雷电附近的辐射场耦合最强，虽然在天线近场内，但是由于波长的不同，近场范围可达数百米距离。近场中，耦合方式复杂多样，从效应角度来看，最恶劣的情况是直接接触雷电或者被雷电击中目标系统（如巡航中的飞机）。这种情况下，导体可以非常有效地将雷击产生的强电流脉冲通过磁场耦合的方式传导到目标系统内部，高强度磁场可以使附近的导体弯曲或扭曲。如果目标系统存在细微的不连续性，并且同时存在寄生电感或电容元器件，将会产生非常强的瞬间高电压。

3.5.2.2 HEMP

HEMP E1 环境的辐射能量主要集中在 100MHz 以下，并延伸至直流，最短波长可达 3m。试验证明，HEMP E1 环境能够将主要能量有效耦合到计算机网络、建筑电气装置内部，甚至更大的系统，如船舶和飞机，比如其电气装置安装的电缆布线长度超过 3m。HEMP E1 波形能够有效耦合到安装线天线结构的短波和超短波电台内部，甚至是超视距雷达。HEMP E2 波形和雷电辐射波形特征相近，因此能高效耦合到分布式基础设施内，如电力传输线缆和电信线路。HEMP E3 环境则被认为是准直流，能够有效耦合到很长的线缆上。

3.5.2.3 HPRF DE 和 IEMI 窄波段

窄波段或窄带 HPEM 环境与系统或网络结构的耦合效率更为复杂。虽然容易耦合到电路或器件上，但电路和器件通常被安装在设备壳体内部，设备本身也可能安装在建筑物或者更大的系统壳体内部。壳体通过反射和吸收能有效衰减耦合进入的电磁能量。此外，电路和器件通常封装在介电材料内，由于介电材料对电磁能量的吸收依赖于电磁波波长，因此能够迅速吸收数吉赫兹以上的电磁能量，其中大部分耦合能量能够被有损介质无害吸收。窄波段 HPEM 的频谱带宽较窄，与具有更宽频谱带宽的电磁波相比，其频谱与目标系统的某些谐振结构发生谐振的概率相对较低。

3.5.2.4　HPRF DE 和 IEMI 宽波段

宽波段 HPEM 源可以工作在甚高频、超高频，甚至数千兆赫兹，能够高效耦合到建筑物内的网络、系统和设备。另外，由于频谱带宽较宽，相比窄波段 HPEM，宽波段 HPEM 耦合进入系统的概率更高。

3.5.2.5　HPRF DE 和 IEMI 超波段

在所有 HPEM 环境类型中，超波段的频谱带宽最宽，最有可能将能量耦合到设备和系统内部。但是，超波段脉冲内的频谱分布过宽，导致耦合到系统内部的电磁能量水平较低。

参考文献

[1] Chatterton, P. A., and M. A. Holden, *EMC: Electromagnetic Theory to Practical Design*, New York: John Wiley & Sons, 1991.

[2] Backstrom, M. G., and K. G. Lovstrand, "Susceptibility of Electronic Systems to High-Power Microwaves: Summary of Test Experience," *IEEE Transactions on Electromagnetic Compatibility*, Vol. 46, No. 3, August 2004, pp. 396–403.

[3] Tesche, F. M., "Topological Concepts for Internal EMP Interaction," *IEEE Transactions on Electromagnetic Compatibility*, Vol. EMC-20, No. 1, February 1978, pp. 60–64.

[4] Baum, C. E., "Electromagnetic Topology for the Analysis and Design of Complex Electromagnetic Systems," *Fast Electrical and Optical Measurements*, Vol. I, January 1968, pp. 467–547.

[5] Baum, C. E., "The Theory of Electromagnetic Interference Control," *Interactions Notes*, Note 478, December 1989.

[6] Baum, C. E., "A Time-Domain View of the Choice of Transient Excitation Waveforms for Enhanced Response of Electronic Systems," *Interaction Notes*, Note 560, Summa Foundation, September 2000, http://ece-research.unm.edu/summa/notes/In/0560.pdf.

[7] Kildal, P. -S., *Foundations of Antenna Engineering: A Unified Approach for Line-of-Sight and Multipath*, Norwood, MA: Artech House, 2015.

[8] Balanis, C. A., *Antenna Theory: Analysis and Design*, 3rd ed., New York: John Wiley & Sons, 2005.

[9] Kildal, P. S., E. Martini, and S. Maci, "Degrees of Freedom and Maximum Directivity of Antennas: A Bound on Maximum Directivity of Nonsuperreactive Antennas," *IEEE Antennas and Propagation Magazine*, Vol. 59, No. 4, August 2017, pp. 16–25.

[10] Pozar, D. M., *Microwave Engineering*, 4th ed., New York: John Wiley & Sons, 2005.

[11] "Attenuation by Atmospheric Gases," Recommendation ITU-R P.676-11, ITU-R, Geneva, Switzerland, February 2016.

[12] "Propagation Data and Prediction Methods Required for the Design of Terrestrial Line-of-Sight Systems," Recommendation ITU-R P.530-17, ITU-R, Geneva, Switzerland, December 2017.

[13] Wraight, A., et al., "Phase Processing Techniques for the Prediction of Induced Current," *IEEE Transactions on Electromagnetic Compatibility*, Vol. 50, No. 3, August 2008, pp. 612–618.

[14] Carter, N. J., "The Revision of EMC Specifications for Military Aircraft Equipment," Ph.D. Thesis, University of Surrey, Guildford, U.K., 1985.

[15] Wraight, A., "Improvements in Electromagnetic Assessment Methodologies: Bounding the Errors in Prediction," Ph.D. Thesis, Cranfield University, U.K., 2007.

[16] Paul, C. R., *Introduction to Electromagnetic Compatibility*, 2nd ed. New York: John Wiley & Sons, 2008.

[17] White, D. R. J., *A Handbook on Electromagnetic Shielding Materials and Performance*, 2nd ed. Gainesville, FL: Don White Consultants, Inc., 1980.

[18] Frenzel, T., and M. Koch, "Modelling Electromagnetic Properties of Typical Building Materials," *2008 International Symposium on Electromagnetic Compatibility - EMC Europe,* Hamburg, 2008, pp. 1–6.

[19] Frenzel, T., J. Rohde, and J. Opfer, "Elektromagnetische Schirmung von Gebäuden–Praktische Messungen, Band BSI-TR-03209-2," *Bundesamt für Sicherheit in der Informationstechnik*, 2008.

[20] Stone, W. C., "NIST Construction Automation Program Report No. 3, Electromagnetic Signal Attenuation in Construction Materials," Building and Fire Research Laboratory Gaithersburg, MD, NIST United States Department of Commerce Technology Administration National Institute of Standards and Technology, October 1997.

[21] Holloway, C. L., M. G. Cotton, and P. McKenna, "A Model for Predicting the Power Delay Profile Characteristics Inside a Room," *IEEE Transactions on Vehicular Technology*, Vol. 48, No. 4, July 1999.

[22] Dalke, R. A., et al., "Effects of Reinforced Concrete Structures on RF Communications," *IEEE Transactions on Electromagnetic Compatibility*, Vol. 42, No. 4, November 2000.

[23] Ott, H. W., *Noise Reduction Techniques in Electronic Systems*, 2nd ed., New York: John Wiley & Sons, 1988.

[24] Pauli, P., and D. Moldan, "Reduction and Shielding of RF and Microwaves," *Electromagnetic Environments and Health in Buildings Conference*, London, U.K., May 2002.

[25] Parmantier, J. -P., and I. Junqua, "EM Topology: From Theory to Application –In Ultra-Wideband, Short-Pulses," *Electromagnetics*, Vol. 7, October 2006, pp. 3–11.

[26] Junqua, I., J. -P. Parmantier, and F. Issac, "A Network Formulation of the PWB Method for High Frequency Coupling," *Electromagnetics*, October 2005.

[27] Dawson, J. F., et al., "Power-Balance in the Time-Domain for IEMI Coupling Prediction," *Proceedings of EUROEM 2016*, London, U.K., July 2016.

第 4 章　HPEM 试验设备和技术概述

4.1 简　　介

对目标器件、电路、设备或系统量化 HPEM 效应，通常需要进行试验。如前所述，HPEM 与目标系统相互作用和耦合涉及大量的物理参数，这也是效应量化中的一个难题。无法从系统简单粗略的诊断中推断出哪些效应对电场幅度或其他 HPEM 环境特征（如波形范数定义的变量）非常敏感。有些效应分析需要对目标系统有非常深入的了解，有些效应可能只是瞬时出现（如寄生耦合路径），有些效应则仅在 HPEM 应力的作用下才出现（如整流的非线性效应）。

这些限定条件说明通过分析或电磁建模计算对效应进行预测，会不可避免地导致试验结果与计算结果之间存在巨大差异。结果之间的差异并不能直接证明试验或模型存在错误。然而，在进行效应试验时所做的必要假设和方案折中可能更容易量化，因为它们是物理特征，而在模型中所做的假设和方案折中往往不易呈现给观察者。建模计算仍然是确定 HPEM 响应的一个非常重要的手段，至少能够快速评估相关参数的微小变化对 HPEM 与目标系统相互作用结果的影响，如形状、尺寸或方位角。

效应试验的主要目标是量化、记录、分析和区分受试系统（system under test，SUT）在 HPEM 环境下的响应（效应），理想情况下 SUT 要处于典型状态中（即尽可能接近实际场景）。

此处的术语 SUT 是指体系层级结构中的对象，从设备到基础设施。不同层级对象进行试验的实际可行性将在下文讨论。图 4.1 显示了待研系统与 HPEM 环境的相互作用，并且两者都与实际场景有关。在效应试验的实际开展过程中，做假

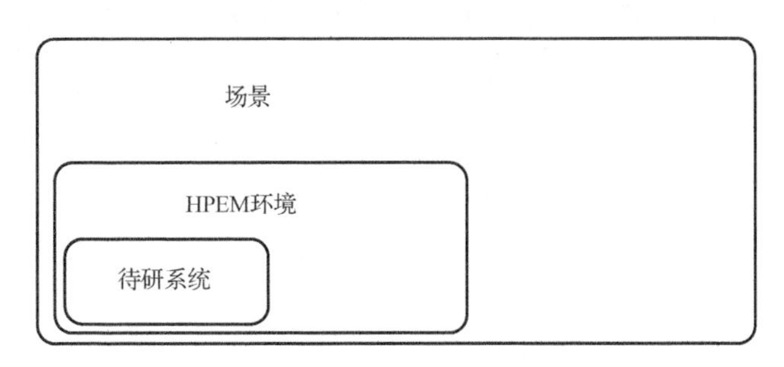

图 4.1　场景、HPEM 环境和待研系统

设和方案折中往往是必不可少的。在真实场景中开展具有充分代表性的电子系统HPEM效应试验，这种想法过于理想，几乎无法实现。随着试验条件偏离理想场景，结果中的不确定性、不精确性和误差必然会逐渐出现。

4.1.1　场景的一般考虑

为了更加接近真实场景，可以使用以下选项来构建现实试验条件。

（1）真实场景：迄今为止，在实际运行过程中开展系统试验的例子还很少。这类试验的成本和风险高得令人望而却步。实现这一目标的一个突出的例子是第2章中讨论的美国国家航空航天局风暴灾害计划（NASA Storm Hazard Program）。对于核电设施等基础设施，在实际情况下进行试验很大程度上是不切实际的。要以完全真实的方式实现试验，一个特别大的障碍是HPEM环境对邻近的系统和基础设施产生的不利影响。例如，无意中影响了核电设施旁边的一个数据中心。图4.2显示了飞机驾驶舱内仪器的原位测试。

图4.2　飞机驾驶舱内仪器的原位测试
（QinetiQ公司提供）

此试验的目的只是检查HPEM环境对驾驶舱显示器产生的效应，显示器对保证飞行安全非常关键。然而，在偶然暴露于HPEM环境的其他辅助系统上也可能出现该效应。

（2）场景的物理模拟：飞机的HPEM试验需要建造一个绝缘测试台，用于模拟飞行中的飞机（即远离地面的反射）。采用该方法的一个典型例子是ATLAS/

TRESTLE HEMP 模拟器。也可以使用起重机悬挂飞机来模拟飞机半飞行状态[1]。

人们对电磁反简易爆炸装置（countering improvised explosive devices，C-IED）一直有很大的兴趣，基本做法是利用 HPEM 发生器引爆爆炸装置。为了复现实际条件，掩埋爆炸装置的沙土通常直接用该装置实际使用的现场沙土或相近物。

（3）受控的开阔试验场地：通常，政府组织可以进入开展辐射测试的大型开放试验场地或靶场。这类场所一般具有良好的物理安全边界，以控制进入通道和场地内的区域。因此，试验中不需要太担心 HPEM 试验场与附近基础设施的相互作用。开放区域的试验场地地面能够均匀反射电磁波。图 4.3 展示了一个受控开放区域试验场地，这里地面的电磁响应是已知的。

图 4.3　飞机在开放区域试验场地上进行试验，射频环境发生器位于英国博斯科姆镇飞机测试基地（MoD Boscombe Down）（QinetiQ 公司提供）

可以在靶场上建造带有控制室的结构或建筑物，用于对其开展结构内部设备或基础设施系统的 HPEM 效应试验。如果 HPEM 效应试验在室外露天进行，出于安全（人的电场暴露）或其他原因（如证明试验符合要求），还需要在远离 SUT 的某处监测电场强度。

实际上，大多数 HPEM 效应试验是在体系层级结构的设备级或系统级进行。这主要是因为 HPEM 效应试验通常需要高强度电场的辐照或大电流的注入，而这可能对人员造成危害，引爆电爆炸装置，导致易燃气体自燃，并影响未受保护的关键安全电子设备。在基础设施中，对某单元进行原位测试时存在的这些风险通常是不可控的。试验必须以某种受控的方式进行，这意味着必须将被测试对象运到试验场地，而无法将试验场地运到被测试对象所在地。

（4）封闭试验空间：封闭试验空间通常是最实用的试验环境，因为 HPEM 环境完全包含在封闭试验空间内。封闭试验空间有多种类型，将在后面讨论。

4.1.2 HPEM 环境模拟的一般考虑

为了更加接近理想条件，构造 HPEM 试验环境时可考虑以下因素。

（1）真实 HPEM 辐射环境下的试验：对于 HEMP，获得真实核爆辐射环境是完全不切实际的，因为需要在高空引爆核装置，而这是被国际条约禁止的。对于 HPRF/IEMI，研制实际环境的发生器是可行的。然而，试验的目的是收集有意义的效应数据，而且很可能需要许多独立试验来验证统计结果的准确性。通常，试验中 HPRF/IEMI 发生器的脉冲发次（试验装置能提供的脉冲个数）受装置设计的限制，即此类发生器在很短的时间内产生 HPEM 环境后，可能会受损或耗尽。因为此类试验的成本非常高，一般用于给合同甲方进行系统效应验证（在军事中将这种试验演示通俗地称为“将军试验”（generals’ test）[2]），或者用于整个系统验证，提供证据支持设备级试验获得的成果或结论。

（2）威胁级（full-scale）HPEM 辐射环境模拟：真实环境的模拟器可以提供满足或超过标准规定的环境水平，并可以重复、可靠地使用。拥有这种能力的模拟器归政府所有[3,4]，且研制和维护成本非常高。对于一些威胁级 HPEM 模拟器，脉冲之间的重复性或保真度很差。这是模拟器设计过于简单的结果，也可能只是因为输出开关的物理特性。例如，脉冲串包络中前几个脉冲的峰值幅度比包络中其余大多数脉冲的峰值幅度高得多，这并不少见。如果效应机制取决于响应峰值，该脉冲特性对于效应的研究影响很大。第 2 章讨论了这部分内容。

（3）响应级（subscale）HPEM 辐射环境模拟：一种真实环境的模拟器，可重复、可靠地使用。这实际上是威胁级模拟器的早期或老一代版本。应注意的是，通常效应试验过程中需要逐步增加电场水平，目的是获得效应阈值的初始值和受损过程，并防止 SUT 在试验刚开始时就受损。许多威胁级模拟器在这方面的能力有限。通常，如果将脉冲峰值幅度调低，输出波形会显著失真。一些公司已经开始提供 HPEM 的响应级模拟器产品。这些已经在前面讨论过了。

（4）通过传导试验替代 HPEM 辐射环境模拟：模拟 HPEM 辐射环境最好的方法是传导或注入试验。首先通过对耦合过程的理解或评估、测量或模拟，将 HPEM 辐射波形转换为传导波形。事实上，传递函数在从理想辐射环境构建传导环境的过程中非常重要。目前传导试验有时是进行效应试验唯一的切实可行的方法。对于 HEMP，这种情况更加典型，大多数系统级试验都需要采用注入试验方法。HEMP 辐射环境的传导响应，可以从耦合测量和分析结果中推断出来。HEMP E1 环境中的低频率成分（即小于 1MHz）主要和系统缆线相互作用，并且该频段辐射试验的效率很低，因此传导试验更有意义。

4.1.3 SUT 的一般考虑

为了更接近理想条件，对于 SUT 需要考虑如下一些因素。

（1）实际系统：随着体系层级结构从设备级上升到基础设施级，对实际目标对象开展试验越来越难。如果目标对象是嵌入在基础设施中的某个系统，如变电站中使用的数字保护继电器，那么即使我们拥有同样的甚至实际的系统，按照实际基础设施中的方式准确地装配系统，仍是不切实际的。例如，很少在基础设施中开展保护继电器原位测试，因为对基础设施产生不利影响的风险是不可避免的。

（2）为测试进行的系统改装：为了测量系统 HPEM 响应，通常需要对 SUT 加装探针或传感器。需要特别注意的是，必须确保这些测量仪器不改变 SUT 的响应。目前基于光纤的解决方案容易实现这一点，但并非适用于所有情况。测量仪器的相关内容将在本章后续内容讨论。

（3）尽可能按原系统方式互联设备：实践中往往通过设备级试验推断系统级响应，因为设备级是体系层级结构中尝试效应试验最合适的级别。设备装配尽可能接近原系统，这方面的一个例子是在临时改装的飞机上开展飞机设备试验[5]。先加工一个飞机机身的框架，再将设备以典型方式装配到框架上。

（4）系统中设备的器件或电路：因为必须透彻地理解整个体系层级结构的传递函数（即从系统到设备再到组件）才能开展试验，所以该级别试验最难再现真实场景。早期人们开展了大量的数字器件和组件的 HEMP 特性研究[6]，目标是设计 HEMP 加固组件，使得设备和系统具有一定程度的内在抗毁性。这种方法试图效仿电离辐射环境中抗辐射加固元器件的研究思路。然而，HEMP 效应随耦合机理变化很大，主要取决于设备、系统、基础设施和互连布线的拓扑结构，因此在器件层级进行抗 HEMP 加固的想法基本已经被放弃了。想从器件级和电路级效应中推断出系统级 HPEM 效应，难度也相当大。尽管如此，由于成本相对较低，已发表的 HPEM 效应研究仍有很大一部分是在器件或电路组件级别上进行的。

4.1.4 小结

上述所有情形中，对理想场景的逼近程度取决于两个因素：试验数据质量要求及试验数据在其他环境、系统和场景中的用途。

4.2　HPEM 效应试验中的不确定性

人们试图将从特定设备或系统上观察到的效应归结为电场的单个值或单个值的范围。然而，经验表明，一些小规模的独立变量的组合对结果的准确性有重要影响。影响效应试验结果不确定性的因素包括但不限于以下几点。

（1）环境条件：温度、湿度、地面反射率（湿/干）和周围邻近结构的反射；

（2）HPEM 模拟器输出的变动（如脉冲与脉冲之间，甚至脉冲群与脉冲群之间，幅度、频谱成分和其他重要参数的差异）；

（3）HPEM 模拟环境和 SUT 的耦合或其他相互作用的差异（见第 3 章中的介绍）；

（4）测量仪器校准的不确定度[7]；

（5）天线或注入探头位置差异；

（6）辐照入射角度选择有限的影响；

（7）电缆布局和耦合的变化；

（8）辐照时 SUT 的状态和工作模式；

（9）看似相同的 SUT 之间存在的差异。

这些因素必须加以控制，以尽量减少效应试验结果的不确定度。举例说明不确定度的概念：一个控制得非常好的 EMC 抗扰度试验，总扩展测量不确定度估计为 3.9dB[8]。该不确定度的估计中不包含上面列出的许多因素。

多年来，在军事、空间和重大安全领域，裕度的概念已经得到了广泛的应用和研究[9,10]。MIL-STD-464C 的定义：裕度是两个物理量之间的差，即子系统和设备能够耐受的电磁强度水平与系统级电磁耦合在子系统和设备级引起的应力水平之差。因此，裕度和不确定度密切相关，可作为效应随机性的一个表征量。多年的观察和总结发现，即使没有包含全部因素，裕度值中也已经包含了上面列出的大部分因素。MIL-STD-464C 对安全关键系统和任务关键系统规定的裕度为 6dB，对电爆炸装置规定的安全裕度为 16.5dB。类似地，英国国防标准 59-411（U.K. Defence Standard 59-411）[11]规定，不作为平台进行试验的关键任务系统的裕度为 6dB；必须使用传递函数试验的系统（即用传导试验模拟辐射效应），裕度为 12dB。裕度可被视为基于矩形概率分布函数的扩展不确定度的单边版本。很明显，即使条件控制良好，在 95%置信水平（confidence level，CL）下效应试验的扩展不确定度也可能高达 ± 15dB。

试验过程中对单个因素的深入理解和控制至关重要，而且必须通过解析处理、数值分析或者实际测量等方法将所有不确定度和裕度结合起来。

4.3　HPEM 效应试验方法和装置

有些 HPEM 效应试验可以使用纯粹的经验方法直接进行，而无需收集额外的数据，如为了证明某种效应存在。然而，为了对 HPEM 效应的物理机理有更深入的理解，必须进行仔细的测量，同时必须对参数进行更好的控制。HPEM 效应试验可以很简单地分为以下两大类。

（1）辐射效应试验：SUT 直接暴露于辐射场；

（2）传导效应试验：将电流和电压直接注入或施加于 SUT，多数情况下注入波形通过辐射耦合测量或传递函数得到。

效应试验很复杂，需要合适的装置才能进行。再现 HPEM 环境所需的设备包括信号源、HPEM 脉冲发生器和天线。高功率电磁环境测量所需要的设备包括：场探头、衰减器、某种形式的隔离器，以及频谱分析仪、接收机或示波器、操作或运行 SUT 的设备。合适的地点或辅助装置也是必需的。

为了科学性，必须测量 HPEM 环境的参数，并将其与观测到的效应关联起来。可能还需要测量其他参数，如 HPEM 暴露期间的时间、温度、湿度及 HPEM 屏蔽的完整性。

4.3.1　HPEM 辐射试验

屏蔽室或暗室内的典型 SUT 辐射效应试验配置如图 4.4 所示。

电磁兼容（EMC）抗扰度和敏感度测试的相关标准可为辐射效应试验提供最好的指导方法。EMC 抗扰度试验的目的不同于 HPEM 效应试验。EMC 抗扰度试验的目的只是测试一个阈值或限值，而如果观察到效应，则视为意外事件，甚至判定试验失败。但是，EMC 抗扰度试验中控制试验多变性和最小化不确定度的方法，很大程度上适用于 HPEM 效应试验。标准 IEC 61000-4-36 中给出的方法就是一个很好的例子[12]。实现 HPEM 效应试验最佳效果的方法如下。

（1）测量设备的校准：控制良好的试验或实验都应该重视仪器的校准。校准的主要目的是将测量不确定度降至最低，从而全面控制测量误差。然而，对于 HPEM 测量而言，由于电磁强度很大，测量链路中的组件损坏比较常见。有时这种损坏更像是退化，如阻抗或衰减的变化。在效应试验准备阶段进行校准，可以发现这些问题，否则这些问题可能不会当场表现出来。

（2）电场/电场均匀性校准：电场校准的目的是确保 SUT 上的电场分布足够均匀，保证试验结果的有效性。

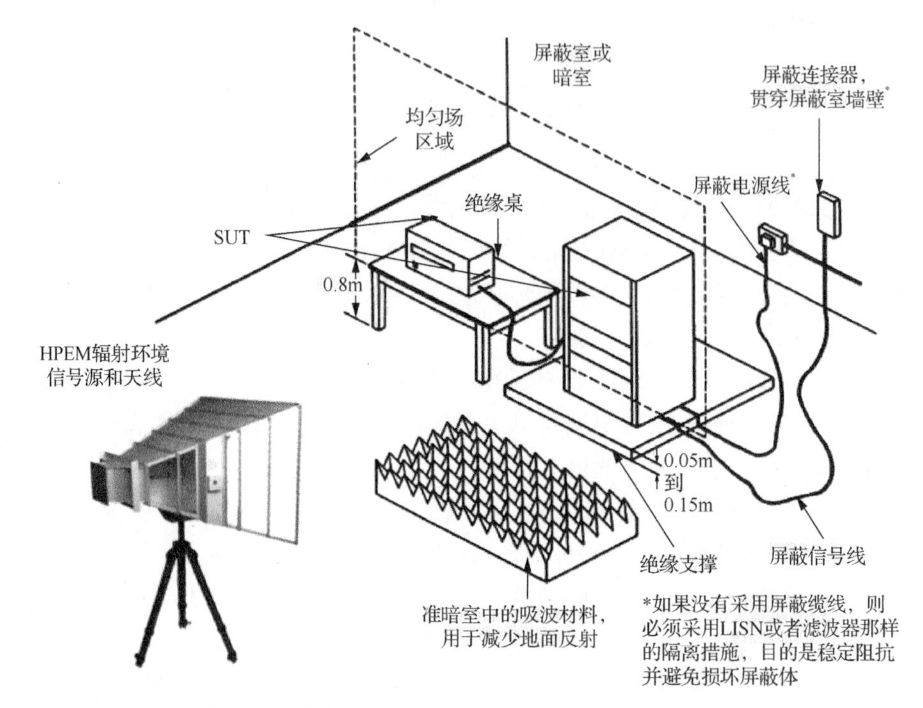

图 4.4　屏蔽室或暗室内的典型 SUT 辐射效应试验配置

电场均匀性校准的主要目的是在 SUT 位置获得远场平面波。应避免在 HPEM 模拟器或天线的近场区域进行试验，因为该区域的场变动很大，使得结果不可重复。

HPEM 模拟器或天线和 SUT 之间的地面或地板必须具有均匀的阻抗或反射系数，这一点很重要。可以选择一个完全导电的地平面（如果实际的情形就是这样），也可以选择在地平面上使用吸波材料，以尽量减小地面反射波。根据气候条件的不同，户外试验结果可能会有较大的变化（如被积雪覆盖的混凝土与被阳光烘晒的混凝土）。地下的金属结构，如混凝土中的钢筋，可能会影响特定频率电磁波的地面反射。

均匀电场区域的校准通常需要在 SUT 位置的垂直平面上进行多次测量（如 9、12 或 16 个网格点），在该垂直平面上，电场幅度的变化要在可接受的范围内。例如，对于 IEC 61000-4-36[12]，如果 75%以上的网格点场值在标称值的 0～6dB 内，则认为电场是均匀的。

（3）SUT 设置标准化：所有试验应在尽可能接近实际安装条件的配置下进行。

如果设备设计为安装在面板、机架或机柜中，则试验应在此结构中进行。

如果使用时，设备最后要安装在金属板或舱壁上，如机舱隔间或车辆底盘内，则试验应在导电平面上进行。

如果 SUT 是孤立的或安装在桌面上，则不应使用金属地板，但如果仍然需要支撑，则支撑结构必须由非金属、非导电材料制成。应使用低介电常数材料，如硬质聚苯乙烯。由木材或玻璃钢制成的桌子或支架可反射某些频率电磁波，因此应避免使用这些材料，以尽可能降低对电场均匀性的扰动。

如果 SUT 的某些部分通常不接地，则应使用非导电支架，以防止 SUT 意外接地和电场畸变。

（4）电缆布局标准化：如第 3 章所述，电缆的布局对 SUT 的耦合有很大影响，因此必须非常认真、仔细地复现典型的实际场景。

必须使用制造商指定的 SUT 缆线型号和连接器。

长度小于 3m 的电缆通常容易布放在试验区域的均匀场内。如果均匀场区域小或 SUT 有长电缆，则应在较长（>3m）电缆的中点捆扎，以形成一个低电感的耦合路径。超出均匀场区域的电缆需要非常小心的处理，以免产生错误的结果。

此外，对于连有长电缆的大型 SUT，可以采用多角度辐射方法试验，条件是保证从不同角度辐射到 SUT 上的均匀场有重叠。显然这是一种妥协的方案。

理想情况下，至少要有 1m 长的电缆暴露在电磁场中。

如果 SUT 试验中使用导电地平面，则最好将电缆用绝缘支架架高到 5cm。这是因为低于 5cm 电场会迅速衰减，可能与 SUT 电缆不会有耦合。因为在实际使用中电缆贴近导电地平面走线，所以将电缆在地平面上架高会出现一种最坏的情况，即会出现耦合电流变大的情况，但沿线不可避免地会有一些地方的电缆必须架高。

（5）仿真电源网络（artificial mains network，AMN）、线路阻抗稳定网（line impedance stabilizing network，LISN）或隔离变压器的使用：这些网络或器件可通过控制电缆长度从而控制 SUT 电源端口的耦合，在 SUT 供电电缆比一般或典型供电电缆长得多的情况下特别有用。如果电缆耦合长度不加控制或者电源阻抗不稳定，则会产生误导性的结果。

控制配置并给配置拍照是一个很好的方法。如果需要在中断一段时间后重复效应试验，那么通过这种方法就可以使这些配置中各因素的变动做到最小化。通常，在效应试验期间的 SUT 配置是理想性和现实性之间折中的结果。

4.3.2　HPEM 辐射试验设施和 HPEM 环境模拟

理想情况下，试验设施必须满足如下要求。

（1）SUT 所处位置的辐射环境能够代表真实的 HPEM 环境。

（2）考虑入射角、极化和传播等因素，尽可能再现 SUT 和 HPEM 环境之间相互作用的物理过程。

（3）允许观察 SUT 效应并做表征和记录。

（4）允许 HPEM 环境辐射受试对象，但是不允许影响到测量设备、观察设备及周围其他电子设备的正常功能。

（5）采取措施降低 HPEM 环境对人员、燃料、军械和邻近安全关键电子系统的危害。

辐射效应试验设备或场所的多种选择方案如下：

（1）室外和露天试验场地；

（2）防护室或屏蔽室；

（3）横向电磁模式（transverse EM mode，TEM）小室和传输线，可用于产生 HEMP 和 HPRF DE/IEMI 环境；

（4）暗室和混响室，更适用于 HPRF DE/IEMI 环境；

（5）雷电和 HEMP 注入设备；

（6）HEMP 模拟器；

（7）室外和封闭式 HPRF DE/IEMI 模拟器。

4.3.2.1　室外和露天试验场地

在室外开展辐射效应试验在许多方面接近真实场景。雷电、HEMP 和 HPRF DE/IEMI 环境与系统、装备、网络和基础设施的相互作用，大部分发生在室外露天环境中。然而，如果在室外环境中没有控制好天气、温度和地面（土壤类型）等方面的条件，则 SUT 响应的改变会给辐射效应试验结果引入更高的不确定性。

室外试验场地必须有政府许可或远离人群聚集地，否则室外 HPEM 环境模拟器或发生器必须从频谱管理部门获得使用许可证。使用许可证可以限制试验用频点数、调制方式和辐射场的幅度。

试验中需要特别注意化解可能会出现的冲突，如试验中与过顶飞机、海船、路上车辆或试验场地的其他使用者等之间的冲突。在实践中，最好将室外环境的许多特征标准化，以便能将结果推广到其他环境。

1）开放试验场

开放试验场的某些特性有助于条件的标准化。开放试验场必须平坦，不得有架空电缆，必须远离金属物体，并且必须有标准尺寸的导电或反射地面[13]。地平面必须是连续的，没有电尺寸较大的裂缝和空隙。地平面通常为矩形，要求比 SUT 至少扩大 1m。有时开放试验场场地使用转台旋转 SUT，从而可以从不同角度评估 SUT。大型开放试验场场地的示例见图 4.3。

2）屏蔽室

屏蔽室是一个六面金属导电外壳，本质上是法拉第笼。在屏蔽室内进行试验，可防止房间内潜在不利电磁场向外传播。屏蔽室通常使用三种不同的技术加工：搭建、焊接和预制。屏蔽室的搭建技术是指将屏蔽材料安装到现有结构上。考虑到现有主机结构的设计没有安装屏蔽，使用这种方法所获得的性能可能并不理想。

使用焊接技术的屏蔽室通常具有最好的屏蔽效能，一般高于 120dB，但也是最昂贵的解决方案。最常见的屏蔽室加工方法是预制夹层解决方案，该方案采用电气和机械连接结构，或者采用夹层或接合结构（使用导电垫片或过滤器/密封圈），将屏蔽材料面板固定在刨花板或胶合板芯的两侧。典型的屏蔽室如图 4.5 所示。

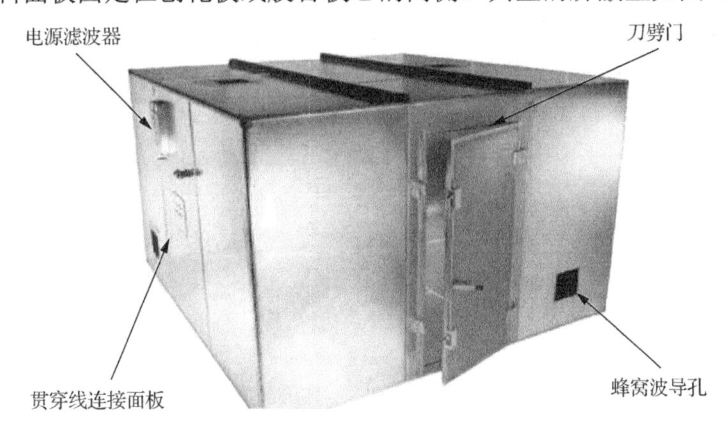

图 4.5　典型的屏蔽室

虽然室内产生的 HPEM 环境向室外传播时，屏蔽室可以很好地将其衰减，但室内的电磁环境相较于平面波效应试验并不理想。这是因为室内的 HPEM 环境会与屏蔽体相互作用，特别是反射。墙壁、房间角落和其他表面的反射会使到达 SUT 的电场畸变，导致电场的均匀性变差。即使对于持续时间很短的 HPEM 瞬态环境，也会发生相长或相消干扰式的相互作用。在 95%的置信水平下，在相当于 6 英尺计算机机架的区域内，电场幅度的变化高达±30dB。

后面讨论的混响室就是利用这些反射，而暗室则使用装在内表面的吸波材料尽可能多地消除反射。

使用屏蔽室，必须小心处理屏蔽体的穿墙线。为观察到效应，屏蔽室内的 SUT 必须供电，如果不能通过电池供电，那么屏蔽室内需要使用低压（low-voltage，LV）电源。针对电力电缆或任何其他穿墙导体，需使用环向屏蔽电缆，屏蔽层与屏蔽墙连接、内外去耦并使用滤波器。低压电源滤波器防止屏蔽室内产生的 HPEM 环境通过导体传播到屏蔽室外。低压电源滤波器经常用到，它可以为传导信号提供隔离，隔离度与屏蔽体类似（如 80～100dB）。屏蔽室另一个需要处理的地方是通气通风口，通气通风口对于平衡屏蔽室内外的空气压力至关重要，并且可能用于空调或其他降温设备。通气通风口的处理方法是采用截止波导，见本书第 7 章。同样，典型的解决方案是使用蜂窝波导通风口，大孔径管道被替换成由许多小孔径管道组成的波导阵列，每个小孔径管道具有特定长度或深度，以防止电波传播通过，这种解决方案是普遍适用的。其他常见的贯穿器件包括用于监视、测量或操作 SUT 的电缆或光纤。光纤可以通过波导管而不被切断。数据电缆屏蔽层必须与导电的屏蔽墙相连接。可能还需要使用滤波器来阻止 HPEM 环境通过传导方式传播到试验区域之外。数据信号滤波器的设计有一定难度，因为它既要传输所需的数据信号，又要阻断 HPEM 环境信号，而且数据信号的频率可能和 HPEM 环境信号相同。

现代化 SUT 具有无线功能，如要让 SUT 正常工作，必须先让其中的全球导航卫星系统（global navigation satellite system，GNSS）/全球定位系统（global positioning system，GPS）正常工作。在屏蔽室内，来自卫星的 GNSS /GPS 信号或来自舱外路由器的无线信号，会衰减到无法接收的程度（如果还能接收，则说明屏蔽不起作用）。在这些情况下，可能需要使用光纤网桥或中继器让所需的无线信号或 GNSS/GPS 信号到达 SUT。特别是对于 GNSS/GPS 信号，有专门的操作设备记录试验过程中的 GNSS/GPS 数据并回放。这样，GNSS/GPS 信号就可以在试验区域之外记录，并在试验区域内回放。GNSS/GPS 信号发生器本身必须进行 HPEM 环境保护。

4.3.2.2　TEM 小室

TEM 小室因其发明者也被称为 Crawford 小室[14]。Crawford 最初设计的 TEM 小室由一个馈电收锥段连接到一条矩形传输线和一个锥形顶端组成。馈电部分和末端部分都装有同轴连接器。单元内部使用射频或雷达吸收材料（radar absorbent material，RAM）来减少高次模。

这种采用双端收锥设计的 TEM 小室通常用于小型试件、器件、电路和设备的试验。

一种更流行的设计是后来发展起来的吉赫兹 TEM（GTEM）小室[15]。GTEM 小室在结构上与屏蔽室非常相似，只是它是收锥或楔形形状的，而不是矩形的，并且引入了偏置带线来抑制由小室的角和侧壁引起的高次模。GTEM 小室示意图如图 4.6（a）所示，照片如图 4.6（b）所示。

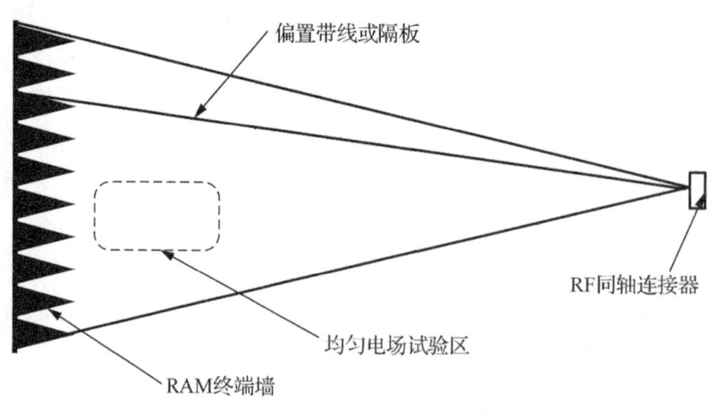

（a）GTEM小室示意图

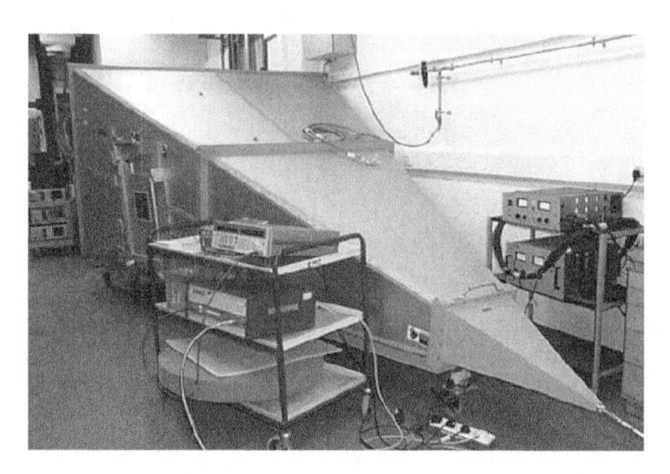

（b）典型GTEM小室的照片（QinetiQ 公司提供）

图 4.6　GTEM 小室

如果高压馈电部分能够耐受 50kV 或更高电压，GTEM 小室也可用于 HEMP 效应试验。

侧面开放的 TEM 小室在结构上与 HEMP 导波模拟器非常相似，也可用于 HEMP 效应试验。这种类型的小室已经在德国不同的效应研究小组中获得广泛应用。图 4.7 给出了典型 TEM 小室的照片。

图 4.7　典型 TEM 小室的照片

（由德国国防军防护技术和 CBRN 防护研究所（WIS）提供）

这个位于德国 WIS 的 TEM 小室模拟器能够产生超波段、宽波段和 HEMP E1 等波形，最小上升时间为 90ps。试验空间高为 2.75m，宽为 2.3m，TEM 小室结构全长 6m。

TEM 小室在系统效应试验方面有许多优点，即

（1）不需要辐射天线；

（2）对于 GTEM 小室，效应试验时具有潜在危害的电场被包围在屏蔽腔体内部。

TEM 小室在系统效应试验方面可能有以下限制：

（1）对于侧面开放的导波型 TEM 小室，具有潜在危害的电场能够从小室辐射出去；

（2）除非 TEM 小室非常大，否则它只适用于小型设备、电路和装置的试验；

（3）TEM 小室电场的极化特性受小室几何形状的限制；

（4）设备和电缆布局需要仔细控制，特别是后者，因为接地板是小室的底板，在 GTEM 小室中，小室的屏蔽壳体也是地电位。

4.3.2.3　暗室和半波暗室

暗室和半波暗室的内表面带有 RAM，以尽可能减少反射和高次模的产生[16]。暗室的目的是在 SUT 周围创建一个尽可能接近自由空间环境的均匀场区域。典型的 3-m 半消声室的照片如图 4.8 所示。术语 3-m 是指发射天线和 SUT 之间的典型距离，以保证场的均匀性。

图 4.8　典型的 3-m 半消声室

（QinetiQ 公司提供）

RAM通常是锥体形状。然而，锥体的长度与其工作波长有关。辐射试验通常要求军用设备从30MHz开始，民用设备从80MHz开始[17]。在这些频率下，RAM的有效长度可达1m，这会占用腔室中大量的可用空间。

如果要求RAM具有更低的频率性能，则可用铁氧体板吸收低频辐射，此时RAM吸波效率较低。

暗室在系统效应测试中有许多优点，即

（1）产生HPEM环境，同时阻止危险场传播到设备外；

（2）相当常见，价格合理，如用于EMC测试；

（3）通常可以提供必要的流入空气以供冷却，也有为SUT和HPEM模拟器供电的线缆。

暗室在系统效应测试中可能有以下限制：

（1）腔室内产生的磁场被吸收体衰减，这意味着在SUT位置处很难产生高幅度场；

（2）峰值和平均场可能有限制，因为RAM的黏结材料易燃；

（3）腔室的物理尺寸，有时腔室门的尺寸会限制SUT的尺寸。

4.3.2.4　混响室

混响室（RC）[18,19]是一个导电屏蔽室或结构类似于屏蔽室的封闭腔。这使得来自辐射天线的电场能够在腔室周围反射，从而产生干扰。这样，在腔室内形成热点、高峰值区和零值区、场抵消区。放大器输出中等功率却可以在热点产生高强度的电场，这是RC测试技术的主要优点。

腔室通常配备有一个或多个机械调节或搅拌装置，其尺寸和腔室尺寸呈特定比例。当腔室被射频能量激发时，可通过旋转桨、调节器或搅拌器搅拌（即热点和零点在腔室周围旋转）来产生多模电磁环境。混响室的示意图和照片如图4.9所示。

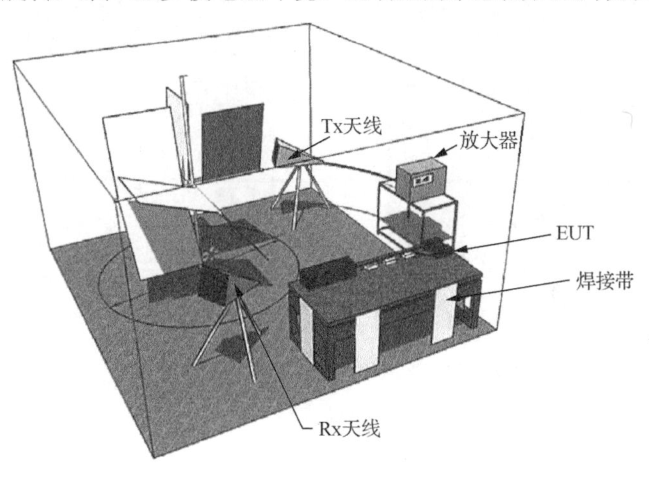

（a）RC示意图

（b）QinetiQ Farnborough混响室照片（QinetiQ 公司提供）

图 4.9　混响室的示意图和照片

混响室内部空间场强的变化如图 4.10 所示。该 2D 图像显示了不同区域的场强分布，其中有最高场强（热点）。通过将热敏膜放置在腔室中观察射频场产生的热量，并通过热成像相机拍摄照片。照片显示了四个不同搅拌器位置对腔室内热点位置的影响。

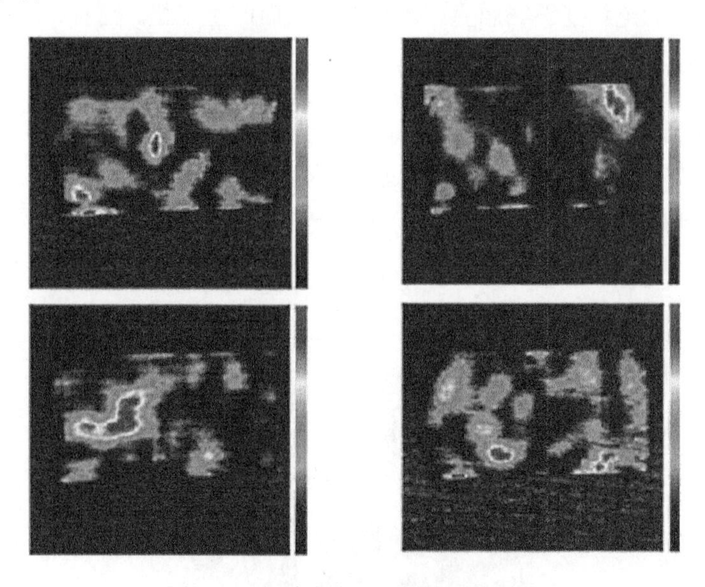

图 4.10　混响室内部空间场强的变化

RC 在系统效应试验方面有如下许多优点。

（1）每瓦特输入功率产生的场强比传统暗室或 TEM 小室高得多。

（2）相对于暗室或 TEM 小室，混响室内不同位置的峰值电场强度更均匀（一个旋转桨或调节器旋转时的时间平均值）。

（3）SUT 所受到的辐射电场具有多种极化方式和入射角度，而在暗室、TEM 小室或 HPEM 模拟器中，电场是随时间急剧变化的。RC 被视为提供一种最恶劣情况下的辐射，有人认为，当系统处于其预期工作环境中时，RC 更能代表真实的电磁环境[20]。

（4）在旋转桨或调节器转动的时间内，系统的各个组成部分或表面都会受到峰值电场辐射。因此，SUT 电缆的特定方位对效应阈值的影响较小。

（5）因为时间平均，RC 的可重复性优于传统的暗室和 TEM 小室，从而成为一种一致性更好的试验方法。

（6）最重要的是，RC 的测量不确定度低于暗室、TEM 小室或 HPEM 模拟器。混响室技术的扩展不确定度在 95%置信水平下为±1.5～±1.8dB[21,22]。

混响室技术在系统效应试验方面的缺点如下。

（1）对于模式搅拌（即搅拌器连续旋转），如果 SUT 的循环时间较长，峰值电场停留在 SUT 上的持续时间，可能是一个需要考虑的重要因素。

（2）一些学者发现在概念上很难将使用混响室技术记录的效应水平与其他辐射技术联系起来，这不可避免地导致更高的扩展不确定度。

（3）腔室最小尺寸决定了腔室可使用的最低可用频率（lowest usable frequency，LUF）。

（4）必须指出的是，可使用的脉冲上升时间受到腔室 Q 因子的限制，从而限制了可使用的脉冲波形。因此，混响室仅适用于窄波段（窄带）长脉冲 HPRF DE 和 IEMI 环境，其中脉冲长度需要超过混响室的 Q 值，通常为几微秒。

（5）未保留 SUT 的方向性特征。这意味着无法揭示关键辐射角，SUT 耦合效率的增强效应也可能被遗漏了[23]。

已证明 RC 是一个有用的设备，因为其能够获得一种用任何其他试验方法都难以实现的 SUT 彻底暴露的场景。

如前所述，RC 的频率下限取决于腔室尺寸。混响室的最低频率由以下公式计算得出：

$$N = \frac{8\pi}{3} abd \frac{f^3}{c^3} \tag{4.1}$$

式中，a、b 和 d 为腔室的内部尺寸（单位：m）；f 为工作频率（单位：Hz）；c 为光速（3×10^8m/s）。

通常 RC 相关标准规定，如果对于给定频率 f，N 小于 100，则不应在该频率或低于该频率的条件下使用混响室。近似尺寸为 a=8m、b=5m 和 d=3m①的 RC 的 LUF 约为 100MHz。

实践中，选择由一定频率范围步进通常比扫频方式效果更好。频率范围通常由用于试验的放大器的带宽控制。通常的经验是，每十倍频程，选择 100 个频率点，频率由下式给出：

$$f_{n+1} = f_n * 10^{\frac{1}{99}} \tag{4.2}$$

式中，f_n 为试验频率，n=1～100，f_1 为起始频率，f_{101} 为结束频率。

旋转桨/搅拌器或调节器可以是步进的（以给定的固定角度离散的步进）或搅拌的（在 RF 辐射期间连续旋转）。对于搅拌模式，旋转桨轮的速度通常在 0.5～4r/min，这样，如果场强足够，就会有足够的时间使电场热点停留并产生干扰，同时仍能在单个试验期间评估所有传播和耦合模式。

在每个频率点，电场电平被设置为远低于 SUT 预期效应阈值的某个最低电平，在桨叶旋转一圈的时间内允许电场停留在 SUT 上。电场的幅度缓慢增加，直到观察到 SUT 效应，然后按等级记录效应水平和效应类型。

HPEM 辐射电场的水平可由式（4.3）计算。根据所选择的标准化试验方法，也可使用多种其他方程来推导电场：

$$E_{\mathrm{c}} = \frac{8\pi}{\lambda}\sqrt{\frac{5P_{\mathrm{r}}}{\eta_{\mathrm{a}}}} \tag{4.3}$$

式中，P_{r} 为天线接收功率整体均值；η_{a} 为天线的效率。

对于 RC 内部的辐射场，发射天线的选择相对不重要，因为不需要保持天线的方向性特性。通常更重要的是，保证天线能够在 RC 内部产生非常高的电磁场中生存，且不会发生热击穿或介电击穿。对于 100MHz～1GHz 的频率，通常优先选择对数周期型天线。对数周期型天线的标称效率为 0.75。

对于在 1 吉赫兹到几十吉赫兹的频率，双脊波导喇叭是首选的发射天线。该发射天线的标称效率为 0.9[24]。基于这些因素，腔室内电场的水平可由式（4.3）计算。

4.3.2.5　HEMP 模拟器

前面讨论的 HEMP E1 辐射电磁环境（EME）是一个 50kV/m 或更大的单极性双指数形式的单脉冲，上升时间为 1～2ns。对于设备级试验，通常通过向设备电缆中注入衰减正弦电流和电压信号来进行。对于系统级试验和装备级试验，可以使用注入技术，也可以使用能够产生 HEMP 波形的模拟器。

---

① 原文为 c =3m，疑有误，此处已做纠正。——译者

根据 Baum[25,26]的研究，HEMP 模拟器可分为三类：导波 HEMP 模拟器、偶极子 HEMP 模拟器和混合型 HEMP 模拟器。HEMP 模拟器的汇编包括 40 多个详细的数据表，这些数据表描述了来自世界各地许多国家在用和停用模拟器的参数[4]。

所有形式的 HEMP 模拟器都存在固有的局限性，因此存在多种结构形式。为了推断观察到的效应在实际 HEMP E1 辐射电磁环境中的真正意义，必须对试验结果进行分析和外推。

1）导波 HEMP 模拟器

导波 HEMP 模拟器最初被称为有界波模拟器，因为 HEMP 模拟场被限定或约束在两个金属极板之间。为了减轻重量，金属极板通常由一组平行导线或金属丝网搭建。然而，后来人们意识到，脉冲并没有完全束缚在极板内，模拟器外的泄露辐射是不可避免的。因此，提出“导波”一词，是现在的首选术语。

两个极板通常由一个或多个高压脉冲源驱动，在工作区间内传播近似 TEM 波。受试对象位于该工作区间内。这类模拟器主要用于模拟自由空间 HEMP E1。现有的大多数导波 HEMP 模拟器都能够产生垂直电场和水平磁场，因为在这种情况下，下极板可以用作大地或地平面。瑞士 HEMP 导波模拟器 VERIFY 如图 4.11 所示。

图 4.11　瑞士 HEMP 导波模拟器 VERIFY

（由 Armasuiss 提供）

高压脉冲发生器显示在前景中。接地极板实际上是一个完整的导电面，覆盖装置的全部地板。三角形极板由金属丝网制成，在其最宽的一端连接一个分布式负载阻抗网。RAM 沿着该模拟器的远端排列，用于吸收终端泄露的残余辐射。

这种 HEMP 模拟器效率很高，如 1-MV Marx 发生器可以在长达 6m 的对象上提供大于 100kV/m 的场强。如果脉冲发生器能够产生这样的脉冲，同时脉冲发生器输出阻抗与极板结构阻抗严格匹配，则导波结构可以传播亚纳秒级上升时间的脉冲。

导波 HEMP 模拟器产生的电磁环境不包含地面反射波，不能评估地表系统的 HEMP E1 耦合特性，最适合开展空中飞行状态飞机等目标的效应试验。为了获得良好的模拟保真度，受试对象的尺寸不应超过极板间距的 2/3。

世界上最大的 HEMP E1 导波模拟器是 ATLAS/TRESTLE 模拟器，如图 4.12 所示。

图 4.12　HEMP E1 导波模拟器 ATLAS/TRESTLE

建造该模拟器的目的是开展飞机水平极化辐射试验。这个结构能够开展大尺寸飞机试验，如大型客机。支撑飞机的木质平台高出地面 36m，并有一条 180 多米长的坡道。

2）偶极子 HEMP 模拟器

偶极子 HEMP 模拟器可以辐射上升时间非常快的脉冲，产生的场环境包括地面反射。偶极子 HEMP 模拟器可以是移动的，也可以是固定的。理想情况下，试验对象应远离（数十米）偶极子 HEMP 模拟器，这样入射到 SUT 上的波形是自由传播的 TEM 波。

在脉冲功率能量转换为电磁场的效率方面，偶极子 HEMP 模拟器不如导波 HEMP 模拟器，因为其天线的物理长度有限。此外，偶极子 HEMP 模拟器还存在低频辐射效率较低的问题。

美国军队 EMP 模拟器业务机构（Army EMP Simulator Operation，AESOP）的水平极化偶极子（horizontally polarized dipole，HPD）模拟器是这类模拟器的典型例子[27]。

偶极子 HEMP 模拟器是一个 300m 长的偶极子，主要产生水平极化波。天线的两端接地结构产生了一些垂直极化分量，偏离天线左右对称中心面之外的垂直分量更为显著。双锥段（Marx 发生器）辐射脉冲的高频分量，水平天线（偶极子传输线）辐射脉冲的低频分量。

偶极子 HEMP 模拟器产生的辐射脉冲沿水平方向的振幅随（$\sin\theta$）/R 变化，其中 θ 为观察点和双锥顶点的连线与锥形单极子或偶极子中轴线的夹角，R 为观察点到双锥顶点的距离。地面效应使场强幅度偏离这个公式，也改变了电场波形和极化方向。在该模拟器附近，辐射脉冲不是平面波。因此，必须将 SUT 放置在 25～50m 的距离处，以近似平面波。

AESOP HPD HEMP 模拟器参数如表 4.1 所示。

表 4.1 AESOP HPD HEMP 模拟器参数

参数	数值
峰值输出电压	7mV
规定范围内的峰值电场	50kV/m（50m 处）
高度	20m
长度	300m
双锥阻抗	120Ω

垂直极化偶极子（vertical polarized dipoles，VPD）在地平面上的外观是单锥形的。VPD HEMP 模拟器产生单一入射角的垂直极化场。大多数天线都是由电阻加载，以防止电流到达圆锥体末端时发生反射[28]。

美国 VPD-II HEMP 模拟器如图 4.13 所示。VPD-II HEMP 模拟器由 4MV 脉冲源驱动，天线等效阻抗为 60Ω、高度为 40m。距离锥体天线底端 100m 处试验区中心的峰值场强超过 36kV/m，上升时间为 10ns。

3）混合型 HEMP 模拟器

混合型 HEMP 模拟器用于产生 HEMP E1 辐射电磁环境，包含地面的反射波，这意味着模拟环境只能在一些特定空间区域（距模拟器一定的距离并离地面一定的高度），精确再现所期望的环境。

图 4.13　美国 VPD-II HEMP 模拟器

混合型 HEMP 模拟器用于在地球表面或附近暴露于 HEMP 系统的试验，如船舶、停放的飞机、通信中心、基础设施。这种情况下，地球表面特性（土壤或水）对环境与系统的相互作用起着至关重要的作用。事实上，土壤或地表面的状况（含水量）对产生的波形有很大的影响。在某些情况下，可以使用金属地平面来稳定波形。

EMP 混合模拟器以一种特殊的方式结合了天线远场和近场的特性，所以理论上比导波 HEMP 模拟器复杂。虽然效率不如导波 HEMP 模拟器（以等效的脉冲功率发生器产生的电场峰值来判断），但它可以产生混合的平面波场分布[29]。

EMP 混合模拟器设计结合了以下多种电磁设计思想。

（1）与模拟器主体尺寸相比，波形的早期（高频）部分由模拟器的相对较小部分辐射出来。

（2）波形的低频部分由分布在模拟器主体结构上的电流和电荷决定。

（3）结构稀疏，因此大部分高频能量从模拟器辐射出去，而不会反射到模拟器结构上。该结构还进行了阻抗加载（包含电阻），用于进一步减少模拟器中不必要的反射。

因此，EMP 混合模拟器是一种复杂的电磁结构。模拟器产生的电磁场不能用简单的电偶极子或磁偶极子公式来描述。

4）椭圆混合型模拟器设计

大多数在役或运行中的 EMP 混合模拟器是椭圆形的，如图 4.14 所示的德国混合型 HPD-EMP 模拟器。

图 4.14　德国混合型 HPD-EMP 模拟器：椭圆设计
（图片由德国国防军防护技术和 CBRN 防护研究所（WIS）提供）

椭圆形的混合型 HPD 模拟器最早是在 20 世纪 70 年代中期在美国开发的，这个模拟器天线臂的直径为 5m，两臂金属线上加载了均匀分布的离散电阻，以保证低频率电场和磁场振幅的比例。WIS HPD HEMP 模拟器的参数如表 4.2 所示。

表 4.2　WIS HPD HEMP 模拟器的参数

参数	数值
峰值输出电压	1.2MV
规定范围内的峰值电场	18～80kV/m
高度	8m
长度	50m
双锥阻抗	—
上升时间	1～3ns
脉冲持续时间	5～20ns

这些模拟器的 Marx 发生器通常封装在圆柱形结构内，Marx 发生器的输出连接到双锥馈电部分以产生辐射脉冲电场。双锥部分的锥度决定了模拟器传输线回路的阻抗[30]。双锥有效地为天线双臂或传输线馈电。椭圆形结构设计中，传输线形成一个拱形，Marx 发生器悬挂在拱形顶点，偶极子双臂端接于地面。

4.3.3　HPEM 辐射环境测量

在效应试验期间，不仅要记录 SUT 的功能响应、效应或退化，而且还要记录与 HPEM 辐射环境有关的其他技术参数[2]，包括：

（1）电场（E）和磁场（H）（如入射场或 SUT 内部的入射场加散射场）；

（2）感应电流（I）（如瞬态场或 SUT 内部场引起的电流）；

（3）感应电压（V）（如瞬态场或 SUT 内部场引起的电压）。

获得瞬态波形的特征量对于效应试验非常重要，第 5 章将会更全面地讨论“波形范数”概念。

某些 HEMP 模拟器产生的脉冲和脉冲之间的重复性或保真度可能很差。好的重复性对于效应分析很重要。因此，除了上述参数外，对脉冲包络的测量也很重要。这样可以计算出脉冲的平均幅值。

4.3.4　测量链路

图 4.15 显示了典型的 HPEM 瞬态环境测量链路。

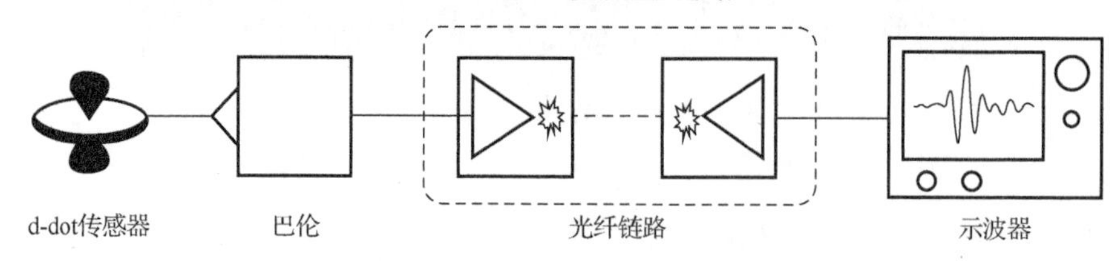

图 4.15　典型的 HPEM 瞬态环境测量链路

传感器：传感器是将待测物理量（电场、磁场、电流或电荷）转换为可测电压的装置。对于 HPEM 瞬态电场测量，首选的传感器通常是 d-dot 传感器。d-dot 传感器是由 Baum 等在 20 世纪 60 年代发明的[31]。在辐射电场的测量过程中，最初使用带宽非常宽的天线，但是这些传感器的瞬态响应在测量信号的带宽内并不均匀，因此需要大量的后处理来校正因天线引起的失真波形。图 4.16（a）显示了 d-dot 传感器的原理图，图 4.16（b）显示了 d-dot 传感器的照片。

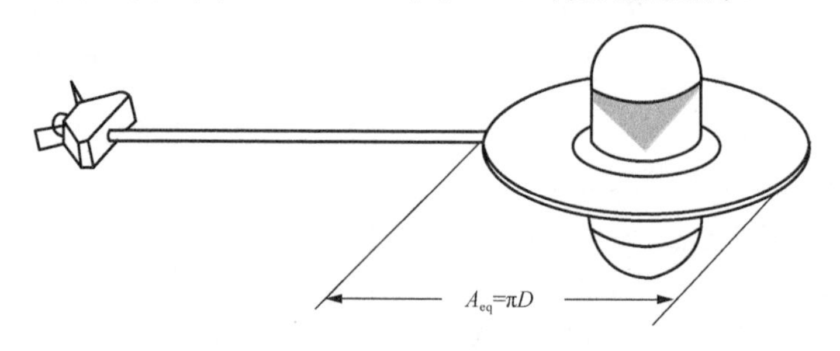

（a）d-dot传感器的原理图（A_{eq}为传感器等效面积，D为d-dot传感器镜像平面直径）

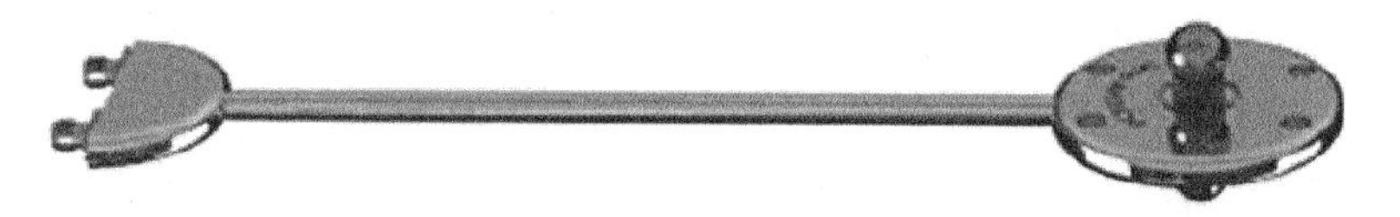

（b）d-dot传感器的照片（Montena 公司提供）

图 4.16 d-dot 传感器

d-dot 传感器测量的是电位移矢量，本质上是 dD/dt。式（4.4）和式（4.5）将电位移换算为传感器输出电压（V_0）：

$$V_0 = A_{\mathrm{eq}} R \frac{\mathrm{d}D}{\mathrm{d}t} \tag{4.4}$$

$$D = \varepsilon_0 \varepsilon_{\mathrm{r}} E \tag{4.5}$$

式中，A_{eq} 为传感器等效面积（m^2）；R 为传感器输出电阻（通常偶极子型为 100Ω，单极子或地平面型为 50Ω）；ε_0 为自由空间的介电常数（8.854×10F/m）；ε_{r} 为相对介电常数（自由空间为 1）；D 为电位移矢量（$\mathrm{C/m^2}$）；E 为电场矢量（V/m）。

为了将传感器测得的电压精确还原成电场或磁场，必须对测量信号进行积分。最初，此任务用硬件积分器完成，而现在更常见的是在仪器上使用数学函数或在计算机上使用软件进行处理。积分阶段可能会出现问题，因为直流偏移之类的小误差可能会导致波形显著扭曲。

巴伦：巴伦实际上是一种匹配变压器，其设计目的是确保传感器阻抗与同轴信号线匹配。巴伦还应抑制共模信号（即防止 HPEM 环境场耦合到巴伦或测量链路的下一个单元）。在选择用于测量系统的巴伦时，几个实用细节必须考虑，包括：①巴伦的带宽；②从平衡到不平衡的端口阻抗匹配程度的变化（如果有）；③巴伦的插入导致信号电平的等效衰减（即巴伦插损）；④巴伦的最大峰值电压和额定功率。100Ω 到 50Ω 的巴伦通常有 8dB 的损耗因子，通常将其添加到传感器的校准系数中。

衰减器：测量链路中通常需要衰减器，因为传感器输出的电压或电流幅值相对于下一个单元太高。衰减器按照一个固定的、经过校准的系数将电压的幅值降低。

光纤链路（fiber-optic link，FOL）：FOL 包括一个电/光信号转换器（发射器）、一段光纤和一个光/电信号转换器（接收器）。测量过程中，敏感测量仪器将 HPEM 环境转化为数字化瞬态电压，而 FOL 为该敏感测量仪器提供了一种高隔离度。光纤对 HPEM 环境没有响应，是提供隔离的首选解决方案。通过将敏感测量仪器与 HPEM 环境保持相当大的距离，或者在 HPEM 环境或敏感测量仪器周围使用屏蔽腔体，可以获得更大的隔离度。

示波器：这是测量链路中的探测器，它接收传感器的电模拟信号，将其转换为数字数据流，然后将这些数据传递给记录设备。许多现代数字化仪具有信号处理功能，可用于处理测量波形，如积分或快速傅里叶变换。

数据采集和控制计算机：它可以执行多种功能。既可以用来控制 HEMP 模拟器的试验参数和设置数字化仪状态，也可以为波形数据记录和分析提供接口，还可以用于记录观察到的效应，并整理任何时间获得的视频或其他数据。

图 4.15 中描述的配置是 HEMP、窄波段和宽波段波形典型的测量设置。对于窄波段测量，传感器通常是电场测量系统，或者可能是波导或阻性传感器[32]。更典型的是使用频谱分析仪来捕捉这些波形的频谱和幅度。

测量链路的常见问题如下：

在进行高功率测量时，有几个相当常见的问题。第一个常见问题，也是最严重的问题是击穿，原因是耦合到测量系统中的高功率电磁能量会损坏测量链路的组件，这种损坏可能不太明显。例如，在 d-dot 传感器中，一个半球的细连接线被熔断是很常见的，这意味着 d-dot 传感器的一侧是开路。虽然测量链路仍然可以给出结果，但实际上不可能获得正确的波形，因为此时的 d-dot 传感器相当于一个不对称单极子，而不是对称偶极子。

衰减器的故障也相当常见，如果故障是短路，则很难诊断。衰减器通常是一个简单的电阻分压器，幅度减小的原理是脉冲信号部分能量在衰减器的电阻中以热量形式耗散掉。衰减器通常有功率限制，但这些参数一般只基于连续波形，而不是脉冲波形，其中更典型的是 HEMP 波形。一个很有效的实践经验是，在传感器或巴伦之后设置一个 6dB 或更小值的衰减器作为第一级衰减器，经过第一级衰减器的功率或电压更易于处理。

另一个常见问题是 FOL 前端的饱和。FOL 对模拟输入电压有一个特定的动态范围。如果 d-dot 传感器巴伦和 FOL 之间的衰减系数设置得太低，FOL 前端就可能发生饱和。这表现为示波器或数字化仪上波形的失真，而且很难被发现。确定 FOL 是否发生饱和的一种实用方法是将衰减信数增加，如 6dB，并查看在下一次测量波形的幅度时是否有类似的相应变化。

4.3.5 HPEM 传导试验

和理想或真实情形相比，传导试验比辐射效应试验更抽象，然而这种折衷或妥协是必不可少的。如果要求传导试验波形代表 HPEM 辐射环境，则必须理解 SUT 的辐射耦合并量化传递函数。第 3 章已讨论了不同类型的传递函数。

4.3.5.1 传递函数的测量

传递函数的量化可以通过建模或测量来完成。建模工具特别适合处理这个问题，但是对于非常大型的 SUT，计算电磁模型可能变得非常复杂和难以处理。电磁拓扑概念[30,33,34]的实用性已被实践证明。拓扑模型可用于表示同时存在的许多耦合路径，并能够以一种简单的形式显示所有可能的耦合路径。

传递函数建模或测量可以在时域中（相位信息在量化中是直接包含的）进行[35]，也可以在频域中进行。相对于时域测试解决方案，频域测试解决方案比较容易，所以通常优先选择频域测试解决方案。

对于频域传递函数，严格意义上必须包含幅度和相位两个分量。然而，实践已经证明[36]，要想以足够高的保真度来测量相位是非常困难的。因此，传递函数的典型测量仅针对幅度，对于相位分量则通常假定满足最小相位法原理[37]。最小相位算法（minimum phase algorithm，MPA）用于传递函数在测量幅度结果的基础上添加相位信息，该算法已得到了广泛的验证。MPA 使用 Hilbert 变换来创建与测得的幅度分量相关的相位信息。一旦相位被构造，就完成了完整传递函数（$f_c(\omega)+\Phi_c$）的建立。

传递函数通常表述为一个比值，或者是感应电流与入射电场或磁场之比，或者是内部电场或磁场与外部电场或磁场之比。频域传递函数测量的例子见第 3 章。

传递函数的测量方法已经很好地建立起来，并在许多标准中给出了描述，如文献[38]～[40]。与 HPRF DE 和 IEMI 相比，由于雷电和 HEMP 环境包含低频成分，因此存在有针对性的特定技术。使用传递函数测量的一个特殊优点是，不必在高辐射功率水平下进行试验。使用低功率技术驱动辐射天线的优点是，这些试验技术在位置或场所方面没有限制。低功率技术的使用也消除了许多人对非电离辐射危害人体或损坏系统的担忧。

然而，如果存在非线性的函数或系统响应，使得 SUT 耦合在高功率和低功率下不同（可能通过电击穿或热效应），则在低电平下测量的传递函数可能不准确。

前面提到的标准[2][38]一致推荐，低幅度传递函数用连续波信号在频域中扫频测量。这主要是由于经济原因，这样可以相对快速和容易地收集大量关于传递函数的有用数据。为了方便起见，通常选择四个辐射角度和两个不同的场极化方式。使用低幅扫频（low-level swept，LLS）技术测量传递函数时，可以使用移动或在线设备测量，也可以使用固定装置，如图 4.17 所示的 Ellipticus CW LLS 试验装置示意图[41,42]。

虽然辐射传递函数在频域测量，但是 HPEM 环境最好描述为时域中的瞬态辐射。因此，有必要对传递函数数据进行一些处理，以便能够显示耦合的瞬态波形。这通常通过卷积计算实现，流程如图 4.18 所示。

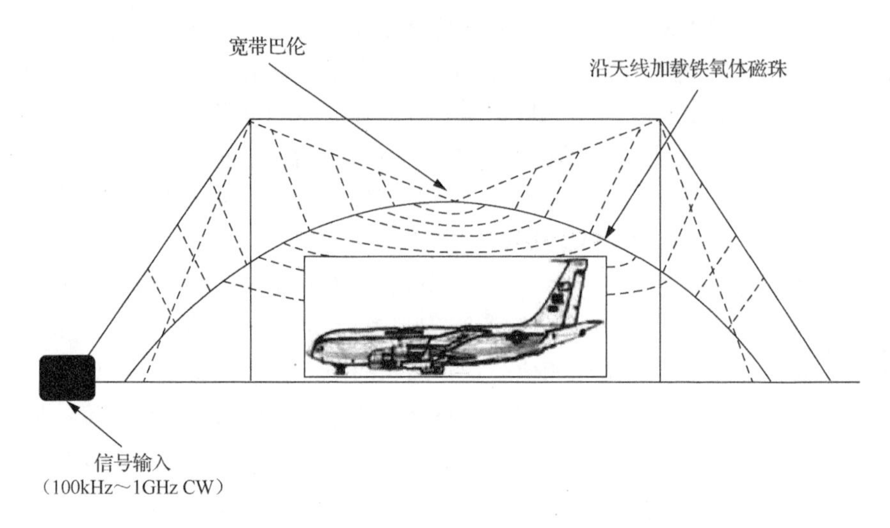

图 4.17 Ellipticus CW LLS 试验装置示意图

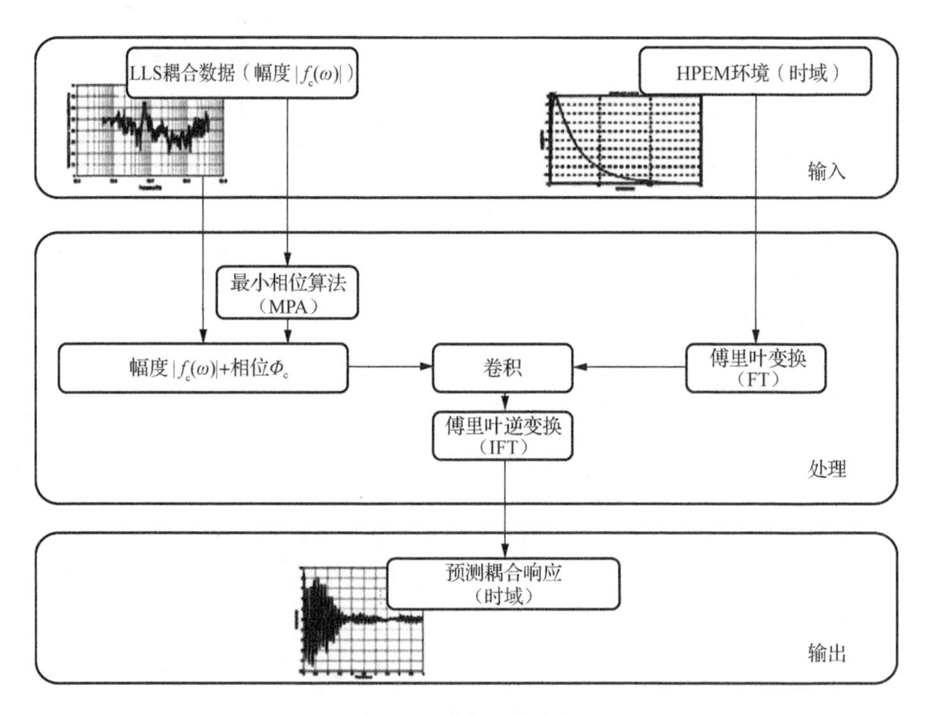

图 4.18 卷积计算流程

在卷积计算过程中，首先计算入射瞬态 HPEM 环境的傅里叶变换（Fourier transform，FT），给出该环境的复函数 $(f_t(\omega)+\Phi_t)$。然后将这两个复函数进行卷积（频域乘法）计算，得到预测的频率和相位信息。最后将计算结果进行傅里叶逆变换（inverse Fourier transform，IFT），从而得到时域波形。获得的时域波形就是传导瞬态试验所需的波形。

4.3.5.2　传导效应试验方法

典型传导效应试验配置如图 4.19 所示。这里的 HPEM 环境由瞬态波形发生器产生。该环境应通过注入探针施加于连接 SUT 的电缆束或回路。试验中测量电压 V_s 和电流 I_s。

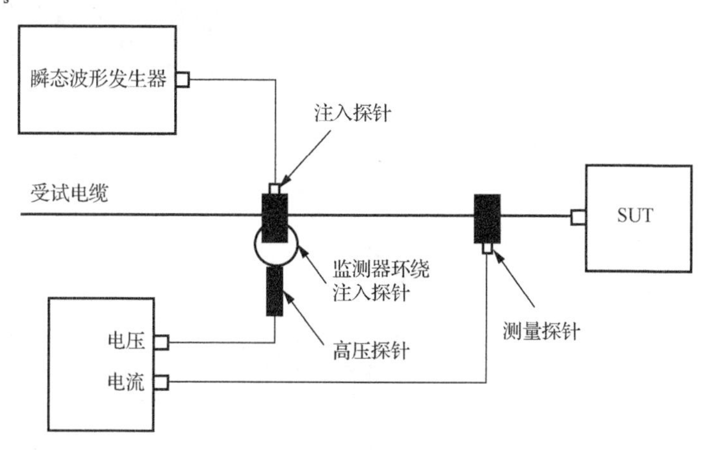

图 4.19　典型传导效应试验配置

简单地说，任何高压源或脉冲功率系统都可用于将高压或大电流直接注入 SUT 中，或注入与受试系统相连或相邻的电缆中。理想情况下，脉冲发生器阻抗或脉冲源阻抗应与试图模拟的条件相匹配，或至少具有比 SUT 试验装备更高的阻抗。模拟器必须能够承受相当大的反射功率，因为经常使用的耦合器或变换器与 SUT 不匹配，许多注入功率被反射回模拟器。还必须考虑可能通过接地或接地电路形成的杂散或寄生路径。

阻尼振荡波、浪涌，甚至雷电脉冲发生器等许多系统，均可用于 EMC、雷电和 HEMP 试验。这类模拟器输出的波形都来自 HEMP 或 LEMP 辐射环境。为了得到标准化的传导波形，必须对一些耦合参数做统一的规定或假设。这通常会导致这样的情况，即由于传递函数不同，不同 SUT 类型之间存在很大差异，需要多个传导波形来表示一个辐射环境。

例如，一个电快速瞬变脉冲群（electrical fast transient，EFT）发生器能够产生一个 4kV 的脉冲，其上升时间为 0.5ns，脉冲宽度为 50ns。HEMP E1 传导试验要求的脉冲发生器参数是 160kV 的开路电压限值和 3.2kA 的短路电流限值[43]。

另一个例子是随机重复方波脉冲发生器（repetitive random square-wave pulse generator，R2SPG），它是为美国军方传导抗扰度试验而开发的[44]。

俄罗斯已经研制出功能强大的移动式 HEMP 脉冲源[45,46]。这些移动模拟器被命名为 Zenit-A 和 Zenit-K。图 4.20 为传导试验模拟器 Zenit 评估车载发电机控制电缆的 HEMP 效应。表 4.3 为 Zenit-A 和 Zenit-K 传导模拟器参数。

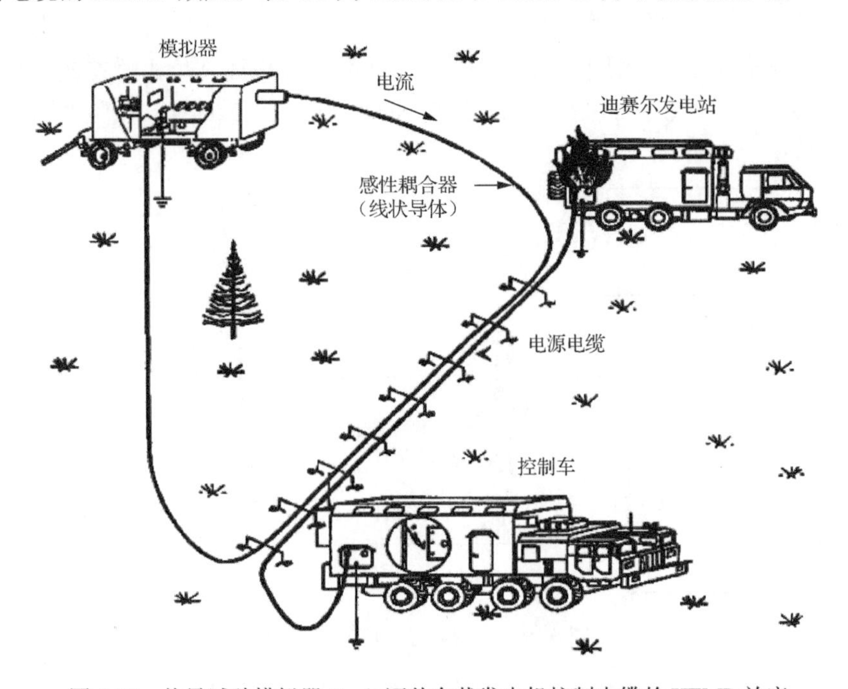

图 4.20　传导试验模拟器 Zenit 评估车载发电机控制电缆的 HEMP 效应
（摘自 IEC 61000-1-3[46]；版权属于©2003 IEC 日内瓦，瑞士；www.iec.ch）

表 4.3　Zenit-A 和 Zenit-K 传导模拟器参数

参数	Zenit-A	Zenit-K
电压脉冲幅度	100～800kV	10～35kV
电压脉冲上升时间	10～80ns	3～10μs
电压脉冲宽度	0.5～5μs	最长 100ms
电流脉冲幅度（短路）	20kA	高达 80kA
电流脉冲宽度（短路）	高达 1μs	高达 70μs

有多种传感器、耦合器或注入机制可供采用。

直接注入，也称为直接电流注入（direct current injection，DCI）：该技术直接将 HEMP 模拟器连接到 SUT，中间可用特殊设计的耦合器或传感器，也可不用。通常，模拟器和 SUT 之间存在严重的阻抗不匹配问题，SUT 起天线的作用并辐射注入的电流，从而可能对附近的设备造成干扰。直接向飞机机身和导弹弹体注入

HEMP 和雷电脉冲已用于实际的效应试验。对于低于 1MHz 的频率，这项技术特别有用，因为在这些频率下产生高强度的辐射场是非常困难的[47,48]。

可以直接将模拟器连接到电缆中的导体，但这不是优选的方法。通常需要在电路中引入去耦网络，以保护模拟器免受 SUT 线上电压和电流的反向冲击。例如，SUT 连接中压（medium-voltage，MV）电力线，在欧洲通常是 415V ac/60A，并且在该电缆上注入 HPEM 威胁级电流。

点注入探头：专为 HPEM 环境设计的大电流注入探头如图 4.21 所示。术语“大”，英文用“bulk”，是指探头将电流和电压注入电缆束的全部导体。为了环绕电缆，注入探头分为两半，以方便电缆穿过探头中心。如果电缆是屏蔽电缆，则注入的电流和电压将仅耦合到屏蔽层上。除非对屏蔽体进行改动，使电缆的内导体暴露出来，但这一举动同时也严重破坏了电缆的完整性。应该指出，注入的电流和电压将沿 SUT 电缆向两个方向流动。这种类型的探头使用磁芯，如果从 SUT 电缆束流过的电流过高，则可能发生磁芯饱和并导致探头损坏，造成波形失真或出现非线性效应，因此，在使用过程中必须注意磁芯不能因 HPEM 环境而饱和。

图 4.21　大电流注入探头

电容耦合：对于这种类型的传导技术，静电电荷积聚在平板或类似结构上，并在 SUT 或 SUT 电缆中产生极性相反的电荷。图 4.22 所示的容性耦合夹具可用于某些试验，如 IEC 61000-4-4[49]中规定的 EFT 试验。

被测线缆沿耦合夹具纵向放置。夹具的物理长度必须大于所施加瞬态波形的上升时间传播的距离（如上升时间为 1ns 时，在空气中传播的有效距离为 30cm）。

图 4.22　容性耦合夹具
（由 EMC 合作伙伴提供[50]）

平面磁感应：这种技术很少使用，试验时将有耗电缆与 SUT 传导通道平行铺设，如图 4.20 所示。这种技术的优点有两方面，（1）与容性耦合夹具一样，这种装置不仅用于 HEMP，也用于 IEMI，瞬态波形可以定向，以诱导电流流向 SUT。因此，该技术能够复现终端耦合（即瞬态传播沿电缆方向的情况）。（2）与其他耦合结构相比，在某些特定情况下，终端耦合可以在 SUT 上产生更高的应力[51]。此外，因为与连接到 SUT 的电缆几乎不接触，如果被试电缆正在传输大电压或大电流，可在 SUT 加电状态下进行试验。实践证明这一点很重要，因为研究人员发现，如果电力系统上存在能量载荷，试验中电力线绝缘子更可能出现损伤效应[52]。

4.3.5.3　传导试验设施

传导试验的一个特殊优点是一般不需要专门的试验设施。试验可以在设备现场进行，也可以在简单的实验室环境中进行。

传导试验期间产生的辐射场应予以关注。例如，从 DCI 试验中可以观察到，SUT 充当了天线，能够辐射很强的场，这种极端的情况会影响邻近的仪器和设备。

4.3.6　传导 HPEM 环境的测量

在进行效应试验期间，不仅要记录 SUT 的功能响应、效应或退化，还要记录与 HPEM 环境相关的其他技术参数[2]。这些参数包括：

（1）注入 SUT 的电压和电流；

（2）SUT 中或 SUT 上的某个特定重要位置的电压和电流。

SUT 的阻抗（理想情况下是负载阻抗）可以用同步测量的电压和电流计算，这是一个非常有用的参数。

HPEM 瞬态量（如上升率、峰值和脉冲宽度）的测量、处理和记录必须与 SUT 功能效应的观测在时间上同步。

4.4　受试系统的激励和观察

直接暴露于电磁场（electromagnetic field，EMF）中的人员可能受到伤害，因此进行辐射效应试验时，通常禁止人员进入试验区。欧洲已制定了法律保护工人免受电磁伤害[53]。在其他地方，也有一些非强制性的规范，给出了人员暴露于电磁场的限值[54,55]。除了试验区之外，电磁场不会直接辐射人员，更不会导致 HPEM 效应症状。

激励或监测设备需要完成的工作如下：实时监测、辐射后检测，以及通过在线（非共阻抗式的）或离线进行效应或干扰测量。

激励 SUT 非常重要。已经观察到，计算机在关机状态下的效应试验阈值要高于在运行状态下的阈值（即在硬盘上读写文件，在键盘上键入，移动鼠标）。对于许多复杂系统，可能需要为传感器提供输入信号，以确认 SUT 功能正常。例如，许多现代 SUT（如无人驾驶飞行器（unmanned aerial vehicles，UAV）或无人机等自主平台）集成了 GPS 接收器进行精确计时或定位。这个问题在前面已经讨论过了。SUT 还可能包含惯性开关、环境气流传感器，传感器参数必须被设置在正常工作范围内。

激励方法不应在 SUT 上引入额外的耦合路径，这一点非常重要。图 4.23 显示了安装在 SUT 键盘上方电介质板上的气动激励方案。气动执行器使用压缩空气通过管道系统触发，通过敲键盘上的键使键盘向 SUT 提供激励。这样方案可以变得非常精细。

图 4.23　安装在 SUT 键盘上方电介质板上的气动激励方案

为了使处理器与设备或系统一起运行，需要使用训练软件。此类软件需要使用 SUT 易失性和非易失性（随机存取存储器和硬盘）单元、有线和无线端口（以太网和 Wi-Fi）等外围设备及 SUT 显示器。该训练软件的界面如图 4.24 所示，说明训练软件程序始终占用了中央处理器（central processing unit，CPU）100%的使用率。

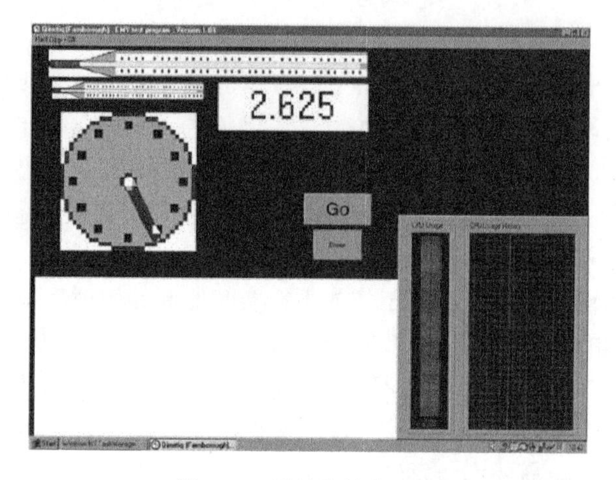

图 4.24　训练软件的界面

为了监测或观察 SUT，通常使用数字电视（digital television，DTV）摄像机。加固的 DTV 摄像机的 HPEM 防护程度很好，因而被广泛使用。

在 SUT 壳体内部，甚至在部件级别，以不干扰测量的方式进行参考测量是一项非常具有挑战性的任务。好在使用电光波泡克尔斯效应（Pockels effect）[56]和其他光学隔离方案[57]的一些技术已经成熟，有助于克服该困难。

4.5　效应数据表示形式

效应的分类将在第 6 章中讨论。效应数据的合理表示也必不可少。其中，有一种做法是在图的坐标轴上不标实际单位，这是出于商业机密性的考虑，或一些军事组织要求此类数据保密。最典型的效应数据表示形式是表格或图形。表 4.4 的示例再现了文献[58]中的表格表示形式。

表 4.4　计算机辐射效应最低阈值

SUT 类型	载频/GHz	翻转阈值/（V/m）	使用的调制方式	效应
133MHz 奔腾	1.133	50	AM*	复位
	1.133	50	脉冲**	复位
	2.675	50	AM	无法进入
	2.675	75	脉冲	无法进入
	2.713	30	CW***	数据丢失
	2.770	50	AM	数据丢失
	2.887	75	AM	无法进入

续表

SUT 类型	载频/GHz	翻转阈值/（V/m）	使用的调制方式	效应
233MHz 奔腾 II	1.070	100	脉冲	磁盘写入错误
	1.460	100	CW	断电
	1.460	100	AM	断电
	1.460	100	脉冲	断电
	1.480	100	CW	断电
300MHz 奔腾 II	1.040	45	脉冲	断电
	1.400	100	CW	断电
	1.430～1.550	50	脉冲	断电
	1.510	100	AM	断电
	1.510	75	脉冲	断电
	1.515	100	AM	复位
	1.690	85	脉冲	断电
	1.750	75	脉冲	断电

注：资料来源于文献[58]。

*AM（amplitude modulation）：调幅，调幅深度为 80%。

**脉冲：217Hz，50%占空比（2.3ms 脉冲宽度）。

***CW：连续波（即未经调制）。

表 4.4 给出了不同 SUT 类型窄波段环境效应阈值。该试验在半波暗室中进行。图形表示形式的示例如图 4.25[59]所示。

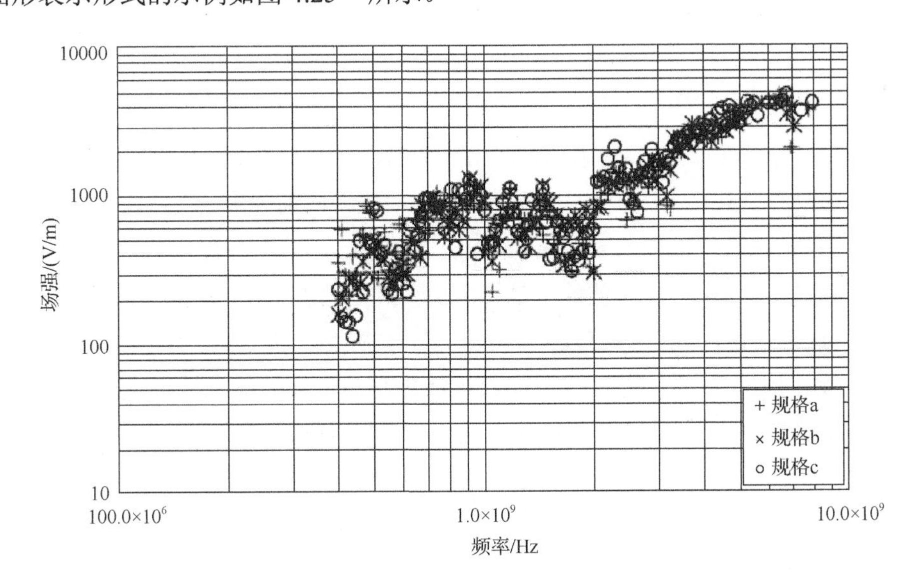

图 4.25　不同规格计算机的效应阈值数据

图 4.25 中，横轴表示超波段电磁环境的工作频率或载波频率，纵轴表示 SUT 电场强度。+、×、O记录的是不同规格计算机 a、b 和 c 出现效应的场强值。这项试

验是在混响室中进行的。试验数据以这种方式表示有助于确定效应是否存在对载波频率的依赖性（即确定是否存在特定的共振、趋势或其他值得研究的响应）。

Nitsch 等[60]给出了以三维形式表示的效应数据（图 4.26）。

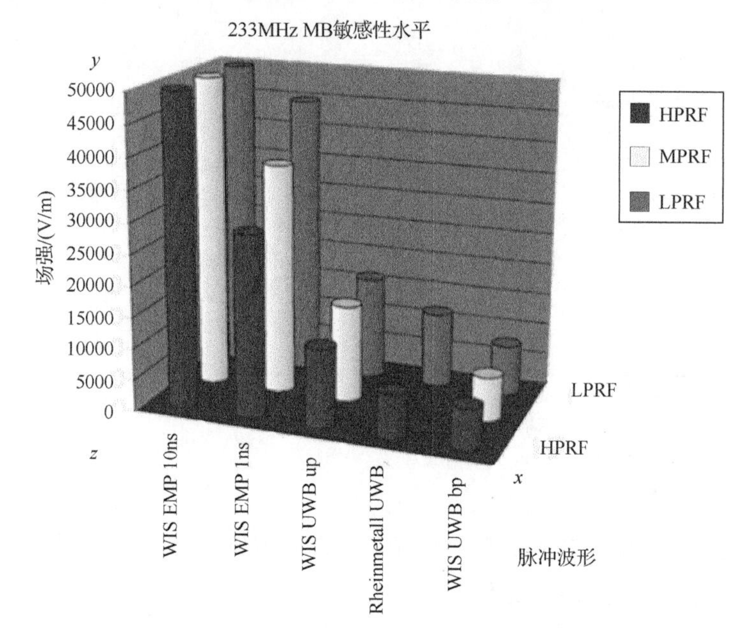

图 4.26　以三维形式表示的效应数据

（来源：文献[60]，©2004 IEEE，经允许转载）

图 4.26 的三维矩坐标系中，x 轴表示试验活动中使用的不同 HEMP 模拟器和超波段试验模拟器（up=单极，bp=双极），y 轴表示电场强度，z 轴表示低或高脉冲重复频率（low or high-pulse repetition frequency，LPRF/HPRF）。此形式允许随时比较确定效应的参数。这项试验是在 TEM 小室中进行的。

有一种趋势是用统计的方式来表示数据，这是因为效应试验结果的变动范围相当大，人们认为数据统计法或概率表示法更容易将数据随机性或变动性考虑在内。Camp 和 Garbe[61]根据故障率（breakdown failure rate，BFR）总结了效应数据，如图 4.27 所示。

这里的 BFR 是总故障数（特别是某一类型的故障）除以施加脉冲总数。BFR 为 0 意味着在所有脉冲处于特定阈值下未观察到任何效应；BFR 为 1 意味着每一个高于某一阈值的脉冲都会使 SUT 产生效应。采用 HEMP 和超波段波形在 TEM 小室中进行了多种不同类型的计算机效应试验。

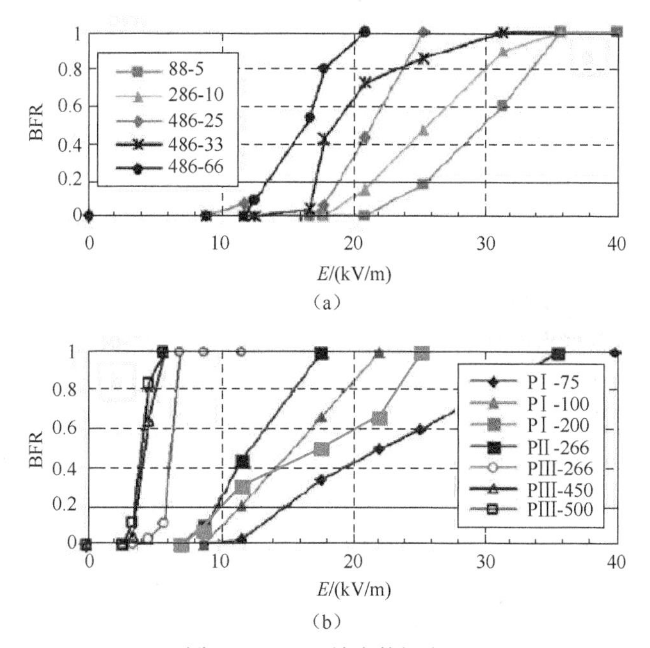

（a）

（b）

图 4.27　BFR 效应数据表示
（来源：文献[61]，©2006 IEEE，经允许转载）

这些例子一次只能表示一种效应，不同的效应需要用不同的图形来展示。Li 等[62]提出了用概率密度函数（probability density function，PDF）单个图形表示多级效应的方法，如无效应、翻转或损伤（图 4.28）。

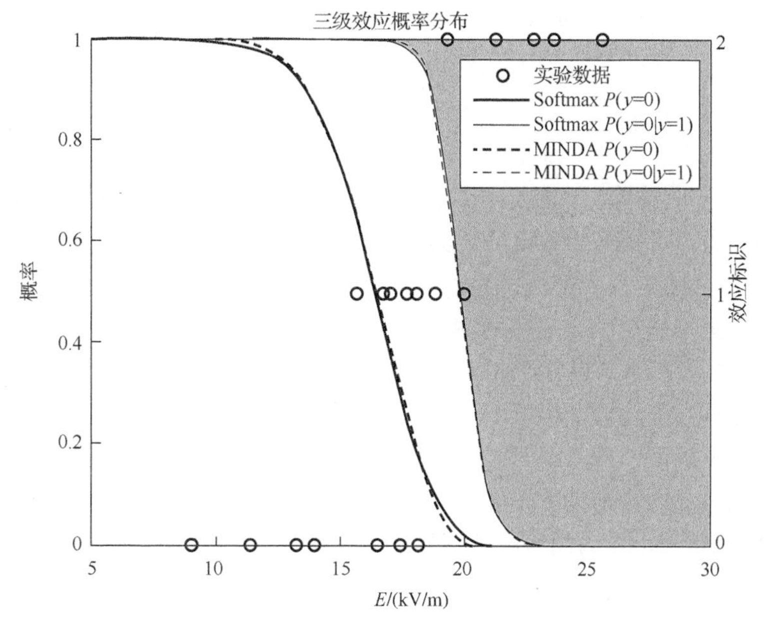

图 4.28　效应数据 PDF 表示

在这里，SUT 在不同幅度的 HEMP E1 脉冲辐照期间表现出三种类型的效应。采用两种多项式线性回归算法（Softmax 和 MINDA）对 PDF 进行曲线拟合。试验是在 EMP 导波模拟器上对计算机通信系统进行的。

4.6 实际 HPEM 效应试验的其他考虑因素

在多年的 HPEM 效应试验实践中，尽管综合考虑了各种因素，但仍然存在一些问题。本节略做深入阐述。

扫频：效应试验过程中，当试图评估某个关键频率是否重要时，通常想到在一定频率范围内扫频。然而，以高速扫过一系列频率时，可能会在辐照中引入低频调制或啁啾信号。此外，SUT 需要一定的响应时间或一个周期的控制时间（即 CPU 处理所有传感器可能需要数百毫秒）。因此，辐照的持续时间成为一个需要考虑的重要因素。

重复试验、累积效应或老化：在效应试验过程中，SUT 可能多次暴露在 HPEM 环境中。至少已经观察到，当重复试验时，出现第一个效应之后，SUT 效应阈值似乎变低。Esser 和 Smailus[63]在测试组件时也对该现象进行了实验观察。到目前为止，这一老化效应的有限证据可用于对效应试验的潜在影响做出判断。这种不希望出现的效应，很可能与 SUT 的热或充电（电容或电感）响应有关，因此，两次辐照之间的间隔时间与辐照持续时间一样重要。这种现象也可能与一种所谓的窗口效应有关。在这种情况下，测得的效应阈值可能仅出现在某些确定的辐照水平下，并且随着辐照强度增加到某个水平，效应可能会停止，也可能阈值随之增加。实事求是，如果每一次 HPEM 辐照试验都换一个新的 SUT 样本，效费比太低。

同一 SUT 的悖论：现在已经认识到，如果特定类型 SUT 的样本数量非常少，即小样本试验，可能会导致效应试验存在较大的不确定性，因此人们越来越倾向于对更多同种 SUT 样本开展试验。在 Hoad[64]进行的一项试验中，对三个同时获得且规格完全相同的 SUT 进行了相同的试验。通过对外壳的目视检查，这些 SUT 似乎是相同的，尽管产品序列号是不连续的。

对效应数据的处理分析表明，与约±1.8dB（95%CL）的测量不确定度相比，在某些频率下记录的效应水平差异相当大，可能高达 18dB。该试验是在混响室中进行的，混响室的场均匀性较好，SUT 布局的变化影响很小，但结果的差异仍然很大。仔细检查 SUT 内的电路板后发现，虽然三个 SUT 的总体规格相同，但内部却使用了不同制造商的不同组件。

协同效应：传导效应试验过程中已经观察到了这一点。大多数 SUT 包含相当数量的电缆束，难以做到对它们同时进行试验。一种可行的做法是，选择识别那些与特定功能或子系统相关的电缆束，但是即使如此，可能也还有大量电缆束需要同时进行试验。现实中，HPEM 辐射环境在辐照目标系统时，能够同时激励所有端口。然而，对于传导效应试验，在绝大多数情况下一次只能激励一个端口。多电缆端口的电子设备的单端口注入和多端口注入的效应阈值差异见图 4.29。可以观察到，多端口注入导致 SUT 中的感应电流相差达 8dB。

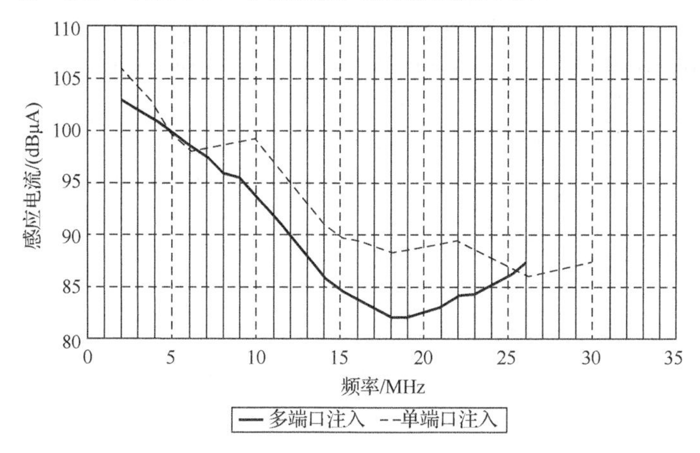

图 4.29　单端口注入和多端口注入的效应阈值差异

4.7　小　　结

如前所述，基于理想场景进行综合设计通常是 HPEM 效应试验不可避免的。为了使效应试验的成本和技术可控，必须在场景、HPEM 环境模拟和 SUT 三方面做权衡。尽管耦合分析和计算模型对于探索参数小范围的变化非常有用，如 SUT 方位或 SUT 在地平面上位置的变化，但试验或实验通常是至关重要的。美国国家研究委员会曾作为一个独立机构对 HEMP 效应开展了一次重大的评估，包括建模和试验[65]。这是一项非常彻底的研究，其中指出，“……以尽可能高的威胁模拟水平重复系统和子系统试验是必要的……”。该委员会还主张在试验中使用统计方法“……收集、分析、解释和呈现试验数据以及相关的不确定性……”。

目前已经发展了许多不同的试验方法，效应试验的能力正在不断提高。

对物理参数的严格控制是必要的，即使这些控制措施到位，效应试验结果的随机性或不确定度，在 95%的 CL 下仍然很容易达到±15dB 的量级。使用尽可能接近实际的模拟环境和对非常大的样本量进行控制良好的试验，可以明显改善这种情况。在 95%的置信水平下，可能会将效应结果的不确定度降低到±6dB。然而，迄今为止，大样本效应试验的例子依然很少。

目前，将不确定度或随机性降至最低的唯一可行方法是，试验尽可能接近实际情况（即实际场景、实际 HPEM 环境和实际 SUT）。将特定效应试验结果推广到其他情况时，必须慎重。如果非要这样做，必须将相应的不确定度预估得更大。

参 考 文 献

[1] Pywell, M., and M. Midgley-Davies, "Aircraft-Sized Anechoic Chambers for Electronic Warfare, Radar and Other Electromagnetic Engineering Evaluation," *The Aeronautical Journal 1*, Royal Aeronautical Society, 2017.

[2] IEC 61000-4-33: 2004, "Electromagnetic Compatibility (EMC) - Part 4-33: Testing and Measurement Techniques-Measurement Methods for High Power Transient Parameters," 2004.

[3] IEC 61000-4-35: 2009, "Testing and Measurement Techniques – HPEM Simulator Compendium," 2009.

[4] IEC 61000-4-32: 2001, "Testing and Measurement Techniques – HEMP Simulator Compendium," 2001.

[5] Roemelt, S., "Electrical Systems Engineering & Integration in AIRBUS," *ICAS Biennial Workshop 2015*, Krakow, Poland, August 31, 2015.

[6] Eichwald, L. G., *EMP Electronic Design Handbook*, AFWL-TR-74-58, April 1973.

[7] LAB34, *The Expression of Uncertainty in EMC-Testing*, Edition 1, United Kingdom Accreditation Service (UKAS), Feltham, U.K., August 2002.

[8] Van Troyen, D. L. R., and F. Nauwelaerts, "Uncertainties in EMC—Calibration and Testing," *Progress in Electromagnetics Research Symposium (PIERS-Toyama)*, 2018, pp. 220–226.

[9] MIL-STD-464C, Department of Defense Interface Standard – Electromagnetic Environmental Effects – Requirements for Systems," USA, December 1, 2010.

[10] ESA ECSS-E-ST-20-07C Rev. 1, 'Space Engineering – Electromagnetic Compatibility," February 7, 2012.

[11] DEF STAN 59-411 Part 3, "MOD, Electromagnetic Compatibility, Part 3," *Equipment Level Test Techniques*, UK, Issue 2, March 31, 2007.

[12] IEC 61000-4-36, "Electromagnetic Compatibility (EMC) – Part 4-36: Testing and Measurement Techniques – IEMI Immunity Test Methods for Equipment and Systems," 2019.

[13] ANSI C63.4, "Methods of Measurement of Radio-Noise Emissions from Low-Voltage Electrical and Electronic Equipment in the range of 9 kHz to 40 GHz," June 20, 2014.

[14] Crawford, M. L., "Generation of Standard EM Fields Using TEM Transmission Cells," *IEEE Transactions on Electromagnetic Compatibility*, Vol. EMC-16, No. 4, November 1974, pp. 189–195.

[15] Hansen, D., et al., "Device for the EMI Testing of Electronic Systems," U.S. Patent No. 4,837,581, June 1989.

[16] Hemming, L. H., *Electromagnetic Anechoic Chambers: A Fundamental Design and Specification Guide*, New York: John Wiley & Sons, 2002.

[17] Montrose, M. I., and E. M. Nakauchi, *Testing for EMC Compliance: Approaches and Techniques*, New York: John Wiley & Sons, 2004.

[18] Hill, D. A., "Electromagnetic Theory of Reverberation Chambers," NIST Technical Note 1506, December 1, 1998.

[19] International Electrotechnical Commission 61000-4-21, "Electromagnetic Compatibility (EMC) – Part 4-21: Testing and Measurement Techniques – Reverberation Chamber Test Methods," 2003.

[20] Borgstrom, E. J., "A Comparison of Methods and Results Using Semi-Anechoic and Reverberation Chamber Radiated RF Susceptibility Test Procedures in RTCA/D)-160D, Change One," *IEEE International Symposium on EMC*, Santa Clara, CA, August 2004.

[21] Arnaut, L. R., and P. D. West, *Evaluation of the NPL Untuned Stadium Reverberation Chamber Using Mechanical and Electronic Stirring Techniques*, NPL report CEM 11, August 1998.

[22] Musso, L., "Assessment of Reverberation Chamber Testing for Automotive Applications," Ph.D. Thesis, Politecnico Di Torino, February 2003.

[23] Freyer, G. J., and M. G. Backstrom, "Comparison of Anechoic and Reverberation Chamber Coupling Data as a Function of Directivity Pattern," *IEEE International Symposium on EMC*, Washington, D.C., August 2000.

[24] RTCA DO160/D Change Notice 1, Section 20.6, "Radiated Susceptibility (RS) Test; Alternate Procedure – Reverberation Chamber," December 14, 2000.

[25] Baum, C. E., "EMP Simulators for Various Types of Nuclear EMP Environments: An Interim Characterization," *IEEE Transactions on Electromagnetic Compatibility*, February 1978, pp. 35–53.

[26] Baum, C. E., "Prolog to 'From the Electromagnetic Pulse to High-Power Electromagnetics," *Proceedings of the IEEE*, Vol. 80, No. 6, June 1992.

[27] Miletta, J. R., R. J. Chase, and B. Luu, "Modeling of Army Research Laboratory EMP Simulators," *IEEE Transactions on Nuclear Science*, Vol. 40, No. 6, December 1993.

[28] Baum, C. E., "Resistively Loaded Radiating Dipole Based on a Transmission-Line Model for the Antenna," *Sensor and Simulation*, Note 81, April 1969.

[29] Baum, C. E., "Review of Hybrid and Equivalent Electric Dipole EMP Simulators," *Sensor and Simulation Notes*, Note 277, October 1982.

[30] Dong Fang, Z., et al., "The Application of Electromagnetic Topology in the Analysis of HPM Effects on Systems," *6th International Symposium on Antennas, Propagation and EM Theory*, October 2003, pp. 630–633.

[31] Baum, C. E., et al., "Sensors for Electromagnetic Pulse Measurements Both Inside and Away from Nuclear Source Regions," *IEEE Transactions on Electromagnetic Compatibility*, Vol. EMC-20, No. 1, 1978, pp. 22–35.

[32] Kancleris, Z., et al., "Recent Advances in HPM Pulse Measurement Using Resistive Sensors," *Digest of Technical Papers, 14th IEEE International Pulsed Power Conference (PPC-2003)*, Vol. 1, 2013, pp. 189–192.

[33] Baum, C. E., "Electromagnetic Topology: A Formal Approach to the Analysis and Design of Complex Electronic Systems," *AFRL Interaction Notes*, Note 400, October 1980.

[34] Parmantier, J. P., et al., "Electromagnetic Topology: Junction Characterization Methods," *AFRL Interaction Notes*, Note 489, May 1990.

[35] Tesche, F. M., et al., "Measurements of High-Power Electromagnetic Field Interaction with a Buried Facility," *Proceedings of the International Conference on Electromagnetics in Advanced Applications*, Torino, Italy, September 10–14, 2001.

[36] Audone, B., M. Audone, and I. Marziali, "On the Use of the Minimum Phase Algorithm in EMC Data Processing," *International Symposium on Electromagnetic Compatibility - EMC EUROPE*, 2012, pp. 1–6.

[37] Wraight, A., "Improvements in Electromagnetic Assessment Methodologies: Bounding the Errors in Prediction," Ph.D. Thesis, University of Cranfield, U.K., December 2007.

[38] IEC 61000-5-9 Ed. 1, "Electromagnetic Compatibility (EMC) -- Part 5-9: Installation and Mitigation Guidelines - System Level Susceptibility Assessments for HEMP and HPEM," 2009.

[39] EUROCAE ED107, "Guide for the Certification of Aircraft in a High Intensity Radiated Field (HIRF) Environment," March 2001.

[40] AEP 4, "Electromagnetic Environmental Effects (E3) Committee. ARP5583 - Guide for the Certification of Aircraft in a High Intensity Radiated Field (HIRF) Environment," January 2003.

[41] Prather, W. D., and C. E. Baum, "Elliptic CW Antenna Design," *Miscellaneous Simulator Memos*, Memo 22, March 1987.

[42] Prather, W. D., "Aircraft EMP Hardening in the 21st Century - Aircraft EMP Hardening as a Part of an Integrated E3 Design," *Proceedings of EUROEM 2016*, London, U.K., July 2016.

[43] IEC 61000-4-25: 2002, "Electromagnetic Compatibility (EMC) - Part 4-25: Testing and Measurement Techniques - HEMP Immunity Test Methods for Equipment and Systems," 2002.

[44] Hoeft, L. O., et al., "Upset Thresholds of Various Systems as Measured by the R2SPG Technique," *Symposium Record. Compatibility in the Loop, IEEE International Symposium on EMC*, 1994, pp. 264–268.

[45] Golikov, R. Y., V. M. Kondratiev, and Y. F. Chibisov, 'Simulation of Early HEMP Impact on Distribution Power Lines Under Working Voltage," *International Symposium on Electromagnetic Compatibility*, September 2002.

[46] IEC 61000-1-3: 2003, "Electromagnetic Compatibility (EMC) — Part 1-3: General — The Effects of High-Altitude EMP (HEMP) on Civil Equipment and Systems," 2003.

[47] Wellington, A. M., "Direct Current Injection as a Method of Simulating High Intensity Radiated Fields (HIRF)," *IEE Colloquium on EMC Testing for Conducted Mechanisms*, 1996.

[48] Zhang, B., and U. Jiang, "Research Progress of Direct Current Injection Technique in Aircraft EMC Test," *3rd IEEE International Symposium on Microwave, Antenna, Propagation and EMC Technologies for Wireless Communications*, 2009, pp. 843–849.

[49] IEC 61000-4-4, "Electromagnetic Compatibility Electrical Fast Transient/Burst Immunity Test," 2012.

[50] https://www.emc-partner.com/products/immunity/eft-burst-surge/eft-burst-accessories/cn-eft1000.

[51] Vukicevic, A., et al., "On the Evaluation of Antenna-Mode Currents Along Transmission Lines," *IEEE Transactions on Electromagnetic Compatibility*, Vol. 48, No. 4, November 2006, pp. 693–700.

[52] Parfenov, Y. V., et al., "Research of Flashover of Power Line Insulators Due to High-Voltage Pulses with Power ON and Power OFF," *IEEE Transactions on Electromagnetic Compatibility*, Vol. 55, No. 3, 2013, pp. 467–474.

[53] Directive 2013/35/EU of the European Parliament and of the Council on the Minimum Health and Safety Requirements Regarding the Exposure of Workers to the Risks Arising from Physical Agents (Electromagnetic Fields), June 26, 2013.

[54] International Commission on Non-Ionizing Radiation Protection, "Guidelines for Limiting Exposure to Time-Varying Electric, Magnetic, and Electromagnetic Fields (Up to 300 GHz)," *Health Physics*, Vol. 74, No. 4, 1998, pp. 494–522.

[55] IEEE Std. C95.6-2002, "IEEE Standard for Safety Levels with Respect to Human Exposure to Electromagnetic Fields, 0-3 kHz," 2002.

[56] Kohler, S., et al, "Simultaneous High Intensity Ultrashort Pulsed Electric Field and Temperature Measurements Using a Unique Electro-Optic Probe," *IEEE Microwave and Wireless Components Letters*, Vol. 22, No. 3, 2012, pp. 153–155.

[57] Yan, J., et al., "Performance Investigation of VCSEL-Based Voltage Probe and Its Applications to HPEM Effects Diagnosis of Embedded Systems," *IEEE Transactions on Electromagnetic Compatibility*, Vol. 60, No. 6, 2018, pp. 1923–1931.

[58] LoVetri, J., A. T. M. Wilbers, and A. P. M. Zwamborn, "Microwave Interaction with a Personal Computer: Experiment and Modelling," *Proceedings of the 1999 Zurich EMC Symposium*, 1999.

[59] Hoad, R., et al, "Trends in EM Susceptibility of IT Equipment," *IEEE Transactions on Electromagnetic Compatibility*, Vol. 46, No. 3, August 2004.

[60] Nitsch, D., et al., "Susceptibility of Some Electronic Equipment to HPEM Threats," *IEEE Transactions on Electromagnetic Compatibility*, Vol. 46, No. 3, August 2004.

[61] Camp, M., and H. Garbe, "Susceptibility of Personal Computer Systems to Fast Transient Electromagnetic Pulses," *IEEE Transactions on Electromagnetic Compatibility*, Vol. 48, No. 4, November 2006.

[62] Li, K. J., et al., "Multinomial Regression Model for the Evaluation of Multilevel Effects Caused by High-Power Electromagnetic Environments," *IEEE Transactions on Electromagnetic Compatibility*, Vol. 61, No. 1, February 2019.

[63] Esser, N., and B. Smailus, "Measuring the Upset of CMOS AND TTL Due to HPMSignals," *Digest of Technical Papers, 14th IEEE International Pulsed Power Conference (PPC-2003)*, Vol. 1, 2003, pp. 471–473.

[64] Hoad, R., "The Utility of Electromagnetic Attack Detection to Information Security," Ph.D. Thesis, University of Glamorgan, December 2007.

[65] Pierce, J. R., "Evaluation of Methodologies for Estimating the Vulnerability to Electromagnetic Pulse Effects," National Research Council, SDAN 0027, 1984.

第 5 章　HPEM 效应机理

5.1　简　　介

对电气电子系统的 HPEM 效应研究一直以来是一个重要的研究领域。通过对第 2 章关于 HPEM 环境，第 3 章关于目标系统 HPEM 耦合和第 4 章关于效应试验过程中的约束、限制和不确定度等研究内容的学习，读者已加深了对 HPEM 效应机理的理解。

HPEM 效应现象可从意外事件的发生或系统故障后的经验观察得到，如前面讨论的 Forrestal 灾难，也可从受试系统效应试验的观察中得到。科学实验研究正在不断揭示 HPEM 效应的物理机制，但是目前依然不够成熟。用于描述 HPEM 效应的各种术语目前依然没有精准定义，因此很难达成共识。过去研究人员发布数据时，有一种将 HPEM 效应重要参数归一化、模糊化或隐藏的倾向。这样做的原因主要是出于安全（参数数据可能会揭示正在使用的系统中存在的弱点）或知识产权（参数数据可能会对来自某制造商的系统和另外一家制造商的系统进行优劣比较，用于展示某一方面的优势或缺陷）的考虑。尽管这些理由是有道理的，但毫无疑问这严重阻碍了 HPEM 效应机理通用术语的发展，并使得 HPEM 效应机理的理解难以形成统一的观点。

需要强调的是，参数的细微变化，如耦合过程、受试系统正常功能的抽象程度，都会导致效应试验结果出现非常大的差异。

5.2　术　　语

本书将 HPEM 效应定义为当系统暴露于 HPEM 环境时，出现任何临时或永久性的行为表现。该系统可以是体系层级结构中的任何类型（即器件、电路、设备、系统、网络或基础设施）。

系统的抗扰性（immunity）、敏感性（susceptibility）和易损性（vulnerability）在 HPEM 效应中被广泛应用。IEC 标准中有关抗扰性的定义[1]：器件、设备或系统受到电磁干扰时在不降级条件下运行的能力。

EMC 标准中，当系统被认定为对电磁干扰具有抗扰性时，仍然可能发生效应。例如，当显示屏暴露在 HPEM 环境下，可能出现暂时性的显示异常，但是如果在显示异常期间，这种降级并未显著影响到系统性能，可以认定其具有抗扰性。

IEC 标准中关于敏感性的定义：器件、设备或系统在受到电磁干扰时不具备正常工作的能力。敏感性表示抗扰能力的缺失。根据这个定义，可以认为敏感性等同于效应。然而，这里术语定义出现了混乱，军队和国防组织使用敏感性表征民用产品所要求的抗扰性；在电磁兼容军用标准中，敏感性测试是用来表示电磁暴露环境达到极限条件下的效应测试。在电磁暴露极限试验中，如果系统未出现效应，则判定其通过敏感性测试。

在 IEC 标准或军事标准中没有关于易损性的正式定义。从已有文献中可知，人们普遍认为的易损性定义：系统功能或任务出现中断、异常，进而影响部分关键功能。易损性指的是系统产生了导致关键功能中断或破坏的效应，如果受效应影响的功能（如飞机驾驶舱中的警告指示灯亮起）不是关键功能（如不会导致飞机坠毁），则认为该系统不具有电磁易损性。

抗扰性、敏感性和易损性的定义具有高度主观特性，且高度依赖于目标系统的功能，在一定程度上混淆了军事和民用的具体含义。因此，本书针对 HPEM 效应使用了更为通用的术语。

科学理解 HPEM 效应需要利用专门开发的软硬件测试系统和分析技术。理解产生系统效应的物理机制非常重要，本章旨在探索和扩展一些较常见的 HPEM 效应机理。

本章给出电路和组件层级的主要 HPEM 效应类型，并加以举例说明，主要效应机理概括如下：

（1）整流/检波；

（2）噪声；

（3）干扰；

（4）饱和；

（5）虚假信息；

（6）瞬态翻转；

（7）工作点漂移；

（8）混乱行为；

（9）损毁和破坏；

（10）闩锁、击穿和热效应。

因为电子器件的设计和功能、HPEM 环境、试验设计的不同，所以观察到的效应现象存在较大差异。例如，某给定系统暴露在不同的 HPEM 波形中，会产生不同的 HPEM 效应现象，这主要是因为不同参数特征的 HPEM 环境会导致不同的效应机理发生。

在电磁兼容试验中，会使用多种测量手段推断受试系统（SUT）的一些重要特性。例如，在屏蔽的电气系统中，可以测量系统内部电场和磁场，通过评估波形的特征参数，确定设施中的保护装置是否足够有效。测试通常在时域进行，测量并记录瞬态的测量数据。此外，也可以使用连续波（CW）测试方法，产生由实部和虚部（或幅度和相位）构成的宽频响应。频域响应可能非常复杂，具有快速震荡和剧烈变化的特点。

很难对不同来源的测量数据进行比较。通常，人们可以容易地比较不同的记录数据并查找到数据中的细微变化，但使用统一的方法分析大型数据集时，效率变得非常低。此外，人们的解释在本质上趋于定性分析，这就很难对响应之间的差异做定量的分析和比较。

为描述被测响应之间的相似性和差异性，Baum 建议的数学范数[2]可以很好地处理时域和频域数据。其他类型的响应表征尽管在数学上不是严格规范的范数，但同样可以用于响应之间的差异分析。本章后续内容将采用数学范数和其他数学上不是范数的指标来描述响应。本章中的信号指示器（signal indicator）既可以表示数学范数，也可以表示波形或频谱的其他标量。

最后，本章讨论信号指示器与 HPEM 效应机理的相关性。

5.3　器件和电路级效应

从 20 世纪 60 年代起，在 HPEM 试验中观察到的效应现象就开始被公开报道。本节主要总结器件和电路级的效应现象和机理。

5.3.1　整流

整流是指把带外 HPEM 信号包含的能量转换到能够影响电子系统的带内信号，是一种主要的效应机理。简单说，整流就是将交流电转换为直流电[3]，同时还可能引起互调或谐波。通常会使用非线性器件实现整流，最简单的例子就是二极管中的半导体结。理想情况下，二极管能够整流所有交流信号，在趋近于无限宽的频带上产生无失真的纯直流信号。然而，二极管是在半导体晶片上实现的，半导体 PN 结上的导电连接会引入寄生电容，使二极管的实际特性远远不同于理想情况。

重要的是，非线性 PN 结在器件或电路中可以无意或被动地产生（如生锈螺栓效应（rusty bolt effect））[4]，也可以有意地产生（如 ESD 保护二极管）。这些被动出现的非线性 PN 结能够产生和二极管相近的响应，实现射频信号整流和射频信号解调功能，如图 5.1 所示。因此，整流是能够将 HPEM 干扰转换为被电子设备处理的带内信号的主要机制之一。

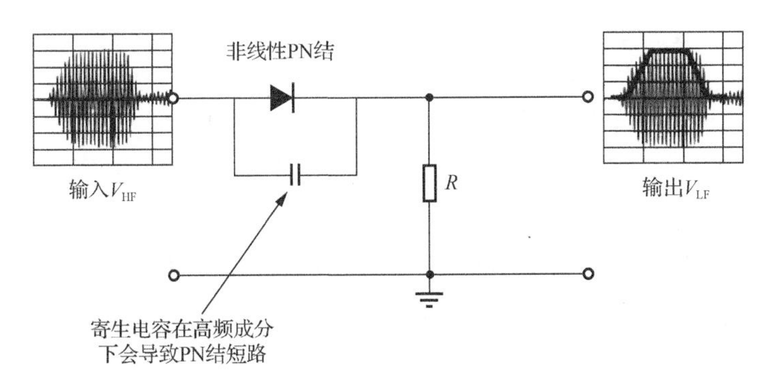

图 5.1　射频信号整流与解调示意图

如果在二极管这样的 PN 结上加载偏置交流电压，其非线性 I-V 特性导致一系列非对称脉冲电流产生。脉冲电流的平均幅值高于加载偏置电压时存在的直流幅值，从而导致信号电流上出现了直流偏置。基于这种效应产生了不同于普通二极管的射频感应二极管特性。

当运算放大器暴露在高频 HPEM 环境下时，会出现 PN 结的非线性整流效应。甚至在输入信号稳定的条件下，也会出现输出电压波动，从而导致带外信号被解调。例如，未调制载波会在输出端产生直流漂移；调幅/调频（amplitude modulation/frequency modulation，AM/FM）载波会产生 AM 输出；脉冲调制载波将产生能够跟随射频干扰信号调制的脉冲输出。调制后的射频干扰信号将被解调，由于在待处理信号块的带宽内，解调后的包络波形会跟随正在处理的信号继续被放大或解码。然而，实际复杂系统中，决定整流过程的大多数参数容易变化并且难以量化表征。所有模拟信号放大器或数字器件都已被证实能够在电磁干扰下产生带内响应和带外响应，第 3 章[①]对此进行了探讨，响应示意如图 3.4 所示。

5.3.2　噪声

一般来说，电磁环境强度较低时也能够在信号线或接收机上引入额外噪声。如果信号很弱，接收机有可能正确检测比特并恢复错误比特。但是，额外的噪声会降低接收信号的信噪比，导致误码率上升，进而造成数据传输速率下降，其中模拟电路对信号噪声更为敏感。因此，引入到模拟电路信号线或电源线上的感应噪声可能会造成显示器图像出现噪点或闪烁。

射频接收机普遍集成于各种电子系统中，如无线通信或命令控制遥测等系统，或者飞机着陆系统及 GPS/GNSS 导航系统等。射频接收机在接收机窄带调谐的带宽范围内接收极低电平的射频信号（低至微伏/米），因此场强幅值很低的噪声干

① 原书中此处为第 5 章，疑有误，已做修正。——译者

扰有可能在功率上压制有用信号。只要干扰环境存在，在接收信号过程中，电子器件或设备都会受到这种噪声的影响。由于接收算法上的纠错/冗余设计和备份手动恢复方法的使用，这种类型干扰的后果一般不会造成非常严重的功能故障。但是在最恶劣情况下，如正在利用着陆系统下降的飞机，飞行员可能会中止着陆，或尝试再次着陆，或前往备降机场。

前门和后门的耦合都会增加噪声干扰的水平。

5.3.3 干扰或阻塞

干扰信号所产生的噪声背景会淹没正常信号，导致干扰或阻塞发生。由于工作信号一般非常小，小到几十微伏/米或皮瓦/平方米的水平[5-8]，干扰或阻塞信号通常只需要比正常信号高出几分贝就可以产生这种效应现象。

GPS/GNSS 接收机的灵敏度很高，对阻塞干扰非常敏感。因为卫星发射功率有限，信号从轨道传输至地面时已经非常微弱，所以 GPS 接收机的灵敏度非常高。根据经验，当干扰信号超过接收机正常接收信号 20～30dB 时，就足以阻塞 GPS 接收机的通信功能[9]。文献[9]～[11]估计，几十微伏/米量级的场强就可以阻塞或干扰 GPS 接收机。作为对比，WLAN 的带内干扰阈值在 1V/m 水平。

对于现代数字调制方案，如差分正交相移键控，干扰重点不必放在功率压制上。智能阻塞可以利用接收机的信号处理或解码功能达到相同的干扰效果。例如，通过干扰正常通信信号的前导比特序列，使接收机后端不知道什么时候开始处理接收到的分组数据。当干扰信号消失时，正常信号的通信立即恢复正常。相比于后门耦合，前门耦合对 HPEM 环境的耦合效率更高，这是因为前门组件对 HPEM 环境具有更高的电磁敏感性。通常，HPEM 环境通过天线系统耦合进入通信信道，冲击和干扰系统前端的内部电子器件。

5.3.4 饱和

接收机组件的饱和效应，如低噪声放大器（low nosie amplifier，LNA）或混频器（mixer），需要输入比能产生干扰或阻塞的更高幅度的干扰信号。然而，饱和则意味着 LNA 进入了压缩状态，使输入输出呈现非线性，并导致接收机灵敏度下降，同时还可能引起虚假调制、互调等结果[12]。低噪声放大器的压缩点表示为 P1dB 点，表示低噪声放大器的输出不再随输入功率线性增加而线性增加的工作点。干扰信号消失后，饱和效应可能会持续一小段时间。LNA 的 P1dB 压缩点或饱和点是已知参数，器件文档说明会提供相关数据。后门耦合也可以产生这种类型的效应机制，特别是具有反馈功能的模拟电路组件，如运算放大器。

5.3.5 工作点漂移

数字或大多数模拟电子器件电路和组件的行为受到器件非线性半导体结特性的影响。在电路设计过程中，需合理设置组件工作点，确保组件工作在线性区间。电子组件供电电路受到干扰，会导致电子器件工作电压发生变化，造成工作点漂移，直接后果是电子器件组件的真实行为偏离线性近似。例如，数模转换器工作点的偏移会产生错误的输出数据，还会产生模拟数据的压缩和直流漂移。

5.3.6 虚假信息

如果瞬态干扰信号到达系统信号的水平，电磁干扰信号可能在数据流中产生虚假信息，或者替换正常的数据流信息，也被称为电子欺骗。

电子欺骗的后果可能非常严重，这是因为被攻击的系统运行了虚假或者遭损坏的信息。HPEM 试验中，数据流的损害会导致系统或组件功能混乱，直至软件挂起/崩溃，甚至 SUT 故障。由于 HPEM 环境的干扰水平较高，且后门耦合效率较低，虚假信息主要来自前门耦合。

5.3.7 瞬态翻转

与逻辑电平幅度相当（如几伏的信号强度）的感应瞬态信号才能够影响电子器件的逻辑状态。在 1GHz 频率以下，无保护的电路或组件的有效电磁耦合长度约为 0.1m。如果干扰信号脉宽使 HPEM 的品质因数 Q 远大于目标系统的品质因数 Q，说明几十伏每米到几百伏每米的窄带调谐环境能够耦合出幅度足以产生效应的干扰信号。当频率为 1GHz 时，100 个周期或 100ns 的脉冲持续时间可以在电路上感应出幅度和正常信号水平相当的瞬态干扰，并产生瞬态翻转。

瞬态翻转的后果取决于目标系统的设计和 HPEM 波形的特征，如重复频率或脉冲串持续时间。图 5.2 举例说明了单个瞬态干扰在数字序列中造成的瞬态翻转。

图 5.2（a）为处于基态的正常数字脉冲串序列。图 5.2（b）可以认为是数字 1 被干扰淹没或抑制，或者是数字 0 被识别为 1 的情形。图 5.2（c）中干扰信号引起了一个错误比特“1”。实际上，数字电路是否响应这种虚假信息，取决于错误比特的幅值、持续时间和时序等是否在数字处理器的处理范围。例如，很多信号处理器使用数字滤波、选通或其他数字信号处理技术来恢复这些错误比特。图 5.2（d）与前面的情况相似，但是虚假比特的幅值和脉宽更接近真实比特。图 5.2（e）显示了一个比特周期内电路的地电位或 0 电位发生偏移的情况，这可能是整个电路的地电位出现差异所引起的。图 5.2（f）的现象，对于处理器，看起来和图 5.2（b）的比特情况相近，但是这里的比特幅值小于正常比特幅值。

图 5.2（g）显示了电路遭到破坏的情况，这个例子说明数字脉冲序列被锁存在高电平或“1”状态，如果损伤造成电路或者器件的阻抗发生变化，这个序列也有可能被锁定在低电平或“0”状态，甚至锁定在一些不确定的状态。

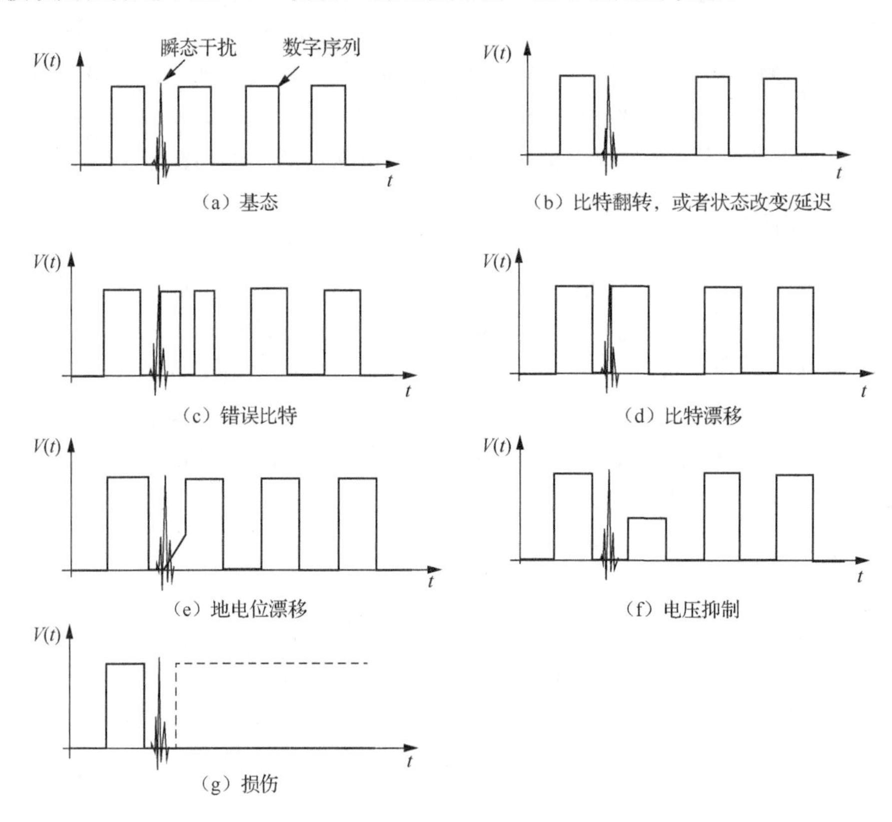

图 5.2　数字序列的瞬态翻转示例

5.3.8　混沌效应

文献[13]～[20]已经证明，使用反馈机制调节自身线性行为的电路结构，如锁相环（pahse locked loops，PLL）、自动增益控制（automatic gain control，AGC）和运算放大器，在 HPEM 环境下，都可能进入混沌或者随机状态，导致功能异常。PLL 输出信号相位和输入信号相位相关，广泛使用于解调、时钟信号恢复、时间乘法器和数字信号处理等需要精准同步的应用场景。

像 PLL 这样的非线性系统可以表现出多种复杂的现象，包括次谐波、准周期和混沌动力学行为。研究表明，随机噪声和共振扰动都可以使 PLL 进入混沌状态，进而破坏锁相环的锁相功能。

5.3.9　损伤和破坏

与阻塞/干扰相比，饱和效应一般需要更高的干扰功率，而损伤效应需要的干扰功率则远高于前两者。文献[21]提供了部分关于射频接收机的损伤阈值数据。数据表明，对于 100ns 的单脉冲，当其功率密度为 0.1～10mW/m^2，接收能量约为 20nJ 时，就足以对目标接收机的检波器造成带内损伤。其他关于永久损伤的研究表明，对于量级为 μJ 的脉冲能量，当其对应电场强度的量级在 1kV/m 水平时，就能够造成接收机损伤[22-25]。现代接收机内部最易损伤的组部件是 LNA[26,27]；一旦 LNA 发生损坏，就会导致接收机无法正常工作，除非它被修复或者更换。例如，在一个 SiGe 材料的 LNA 组件的毁伤实验中，其损伤门限可以低至 20nJ[9]。

印刷电路板或组部件（如集成电路（integrated circuit，IC））的绝缘层可能遭到 HPEM 破坏。如果印刷电路板或集成电路芯片内部的介质绝缘层太薄，引入的干扰脉冲可能会导致电介质击穿，由此产生的器件损伤效应包括闪络、熔化和键合线破坏等现象。图 5.3 给出了受损半导体器件的电子显微镜照片。

(a)　(b)　(c)　(d)

图 5.3　受损半导体器件的电子显微镜照片

确定毁伤效应的机理需要对 SUT 进行额外的详细检查，如去除半导体器件的封装介质，暴露其内部电路，在此基础上开展详细的片上研究。

5.3.9.1　闩锁

闩锁是指发生在集成电路中的一种短路现象。例如，金属-氧化物半导体场效应晶体管（metal-oxide-semiconductor field-effect transistor，MOSFET）电路中供电导轨之间出现低阻抗路径，或者出现能扰乱器件的部分正常功能的寄生结构，也可能由于过流导致器件烧毁[28]。

寄生结构可以等效为晶闸管，其结构相当于将 PNP 型或 NPN 型晶体管相互堆叠在一起。当闩锁发生后，一个晶体管导通时，另外一个晶体管也开始导通。当该结构是正向偏置时会有电流通过，并且它们各自会维持在饱和状态，一直持续到断电。闩锁可以发生在任何有类似寄生结构存在的电路中。一种常见的闩锁原因是数字芯片输入或输出管脚上出现的正向或负向电压尖峰超过导轨电压，超过部分大于二极管的电压降，则会发生闩锁；另一种闩锁原因是供电电压超过了最大额定值，这通常是由电源中的瞬态电压峰值造成，导致内部连接结出现故障。闩锁来源包括：

（1）当瞬态前向偏置电压加载在寄生 PN 结（通常在输入或输出电路中）时，会导致少数载流子被注入到基片上；

（2）电离辐射过程中的光电转换；

（3）加热过程中产生的冲击效应。

通常，闩锁现象会造成半导体结烧毁。

5.3.9.2 击穿

MOSFET 的击穿效应是沟道长度调制（channel length modulation）的一种极端情况，漏极区域和源极区域的耗尽层会合并成一个耗尽区。栅极下的电磁场和漏极电流一样，强烈依赖于漏极和源极之间的电压。击穿效应会导致电流随漏源极电压的增加而快速增加。这种效应会增加输出电导率，并限制了器件的最大工作电压[28]。

5.3.9.3 热损伤机理

最简单的热损伤模型假设热损伤机制快速发生，器件热损伤部位和器件基底之间不产生热交换，因此电能等于热能[29]，通常被称为保险丝熔断模型（fuse-melting model），由式（5.1）～式（5.4）描述：

$$I^2 \cdot R \cdot \Delta t = m \cdot c \cdot T \tag{5.1}$$

式中，I 为熔断细线所需要的电流（单位：A）；R 为细线的电阻（单位：Ω）；Δt 为脉冲持续时间；m 为加热区域的质量（单位：kg）；c 为特定材料的热容量（单位：J/（kg·K））；T 为材料的熔点（单位：K）。

$$\rho = \frac{l}{\kappa \cdot A_{\mathrm{q}}} \tag{5.2}$$

式中，κ 为导热系数（单位：Ω^{-1}/m）；A_q 为加热区域的面积（单位：m^2）；ρ 为加热材料的密度（单位：$\mathrm{kg/m}^3$）。

$$m = \rho \cdot A_\mathrm{q} \cdot l \tag{5.3}$$

因此，

$$I = \left(\frac{\rho \cdot A_\mathrm{q}{}^2 \cdot c \cdot T \cdot \kappa}{\Delta t} \right)^{\frac{1}{2}} \tag{5.4}$$

该模型非常简单，但未考虑 HPEM 环境的重要参数，如脉宽、脉冲重复频率、持续周期等。虽然基于该模型的分析与实际 HPEM 效应试验的结果并不相符，但它仍旧给出了一些相关参数的初始线索。本章后面将介绍更多和信号指示器相关的热损伤机理。

5.3.10　公开发布的器件级和电路级效应数据

文献[30]揭示了很多器件级的效应研究成果，该成果表明，对于数字组件，不同制造技术的效应水平和类型会存在很大差异。该作者观察到，同一制造商的相同类型的不同样品之间也会存在微小差异。不同制造商的组件效应水平差异可以达到 16dB。此外，组件效应具有很强的频率特性，随着频率的增加，效应阈值的水平会快速增加。该作者评估了两款基础数字器件：晶体管-晶体管逻辑（transistor-transistor logic，TTL）电路和互补金属氧化物半导体（complementary metal oxide semiconductor，CMOS），如图 5.4 所示。

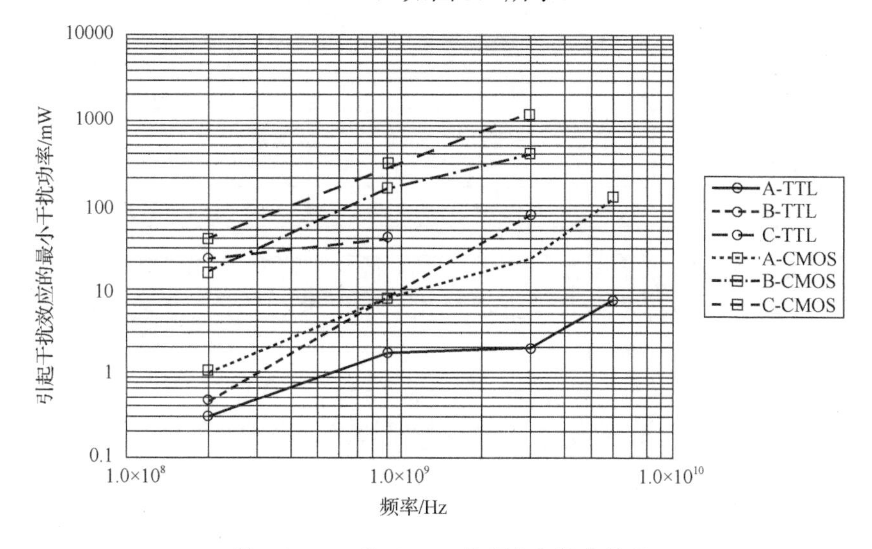

图 5.4　TTL 和 CMOS 的频率和效应关系

图 5.5 给出了 Esser 和 Smailus 研究的多种型号 CMOS 器件的测试结果，图中使用能量和占空比表示的组部件效应关系[31]。

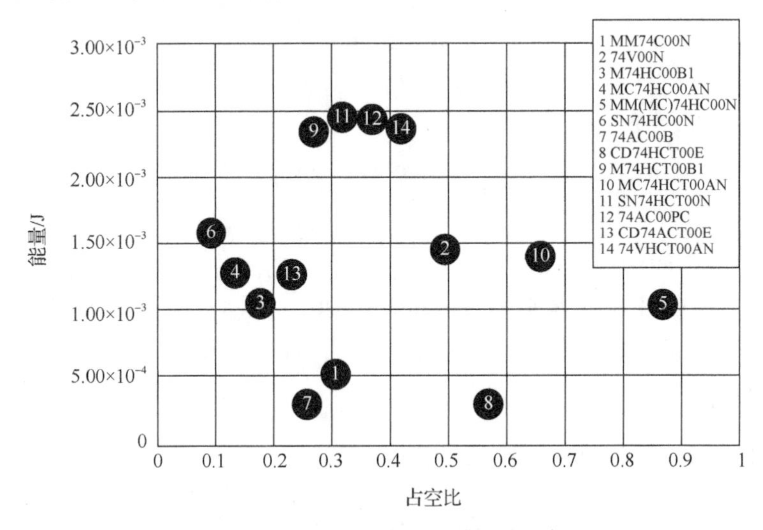

图 5.5　使用能量和占空比表示的组部件效应关系

冷战期间，人们在理解量化 HEMP 辐照下组件的时效和翻转水平方面做了很多研究工作，出现了大量关于 HEMP 环境下组件损伤的相关数据[32]，并且对通信系统、电力系统和组件开展了大量测试和试验，如文献[33]和[34]。

Neilsen 提供了一种简单的以能量密度（通量）和功率密度（强度）来表征半导体损伤阈值的列表，如表 5.1 所示。

表 5.1　半导体损伤阈值

损伤类型	能量密度阈值/(J/cm^2)	功率密度阈值/(W/cm^2)
带内	10^{-5}～10^{-2}	10^{-8}～10^{-6}
带外	—	10^{0}～10^{1}
热	—	10^{3}～10^{4}

因为器件或组件的寄生结构、电路布局、耦合等特性和 HPEM 信号指示器以及其他一些重要参数都是必须要加以考虑的因素，所以应该谨慎考虑这些简化的近似方法。

5.4　设备、系统和网络级效应

从器件级效应的讨论中可以清楚认识到，有许多不同的效应机理同时在起作用，并且从设备或系统级观察到的效应现象中总结出一般规律是十分重要的工作。

因为试验是基于真实应用场景开展的，设备/系统级的效应很容易理解，所以不确定性较低。不过，在设备级或系统级以上的体系层级，很难从前面列出的效应机理中找到产生效应的真正贡献者。

第 6 章将介绍各种能够对效应进行系统性分类的方案。本节回顾一些已经发表的效应试验数据，旨在说明效应机理是非常复杂的，必须考虑很多重要参数。本节对文献中给出的大量效应数据进行了总结。

Everett 等[35]研究了 HPEM 环境对早期个人计算机系统的效应。他们使用窄波段 HPEM 在混响室中开展效应试验，研究数字电路翻转等效应现象。当器件受到持续辐照时，用一个简单程序读取 RAM 内存数据。在每次读取内存数据时，检查读取的数据是否受到 HPEM 辐照的影响。如果数据有变化，说明有翻转效应发生。在某些情况下，效应出现非常频繁。试验中，最大场强均方根值（root mean square，RMS）为 200V/m，对应的入射波平均功率密度可达 10.6mW/cm^2（106W/m^2）。

用窄波段 HPEM 辐照一些非屏蔽的微型处理器和小型计算机（包括型号 TRS-80 和 ZX81）的试验结果表明，在 1～10GHz 很少发生翻转效应，而在 250MHz～1GHz 翻转效应频繁发生。作者推测，随着具有千兆赫兹以上更快微处理器和时钟频率的小型计算机的出现，当频率达到 1GHz 以上时，翻转效应将越来越多。试验表明，效应阈值最低的是 KIM-1 型微处理器，翻转效应发生时的场强可低至 2V/m，其入射波的平均功率密度为 106μW/cm^2。

窄波段长脉冲（脉冲宽度大于 200ns）环境已经被一些学者用于效应评估。1999 年发表的文献[36]或许是第一篇包含相关效应阈值数据的文章，文中采用 EMC 型行波管放大器，通过标准双脊波导喇叭天线对三个独立的塔式计算机系统（tower computer systems）进行辐照试验。

天线和 SUT 相距 1m，电场峰值达到 100V/m，试验中使用了多种调制类型和天线极化方式。当 SUT 处于处理数据和视频图像或读写硬盘的工作状态时，观察到的效应如下：

（1）数据丢失；

（2）重启（计算机自动重启）；

（3）磁盘写错误（操作系统出现错误提示）；

（4）硬盘访问丢失（操作系统出现错误提示，需要断电重启）；

（5）关机（计算机关机）。

其他关于窄波段长脉冲效应数据的重要来源[37-39]是由 Bäckström 提供的，他使用前面描述的 MTF 设备和其他技术，评估了窄波段 HPEM 环境对各种系统的效应。SUT 包括机动车、计算机、显示器、读卡器、导弹、无线电和电信系统等。值得注意的是，在脉冲重复频率为 1kHz、脉宽为 0.5ms（占空比 50%）、中心频率为 140MHz 的脉冲辐照环境下，平板显示器的损伤阈值为 100V/m。在使用

1.3GHz 的 MTF 设备对读卡器进行辐照时，干扰阈值为 80V/m，扰乱类型是拒绝用户。

对于机动车（1993 型），在 1.3～3GHz，当脉冲宽度为 5μs、脉冲重复频率为 200Hz 时，发动机会在 500V/m 场强下停止工作，而损伤效应发生在 15kV/m（1.3GHz）、25kV/m（2.86GHz），损伤的部件包括引擎控制单元和继电器。

Bäckström 和他的团队在多年的效应试验中付出了巨大的努力，并从中得到了很多关于窄波段长脉冲效应的规律，总结如下：

（1）系统效应在 1～3GHz 区域比在 5～15GHz 区域更为显著；

（2）1～3GHz 的扰乱效应阈值均在数百伏每米左右（理论上评估为 300V/m）；

（3）1～3GHz 的永久损伤阈值在 15～25kV/m；

（4）系统关机（未通电）条件下也可能出现永久性损伤；

（5）电信接收机组件（前门耦合）的损伤场强阈值为 2kV/m。

Bäckström 将 300V/m（扰乱）和 15kV/m（损伤）作为窄波段类型微波环境下的系统效应的判断依据。不过，这些数据仅在调制方案和试验配置相同的条件下才有效。

Nitsch 等[40]评估了逻辑器件、微处理器、计算机主板、计算机系统和网络等的效应，其中 HPEM 环境包括超波段 HPEM、HEMP E1 和窄波段 HPEM 等，但文中并未提供发生器的技术细节。在 TEM 波导中开展了超波段 HPEM 和 HEMP 效应试验，其中 HEMP 波形的场强为 50kV/m，超波段 HPEM 波形的场强为 100kV/m。窄波段 HPEM 效应试验是在混响室中进行的，最大场强可达 4kV/m。文中针对三种不同规格的计算机系统（386.25MHz、486.33MHz 和 486.66MHz）开展了效应试验。试验过程中，这些系统的硬盘均被移除，并使用一根外部线缆来监控直接内存访问（direct memory access，DMA）控制器和可编程间隔定时器（programmable interval timer，PIT）模块，而这根线缆的引入很可能削弱了原始系统机柜提供的电磁屏蔽效果。

文献[40]中并未对扰乱进行准确的定义，但似乎与程序功能异常有关。这三种计算机系统的平均辐照扰乱效应阈值（Nitsch 等使用了故障阈值）见表 5.2。

表 5.2　计算机系统平均辐照扰乱效应阈值

SUT 类型（主频：MHz）	干扰调制参数	平均辐照扰乱效应阈值/（kV/m）
386.25	超波段（t_r=100ps，t_{fwhm}=2.5ns），未提供重复频率	17
486.33		13.5
486.66		12

注：来自文献[40]。

表 5.2 中的数据似乎说明，越是现代化的系统，越容易受到超波段 HPEM 的

威胁。然而，目前尚不清楚这项研究中的计算机是否是完整的系统（即计算机主板是否在外壳内）。

在计算机网络研究中，计算机终端被屏蔽舱体有效保护，只有连接终端的线缆被放置于辐照环境中。然而，在实际情况中，很少会发生这种情形，因为连接到网络的系统至少有一部分也会暴露于辐照环境。表 5.3 给出了各种条件下的计算机网络最小扰乱阈值。

表 5.3　计算机网络最小扰乱阈值

扰乱类型	干扰调制参数	最小扰乱阈值
比特错误	超波段（t_r=100ps，t_{fwhm}=2.5ns），未提供重复频率	200V/m（10 Base 2）
丢帧		4kV/m（10 Base T）
网络扰乱（如 DoS）		6kV/m（10 Base T）

注：来自文献[40]。

表 5.3 中未给出实际的脉冲重复频率。然而，随着重复频率的增加，丢帧数目也随之线性增加。从文献[41]可知，HPEM 生成器重复频率的范围为 1～200Hz，此外，屏蔽网线、屏蔽双绞线比非屏蔽类型的线能够提供更有效的电磁防护。

Nitsch[42]利用 TEM 模拟器评估了完整的计算机系统 HEMP E1 环境和超波段 HPEM 环境效应，表 5.4 总结了这项工作。Nitsch 指出，SUT 的效应阈值受脉冲波形特征参数的影响。在快上升沿、窄脉宽的超波段脉冲条件下的效应阈值全部低于上升沿更慢、脉宽更宽的 HEMP E1 脉冲。不过，超波段脉冲具有更高的频率成分，这种波形更容易耦合至 SUT 的结构中（如超波段 HPEM 波形对于特定的几何尺寸结构 SUT 具有更高的耦合效率）。

表 5.4　计算机系统在 HEMP E1 和超波段 HPEM 环境下的辐照效应阈值

扰乱类型	干扰调制参数	平均扰乱阈值/（kV/m）
AMD K6 300MHz	EMP1（t_r=10ns, t_{fwhm}=400ns）	16
	EMP2（t_r=1ns, t_{fwhm}= 25ns）	7
	超波段（t_r =100ps, t_{fwhm}=2.5ns）	3
Pentium Ⅱ MMX 350MHz	EMP1（t_r=10ns, t_{fwhm}=400ns）	40
	EMP2（t_r=1ns, t_{fwhm}= 25ns）	12
	超波段（t_r =100ps, t_{fwhm}=2.5ns）	7.5
Pentium Ⅱ 400MHz	EMP1（t_r=10ns, t_{fwhm}=400ns）	9
	EMP2（t_r=1ns, t_{fwhm}= 25ns）	6
	超波段（t_r =100ps, t_{fwhm}=2.5ns）	4

注：来自文献[42]。

Camp 等[43]评估了从 8088（5MHz 技术）到奔腾III（500MHz 技术）的不同代计算机主板在超波段波形下的效应，Nitsch 用过的 TEM 模拟器也用于开展本项研究。Camp 等观察到的总体趋势是，随着新技术的发展，效应阈值有下降的趋势，从 8088 的 21.6kV/m 降低到奔腾III的 3.2kV/m。这一趋势与之前的预测一致，即随着技术进步，电子设备对电磁环境更为敏感易损。然而，需要注意到，这些试验均是将计算机主板暴露在辐照环境中。众所周知，电磁兼容设计中屏蔽技术能够有效降低电磁干扰。

Hoad 等[44-46]利用混响室研究了窄带 HPEM 或窄波段 HPEM 条件下信息通信系统的效应。在所有情况下，使用了脉宽为 30μs、重复频率为 1kHz 的窄波段长脉冲环境，载频以倍频程方式从 400MHz 步进至 8GHz。实现载频的标准 EMC 型放大器，包括固态放大器和行波管放大器两类。效应试验中选用的系统为标准的迷你塔式或台式商用计算机，选取了不同制造商生产的计算机开展评估。为了保护商业利益，隐藏了制造商信息，以可获得性为依据选取系统。此外，确定 SUT 的数量和类型时，要考虑规格参数、技术类型、批次和制造商等因素。表 5.5 给出了参与试验的计算机规格参数。

表 5.5　参与试验的计算机规格参数

处理器类型	处理器时钟频率	机器类型	制造商	处理器核数
486	66MHz	台式	C	1
486	100MHz	台式	E	1
奔腾III	667MHz	台式	D	3
奔腾IV	1.4GHz	迷你塔式	C	1
奔腾IV	1.4GHz	迷你塔式	I	1
赛扬	2.6GHz	迷你塔式	D	1

表中有六个独立的计算机系统，以制造商品牌 D 计算机为例，具体规格包括：台式机箱、667MHz 的 Intel Pentium III处理器、64MB SDRAM、10GB HDD、Windows 98 操作系统。

Hoad 等还评估了一些计算机网络设备，开发并实现了几种简单的网络配置。受试设备包括：

（1）品牌 D PIII 的 667MHz 计算机，内置 10/100Mbps 以太网卡；

（2）10/100Mbps PCI 组合网络接口卡；

（3）双速 10/100Mbps 交换集线器；

（4）（2×20）m 5 类 STP 以太网电缆。

效应试验在混响室中开展，在混响室搅拌器一次旋转周期内，SUT 受到不同入射角和极化方式的均匀电磁辐照，这种试验方法具有较好的全面性、一致性和重复性。

混响室内电场可以用总场（平方和的根）或其正交分量表示。假设接收天线的接收效率为 100%并且完全匹配，则总场或其正交分量的表达式可由下式导出：

$$S=\frac{8\pi}{\lambda^{2}}P_{\mathrm{r}} \tag{5.5}$$

式中，P_{r} 和 S 分别为天线接收平均功率和标量功率密度。基于式（5.5），总场平均值 E_{t} 由式（5.6）给出：

$$E_{\mathrm{t}}=\frac{8\pi}{\lambda}\sqrt{15P_{\mathrm{r}}} \tag{5.6}$$

式（5.7）给出了总场的平均正交分量：

$$E_{\mathrm{c}}=\frac{8\pi}{\lambda}\sqrt{5P_{\mathrm{r}}} \tag{5.7}$$

比较式（5.6）和式（5.7），总场和其正交分量之间存在关系因子 $\sqrt{3}$。式（5.6）用于推导图 5.6～图 5.8 中的曲线。

试验中使用相同的监视器、键盘、鼠标和线缆布局。为了便于比较，试验中仅记录计算机主机的效应差异。为进一步提高可重复性，处理器和硬盘均被设置为最大容量工作状态。由于难以预测效应发生的时间，使用了专门的测试程序。对于互联的计算机网络系统，使用网络分析程序提供关于网络性能，如吞吐量和分组错误率（packet error rate，PER）等指标的效应数据。

观察到的效应数据类型多样并且复杂，效应总结见表 5.6。对于联网的 SUT，记录了关于网络流量的效应。当 PER 增加到 100%时，网络数据吞吐量则减小到 0%，网络发生故障，其表现出类似于网络专家所说的拒绝服务（denial of service，DoS）。结果发现，从显示网络流量正常到网络完全故障，指标变化非常迅速。因此，并未收集到关于网络性能逐渐退化的数据。

表 5.6　独立和联网条件下计算机系统 HPEM 效应

效应	辐照持续期间	辐照结束后
无效应	无效应	无效应
显示器扰乱	显示消失或受干扰	恢复正常
鼠标指针偏离	指针位置偏移	恢复正常
程序终止	菜单弹出、程序关闭、程序移动或删除	桌面功能可能被更改、丢失或图标被移动

续表

效应	辐照持续期间	辐照结束后
外围设备崩溃	鼠标、显示器或键盘行为异常	拔下连接线重新插入或手动重启可恢复正常
崩溃后自动重启	计算机停止运行，死机	计算机恢复运行，或者通过软启动（Ctrl+Alt+Del）后恢复运行
关机后自动重启	计算机关机并在非人为干预下自动重启	计算机正常重启；重启过程中，系统检测到异常关机，一些文件可能受到影响
蓝屏	出现异常错误，系统蓝屏提示错误信息	系统重启恢复正常
崩溃后手动重启	计算机停止运行，死机	重启过程中，操作系统显示检测到异常关机，一些文件可能受到影响
关机后手动重启	计算机关机	计算机无法正常使用；重启过程中，操作系统显示检测到异常关机，一些文件可能受到影响
外围设备损伤	计算机崩溃或关机	外围组件永久性损伤（如显示器、键盘或鼠标）
功能损伤	计算机崩溃或关机	重启过程中，计算机无法找到操作系统并报错，需要重新安装操作系统从而恢复正常（可能耗时 2h 以上）
物理损伤	计算机崩溃或关机	重启过程中，计算机重启失败，可能由硬盘等关键组部件出现损伤所致

在所有情况中，窄波段长脉冲环境的幅度水平逐渐增加到必须要进行手动干预的程度（即手动重置 SUT）。如果未观察到任何效应，则将 HPEM 辐照环境场强等级调整至模拟器的极限水平。一旦在某试验频率发生效应，则将试验频率更改为下一个试验频率并重新开始试验。

同时还应注意，SUT 会在什么试验频率下出现效应难以预测。当 HPEM 辐照等级增加时，效应可能以近线性的方式从鼠标指针偏离变为关闭，但是，第一次记录的效应可能是列表中的任何一种。表 5.6 中所列数据为需要手动干预时的效应阈值，即必须手动重新启动测试软件，或手动软启动或硬启动 SUT。

图 5.6 提供了来自四家不同制造商的五种不同规格计算机的效应阈值。图中的每个点均表示未观察到效应的试验频率。没有观察到效应的试验频率未进行标注，未产生效应仅表明在最大场强条件下未发生效应。从图 5.6 可以看出，随着试验频率增加，效应阈值以 20dB/decade 的水平增加，这说明耦合效率最高的区域在试验频率的最低端。当频率增加时，耦合效率和整流效率均发生下降，使得效应阈值增加。

图 5.7 记录了 SUT 独立和联网状态下相同配置计算机系统的效应阈值。SUT 联网是指只将集线器/交换机的核心系统组件以及计算机和集线器之间必要的连接电缆，引入到原始的独立 SUT 配置中。有趣的是，对于联网和独立的计算机配置这两种情况，效应阈值仅存在微小差异。尽管在试验频率的低频端差异似乎更大，但这可能是引入的以太网电缆所导致的。

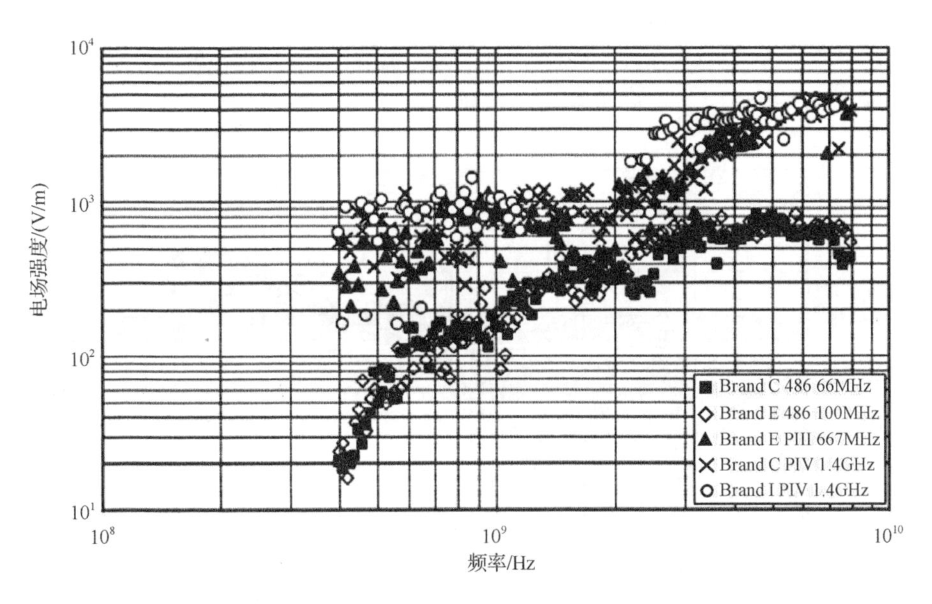

图 5.6　五种不同规格计算机的效应阈值

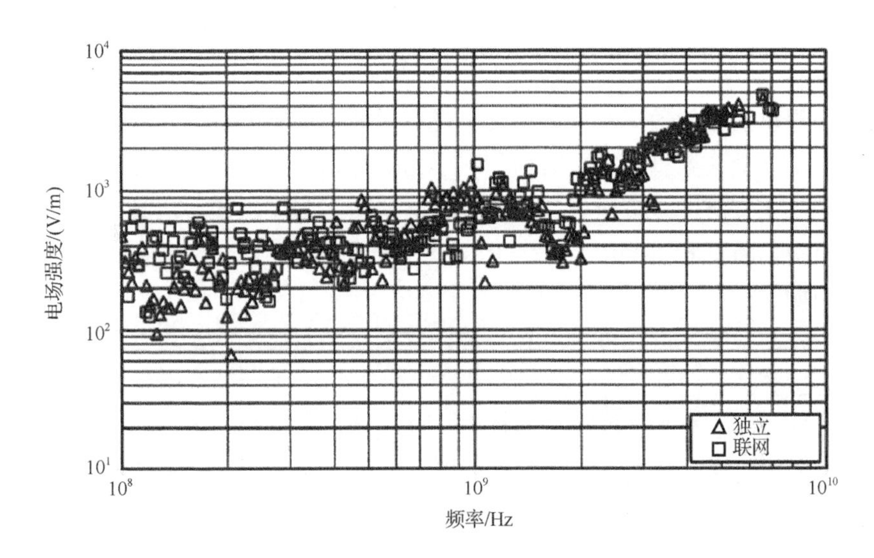

图 5.7　SUT 独立和联网状态下相同配置计算机系统的效应阈值

图 5.8 对比了联网计算机的效应阈值和引起网络服务失败（如网络流量阻塞）的效应阈值，网络流量阻塞或停止类似于 DoS 效应。从图 5.8 可知，加重标记的区域，是指出现网络效应（如 DoS 等）阈值低于计算机效应阈值的区域。在这些区域，计算机网络通信中断的效应大大超过了计算机本身的效应，低于 700MHz 的谐振峰值很可能耦合进入网线或者集线器/交换机的电源线缆。这个区域内，计

算机网络恢复正常需要更长时间，这有可能是由集线器开关电源内的热保护装置被触发所致。在 3～4.5GHz，网络流量中断效应的增加可能说明，集线器单元或者集线器供电模块比计算机更易受到影响。

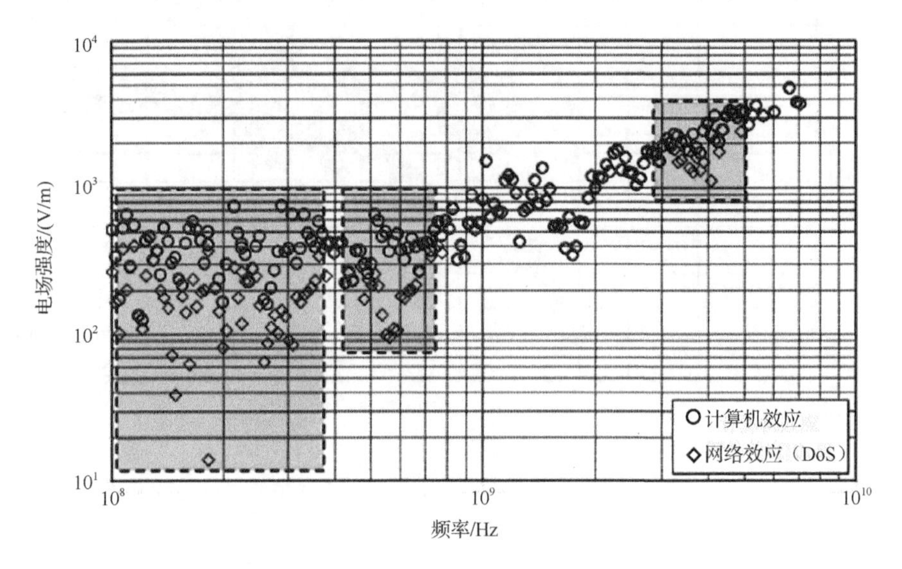

图 5.8　联网计算机效应和网络效应的对比

前面提供的效应数据在一般意义上是有用的，因为加深了人们对效应的理解。但是，从这些效应数据中提取有用的科学内涵非常难，而科学内涵有助于将试验结论推广到更宽泛的效应研究，推断体系结构中不同层次的效应阈值，并从效应试验结果中推断不同 HPEM 环境下的某些信息。造成不同试验数据无法比较或比对的原因如下：

（1）试验配置不同，设备、系统或网络的试验布局不同，没有采用标准化的过程开展试验；

（2）即使在高度受控的试验条件下，效应结果也存在不确定性；

（3）系统级效应复杂且表现形式多样，系统功能（如怎么使用、用途是什么）对效应有非常重要的影响；

（4）对于效应理解而言，实验者对效应现象的解释非常重要，目前缺乏标准化的分类方案；

（5）电场强度是主要的效应阈值表征量，但其本身并不可以直接用来度量系统的效应阈值，这是因为不同波形参数（信号指示器）在相同条件下系统发生扰乱时的电场大小有很大不同。

从上述讨论可以清楚看出，急需建立标准化的效应试验方法（目前正在制定中，见第 4 章)、统一的效应分类方法（见第 6 章）和统一的 HPEM 环境波形特征分析方法。

5.5 HPEM 信号指示器

本节主要关注电子系统电磁响应中的典型信号，包括系统内不同位置的电场、磁场，线缆或电路上的电压或电流，或者电导体表面的电荷感应和电流密度，所有这些响应在时域或频域中通过测量获取并表征[47]。

需要注意的是，这种分析也适用于其他类型信号，如压力波、股票市场指数、太阳黑子数量、大提琴演奏会中的频率分布，或者任何其他能够被时间序列或频谱序列所表示的量，但这里并不考虑。本节主要讨论瞬态和频域信号的异同性，以及为表征这两类信号所提出的信号指示器。

5.5.1 瞬态或时域信号指示器

时域信号在 HPEM 测量中很常见，而且很容易理解，这是因为人类的经验本质上具有瞬态特质。人们非常熟悉起始时间与结束时间之间事件的概念。从物理（因果）系统中产生的瞬态波形在启动时间之前为零，之后随着时间进行的响应开始发生变化。响应可能单调增长，或者围绕某个固定值震荡，也可能在某个时间回落到零。这样的波形包含了很多关于产生此响应系统的本质信息，以及涉及此响应的激励函数的信息。

以实际中可能遇到的典型瞬态波形为例，图 5.9 给出了无噪声和有噪声条件下两种瞬态响应波形的示例。虽然这些波形是为解决特定电磁散射问题通过计算机模型产生的，但在 HPEM 效应测量中也会遇到，因此，这些波形足以说明瞬态响应指标。

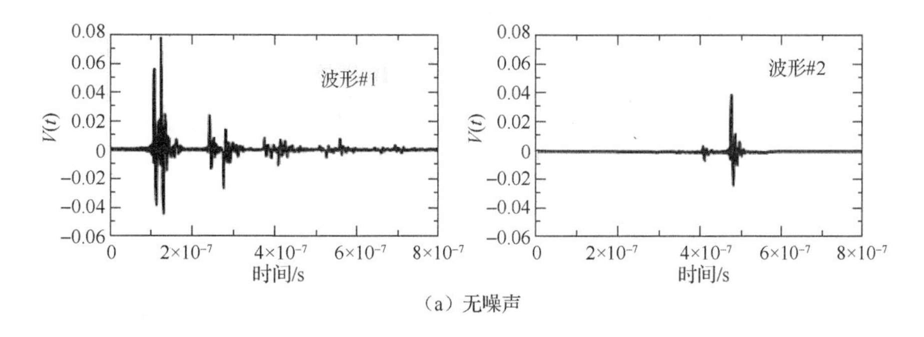

（a）无噪声

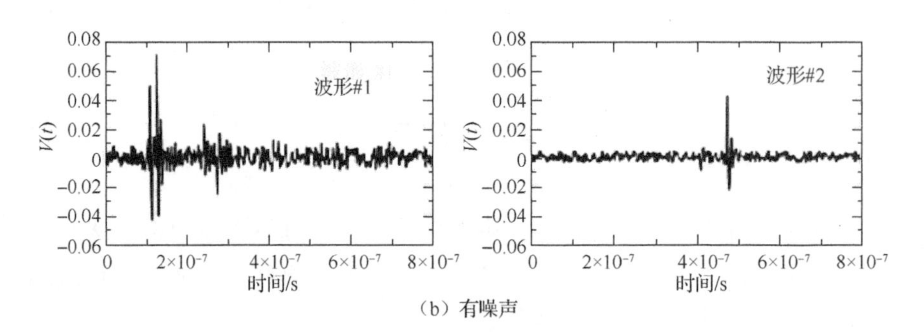

（b）有噪声

图 5.9　两种瞬态响应波形的示例

波形#1 在整个瞬态记录中包含了多个重复包络，而波形#2 只有一个包络，以及主波形之前的预脉冲。如何以简单的方式区别图 5.9（a）中的两个波形是要解决的一个问题，显然人眼可以做到这一点，但研究人员更希望开发一个强大的数值算法执行这项任务。答案在于对各种瞬态信号的范数或信号指示器进行定义，波形参数的一种类型是波形 p 范数[2]，如式（5.8）所示：

$$\|R\|_p = \left\{ \int_{-\infty}^{\infty} \left| R(t) \right|^p \mathrm{d}t \right\}^{1/p} \tag{5.8}$$

式中，p 为整数 1,2,⋯。这些范数通常是对目标波形进行积分的一种数学运算。表 5.7 给出了三种常用波形 p 范数，这些范数常用于 HPEM 响应的表征。使用不同的范数可以用来区别不同的瞬态波形。例如，图 5.10 提供了一个简单的 HEMP E1 单极瞬态波形 $V(t)$，图中给出了以下波形参数：峰值 $V_{\max}(t)$、到达峰值的时间 t_{peak}、上升时间（峰值 10%～90%的时间）、下降时间、最大上升率 $(\mathrm{d}v/\mathrm{d}t)_{\max}$ 和波形中包含的能量。下文将进一步描述这些范数。

表 5.7　常用波形 p 范数示例

p 值	波形范数描述	物理含义
1	$\int_{-\infty}^{\infty} \lvert R(t) \rvert \mathrm{d}t$	总累积量
2	$\left\{ \int_{-\infty}^{\infty} \lvert R(t) \rvert^2 \mathrm{d}t \right\}^{1/2}$	能量方根
∞	$\lvert R(t) \rvert_{\max}$	幅度峰值（绝对值）

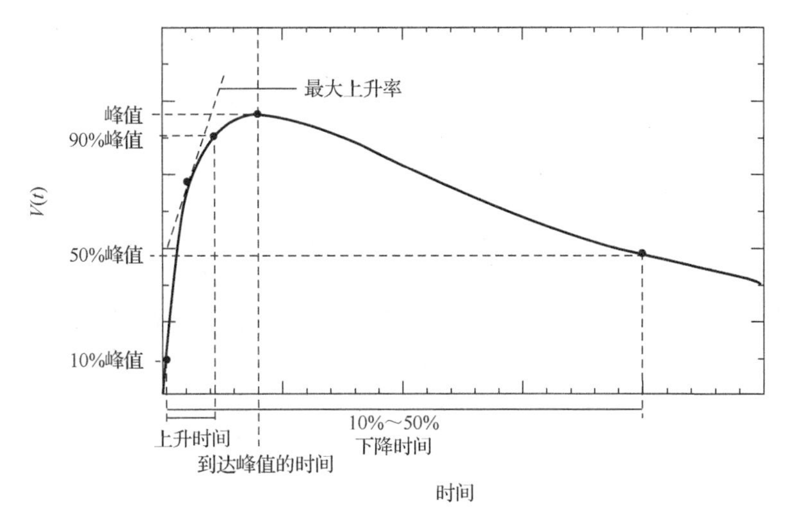

图 5.10　表征瞬态响应波形的各种参数示意

（1）峰值$V_{\max}(t)$：该标量（经常也用$V_{\max}(T_0)$或$E_{\max}(t)$）是无穷范数[2]，是目前应用最广的波形指标，能够回答哪个波形响应更大的问题。它在如图 5.9 所示的复杂波形中的应用最为简单，但波形噪声的存在会影响该范数的准确性。从数值角度出发，通过循环对比波形中所有数据点并找到最大值，能够很容易得到波形峰值。一旦该值确定，如果需要，可以进行更复杂的分析，将最接近峰值的次峰值和峰值一起使用二次多项式拟合，从而得到更为准确的峰值。当波形只有一个波峰时（图 5.10），程序计算很简单；如果波形如图 5.9 所示，存在强烈的震荡特性，尤其是存在噪声，那么波形计算就比较困难，这种情况下，波形存在多个波峰，峰值指标可由多个从小到大的峰值列表组成。

（2）到达峰值的时间t_{peak}：表示到达波峰需要的时间，不是数学意义上的范数，如图 5.10 所示。由于该参数是从参考时间（$t=0$）开始测量，因此需要知道如何定义参考时间以获得有效的测量结果。通常，如果已知公共参考时间$t=0$，就可以对比两种波形到达峰值的时间，如图 5.9 所示。

（3）上升时间：定义从波形峰值 10%～90%需要经历的时间，是用于描述波形瞬态响应的常用参数。该标量比上述到达峰值的时间更为有效，因为在比较不同波形时，使用该参数不需要定义共同的时间原点。与确定峰值的情况相同，可以使用二阶多项式插值 10%～90%的时间区间，进而获得更准确的上升时间。对于图 5.10 中的波形，上升时间的计算程序比较简单；对于图 5.9 中所示的复杂波形，就会出现困难。例如，如果最大峰值附近出现二次尖峰，两个峰值可能会混合，这种情况下就难以确定在最大峰值条件下的上升时间。对于存在多峰值的波形，可以计算所有峰值的上升时间，并使用多个上升时间来表示波形。例如，图 5.9（a）中的波形#1 可以用三个局部峰值（以及对应的上升时间）表征，而波形#2 只有一个峰值。

（4）最大上升率 $(\mathrm{d}v/\mathrm{d}t)_{\max}$：该指标表征波形上升过程的变化率（导数），对于确定电介质材料的闪络和浪涌保护装置的启动具有重要意义。因此，该指标是从波形中提取的一个非常有用的参数，如图 5.10 所示。

（5）下降时间（10%～50%）：这是一个不依赖相对参考时间的指标，表示波形从峰值的 10%处起始，上升至峰值，再下降到峰值的 50%的时间。和上升时间一样，这个指标虽然不是数学范数，却是波形的重要参数。对于很多波形而言，需要使用多项式拟合数据点和解析计算时间的方法来提高下降时间准确性。某些情况下，会难以确定包含多个波峰波形的下降时间。

（6）能量范数：如文献[1]和[2]中所述，还有其他用来描述波形特征的范数，如能量范数，定义为

$$\varepsilon = \left| \int_{-\infty}^{\infty} v(t) \right|^2 \cdot \mathrm{d}t \tag{5.9}$$

式中，$v(t)$ 为瞬态响应，表示波形中包含的总能量，用于区分不同波形。

5.5.2　频域信号指示器

频域响应由频谱的幅度和相位（或者实部和虚部）组成，包含与瞬态响应相同的信息，只是形式上有所不同。这种差异通常使得数据在频域上的表现没有瞬态响应直观。

基于傅里叶变换理论[48]，瞬态响应 $v(t)$ 可以被视为由许多不同频率的正弦波叠加而成，每个正弦波形具有不同的幅度和相位，其指数形式的表达式为

$$f(t) = \frac{1}{2\pi} \int_{-\infty}^{\infty} F(\omega) \exp(\mathrm{j}\omega t) \mathrm{d}\omega \tag{5.10a}$$ ①

频谱响应 $F(\omega)$ 是复函数，表示由 $\mathrm{e}^{\mathrm{j}\omega t}$ 产生的正弦波分量的振幅，也可通过时域波形的变换得到：

$$F(\omega) = \int_{-\infty}^{\infty} f(t) \exp(-\mathrm{j}\omega t) \mathrm{d}t \tag{5.10b}$$

① ω 为角频率，单位：弧度/秒，rad/s。信号处理领域常用 Ω 表示角频率，使用 ω 表示圆周频率（单位：弧度，rad）。——译者

根据上述表达式，可以使用简单的积分实现时域和频域的互相转换，通常使用快速傅里叶变换（fast Fourier transform，FFT）实现，如文献[49]和文献[50]所述。

频谱响应 $F(\omega)$ 的求解可以使用多种方法，但是如果瞬态响应已知，则可以使用式（5.10b）进行数值求解。在其他情况下，也可以通过直接测量获得频谱响应[47]。需要注意的是，对于实数时间函数，这些频谱数据具有复共轭的性质，如 $F(\omega)=F^{*}(\omega)$，因此，只需要得到正频率的频谱数据即可。有些情况下，只能获得频谱的幅度信息，许多频谱指示器可以用来处理这部分频谱信息。

图 5.11 给出了两个波形的频谱测量结果，频谱有多个谐振峰，其中一个是主谐振峰，其他谐振峰在确定响应频谱时不如主谐振峰重要。

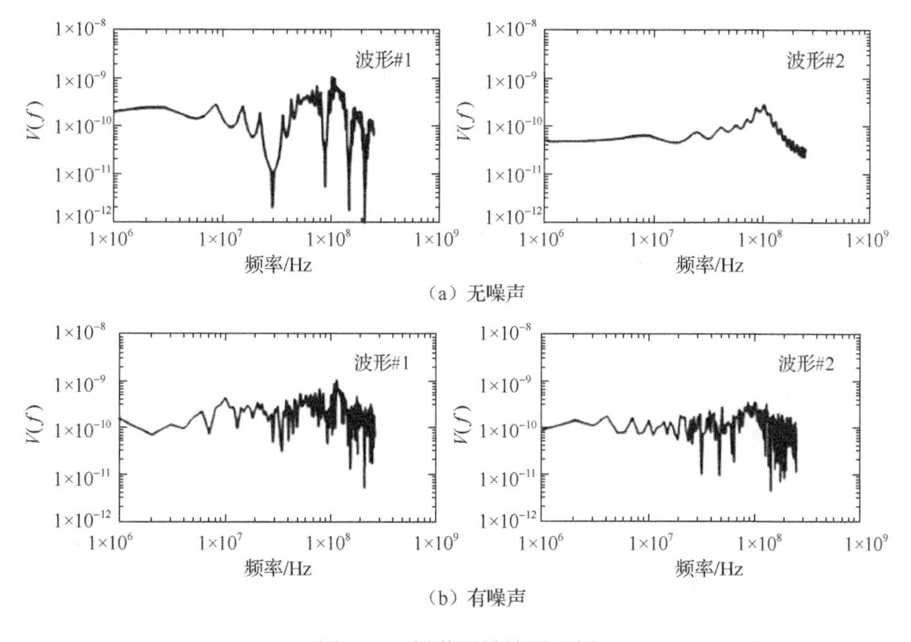

图 5.11　频谱测量结果示例

图 5.12 给出了用于表征频谱响应的各种参数示例。图 5.11 所示频谱中的某一个波峰可以使用电路分析中常见的钟形谐振曲线来描述[51]，也可以通过如下频谱指示器加以描述：频谱谐振频率、最大频谱幅度、谐振因子 Q、DC 渐进值和频谱能量范数，详细描述如下。

1）谐振频率

频谱指示器中最常见的是频谱中的主要谐振频率列表。谐振频率不是数学意义上的标准表征量，但在区分不同波形时特别有用。例如，在图 5.11 中，波形#2 的谐振频率分离明显，便于识别，但有时谐振频率距离很近难以分辨。谐振数据可以用频点列表表示，如 f_0， f_1， f_2，…，或者用主频 f_0 与频率差 $\Delta f = f_i - f_0$ 表示。

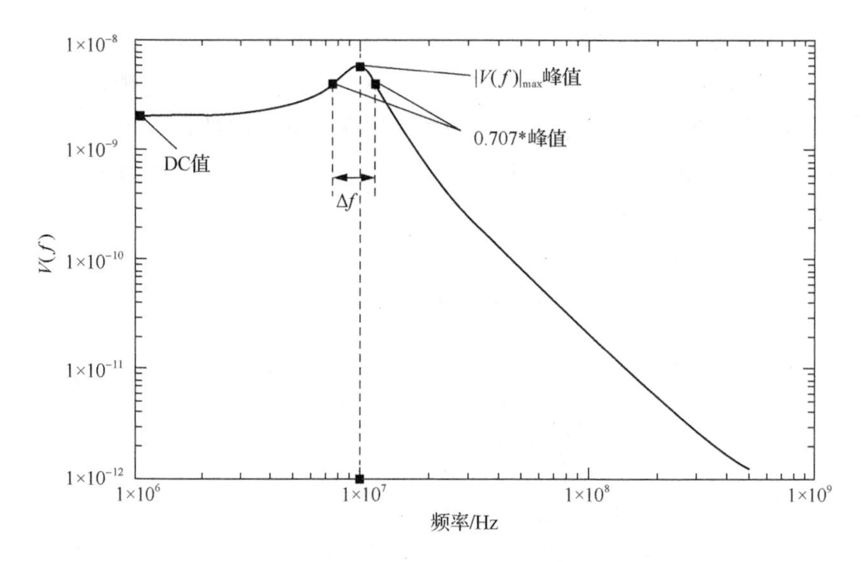

图 5.12　用于表征频谱响应的各种参数示例

2）最大频谱幅度

主频 f_0 的频谱幅度，主要用于比较频谱数据。该参数是绝对量，其单位为 A/Hz 或者(V/m)/Hz。当存在多个谐振响应时，可以使用归一化的方法求得其他谐振频率的频谱峰值的相对幅度。因此如果 $V(f)$ 表示频谱，则其他谐振频率的相对频谱峰值可以表示为

$$R_i = \frac{|V(f_i)|}{|V(f_0)|}，\text{其中 } i = 1,2,3,\cdots \tag{5.11}$$

3）谐振因子 Q

频谱中每个谐振响应的宽度在频谱和时域特性中具有重要意义。借用电路理论概念，非常窄的谐振响应（如尖峰）在时域中对应的波形具有高度震荡特性。这个特性可以用谐振因子 Q 表示[51]，等于谐振频率 f_i 除以谐振带宽，如：

$$Q_i = \frac{f_i}{\Delta f_i} \tag{5.12}$$

在 Q 的定义中，谐振带宽 Δf 定义为局部谐振响应的半功率点之间的频率差，如图 5.12 所示。

4）DC渐进值

从图5.11（b）可知，DC渐进值是实数，可以近似认为是瞬态响应的平均值，由下式计算得到：

$$F(\omega)=\int_{-\infty}^{\infty} f(t)\exp(-\mathrm{j}\omega t)\,\mathrm{d}t \tag{5.13}$$

该参数被定义为1范数[2]。

5）频谱能量范数

瞬态波形包含的能量可以通过式（5.9）的积分计算求得，也可以利用频谱幅度信息计算求得。众所周知，利用帕塞瓦尔定理[48]，可以建立时域和频域之间的关系：

$$\varepsilon=\int_{0}^{\infty}\left|v(t)\right|^2\mathrm{d}t=\frac{1}{2\pi}\int_{-\infty}^{\infty}\left|F(\omega)\right|^2\mathrm{d}\omega \tag{5.14}$$

因此，波形中包含的能量可以从瞬态响应或频谱中估计。

5.5.3 脉冲连续波信号

用于表征脉冲连续波信号的参数主要有功率、能量、脉宽、占空比、脉冲重复频率、脉冲串持续周期和波形谱密度等。图5.13给出了连续波信号在时域上的表现方式。

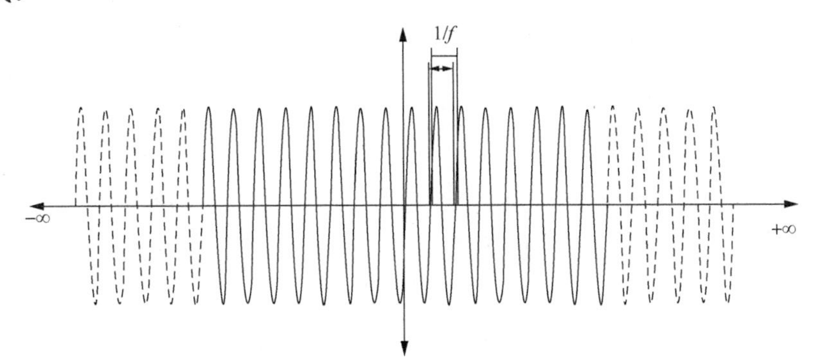

图5.13 CW信号在时域上的表现方式

周期是频率（Hz）的倒数。重复的脉冲CW信号如图5.14所示，CW信号在短时间内持续。占空比是指脉宽τ_p与脉冲周期T的比值τ_p/T，脉冲周期T也被称为脉冲重复间隔（pulse repetition interval，PRI），脉冲重复频率为$1/T$。图5.14也可视为原始CW信号的开关调制。

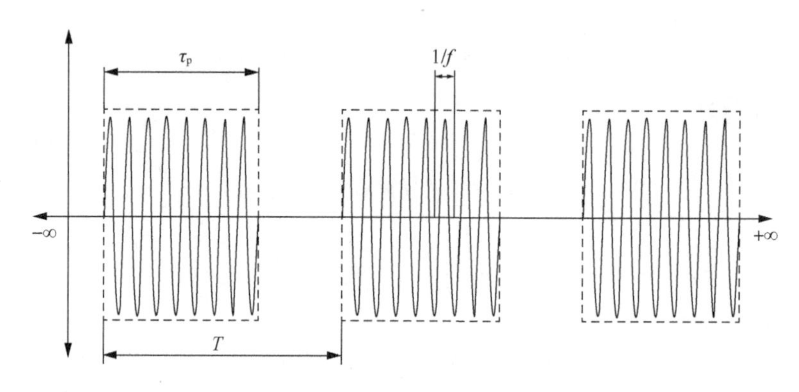

图 5.14　重复的脉冲 CW 信号

1）脉宽

IEC 将脉冲定义为上升到峰值然后衰减的瞬态波形，或者类似振荡波形的包络[52]。这里的包络是指脉宽 τ_p ，通常脉宽是指脉冲或包络在一个周期内幅度最大值的一半所对应时刻之间的时间段（full-width half-max，FWHM）。

脉冲在图 5.14 中显示为一个理想的矩形包络，但波形的包络还可以是高斯形状、三角形状或者宽波段 HPEM 波形中的双指数形状，脉冲包络形状对谱密度具有重要影响。

2）脉冲重复频率

IEC 将 PRF 定义为单位时间内脉冲的数目，其单位是赫兹[52]。如图 5.14 所示，PRF 是脉冲重复间隔（即脉冲之间的时间间隔）的倒数。对于窄波段 HPEM 系统，PRF 通常在 1Hz～1kHz。实际上，任何在输出段使用的火花间隙开关的 HPRF/IEMI 源的 PRF 在 1～2kHz，其中一些超波段 HPEM 固态源的 PRF 可以超过 10MHz。

3）占空比

占空比是指脉冲发射时间或脉冲宽度与脉冲时间间隔的比值，表示为百分比。占空比 100%表示脉冲宽度和脉冲时间间隔相同。超波段 HPEM 系统的占空比不到 1%，而窄波段长脉冲系统的占空比可以达到 50%。

4）脉冲串持续时间

IEC 将脉冲串定义为有限数量的不同脉冲或有限持续时间的振荡序列[52]。图 5.15 为矩形包络的脉冲串信号。据图 5.15 可知，脉冲串具有有限长的持续时间和有限个数的脉冲。脉冲串包络除了矩形包络外，还有高斯、双指数、斜坡或三角形等其他形式的包络，脉冲串包络的形状影响其谱密度。

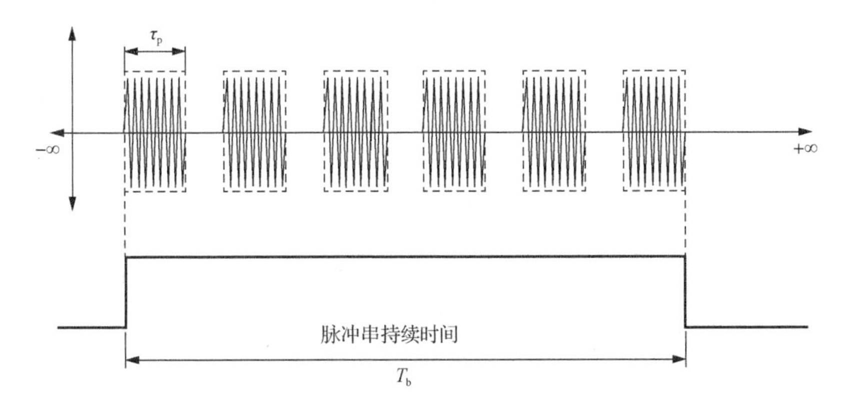

图 5.15　矩形包络的脉冲串信号

5）功率和能量

HPRF/IEMI 波形的峰值功率和使用伏/米或瓦/平方米表示的波形幅度相关，有时也会使用平均功率的概念，其值等于峰值功率除以脉宽。对于连续脉冲调制波形，平均功率等于峰值功率除以占空比。平均功率概念可能会产生歧义，因为脉冲包络形状会影响真实的平均功率。

很多测试仪器，如频谱分析仪等，可以显示测量波形的平均值或者均方根值（root mean square，RMS），对于纯正弦信号，RMS 函数就是形状因子。波形的功率和能量的传递速率有关，能量（J）就是功率（W）和持续时间（s）的乘积，功率是指每秒的能量。对于给定时间 t 和幅度 v 的时域波形，波形能量可以用式（5.15）求得。有时能量被称为注量，功率被称为强度。为形象化理解，可以想象聚光灯发出的光束，能量是光的加热效果，功率则是光的亮度。

$$\varepsilon = \int_0^{\infty} \left| v(t) \right|^2 \mathrm{d}t \tag{5.15}$$

图 5.13～图 5.15 给出了三种波形，分别为连续波、脉冲连续波和有限持续时间的脉冲连续波串（a burst of pulsed CW）。实际上，连续波的持续时间不可能从负无穷到正无穷，表 5.8 给出了这三种波形的相关计算结果。

对于持续时间有限的重复脉冲序列，波形的峰值功率不受脉冲串持续时间的影响。但是，由于波形持续时间有限，脉冲串持续时间会影响脉冲串的能量。在考虑一些和脉冲重复频率相关的效应时，如充电、加热和截获概率，以及和能量相关的组件损伤或烧毁时，上述这些区别将变得非常重要。

表 5.8　三种波形的相关计算结果

参数	CW 信号（图 5.13）	脉冲 CW 信号（图 5.14）	脉冲连续波串信号（图 5.15）
持续时间	无限长	无限长	有限长
解析表达式	$v(t)=\sin(\omega_0 t)$ $\omega_0=2\pi f_0$	$v(t)=\begin{bmatrix}\sin(\omega_0 t) & \text{for } t=nT \text{ to } (nT+\tau_p) \\ 0 & \text{for } t=(nT+\tau_p) \text{ to } (n+1)T \\ & \text{for } n=1,2,3,\cdots,\infty\end{bmatrix}$	$v(t)=\begin{bmatrix}\sin(\omega_0 t) & \text{for } t=nT \text{ to } (nT+\tau_p) \\ 0 & \text{for } t=(nT+\tau_p) \text{ to } (n+1)T \\ & \text{for } n=1,2,3,\cdots,\infty \\ & N=(\tau_b-\tau_p+T)/T\end{bmatrix}$
功率	$v^2(t)=\sin^2(\omega_0 t)$	$P=\begin{bmatrix}\sin^2(\omega_0 t) & \text{for } t=nT \text{ to } (nT+\tau_p) \\ 0 & \text{for } t=(nT+\tau_p) \text{ to } (n+1)T \\ & \text{for } n=1,2,3,\cdots,\infty\end{bmatrix}$	$P=\begin{bmatrix}\sin^2(\omega_0 t) & \text{for } t=nT \text{ to } (nT+\tau_p) \\ 0 & \text{for } t=(nT+\tau_p) \text{ to } (n+1)T \\ & \text{for } n=1,2,3,\cdots,\infty \\ & N=(\tau_b-\tau_p+T)/T\end{bmatrix}$
能量	$\varepsilon=\int_0^\infty \lvert v(t)\rvert^2 \mathrm{d}t$	$\varepsilon=\begin{bmatrix}\int_0^\infty \lvert v(t)\rvert^2 \mathrm{d}t & \text{for } t=nT \text{ to } (nT+\tau_p) \\ 0 & \text{for } t=(nT+\tau_p) \text{ to } (n+1)T \\ & \text{for } n=1,2,3,\cdots,\infty\end{bmatrix}$	$\varepsilon=\begin{bmatrix}\int_0^\infty \lvert v(t)\rvert^2 \mathrm{d}t & \text{for } t=nT \text{ to } (nT+\tau_p) \\ 0 & \text{for } t=(nT+\tau_p) \text{ to } (n+1)T \\ & \text{for } n=1,2,3,\cdots,\infty \\ & N=(\tau_b-\tau_p+T)/T\end{bmatrix}$

5.5.4 响应指示器的使用

信号指示器是描述 HPEM 环境波形的重要参数，而响应指示器（response indicator）是描述系统对 HPEM 环境的响应，和信号指示器相关。通常，效应试验会有大量的数据采集工作，这些数据最终以信号指示器和响应指示器的方式在试验报告中进行总结。一般认为，只要对这些数据进行计算和列表，系统效应就会更容易被理解和表征。不幸的是，这种认识是不正确的，这是因为必须将导出的范数与其他事物相比较，或者和相同系统的不同范数相比较，或者和其他已了解得更清楚的系统的同类范数相比较。

因此，使用范数或者其他信号指示器来比较系统的电磁响应非常有用，下面将介绍几种不同的方法。

5.5.4.1 制表指示器

最简单的范数和响应指示器数据的使用方法就是以表格形式列出所有参数。例如，有 m 个波形或者频谱响应数据，每个响应数据可以导出 n 个响应指标，那么就有 $n\times m$ 的参数阵列，如表 5.9 所示。这个过程就是将具有大量数值信息的数据，如一个瞬态波形有 2048 个数据点，浓缩到一个数目（上例中的 n）更小的数据集中。这里无法保证所使用的范数或响应指示器能够充分描述波形数据，因此需要分析人员选择合适的响应指示器确保能够完整描述波形数据或者系统。

表 5.9　响应的范数或响应指示器列表

波形	指标 1	指标 2	指标 3	…	指标 n
响应 1	X_{11}	X_{12}	X_{13}	…	X_{1n}
响应 2	X_{21}	X_{22}	X_{23}	…	X_{2n}
⋮	⋮	⋮	⋮	⋮	⋮
响应 m	X_{m1}	X_{m2}	X_{m3}	…	X_{mn}

5.5.4.2 多参数散点图

很多情况下，由于数据量大并且难以理解，因此很难看出表 5.9 中的响应指示器数据的主要趋势，而使用图形表示则更为容易。

理解响应数据有效的方法是确定响应指示器是否与其他指示器高度相关。如图 5.16 所示，绘制由 n 个数据点组成的散点图，其中一个响应指示器参数沿横轴，另一个沿纵轴。图 5.16（a）说明了两个时域或频域信号指示器高度相关的情况，可以使用线性回归方法在数据点之间回归出一条直线，而在其他更为复杂的情况下，这种相关性可能很高，但参数之间可能存在非线性关系。图 5.16（b）给出了两个参数不相关的示例。

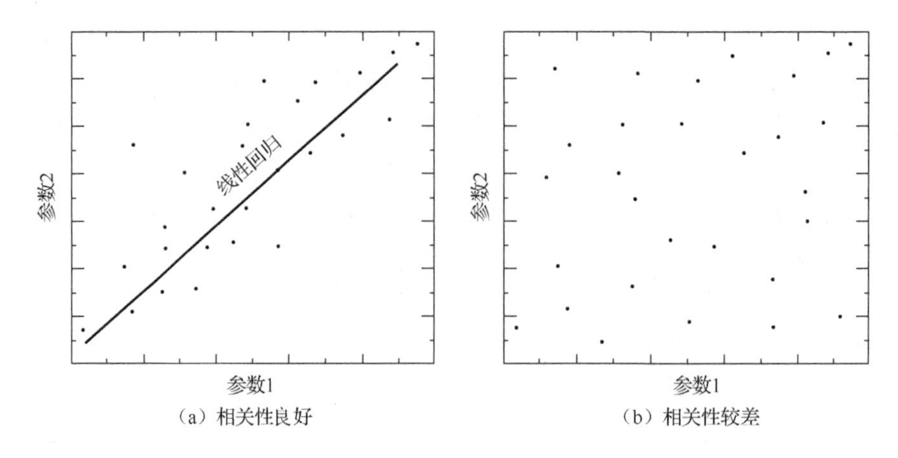

（a）相关性良好　（b）相关性较差

图 5.16　两个响应指示器散点图

5.5.4.3　统计分布

使用统计分布的方式描述响应指示器，一旦确定了这些分布，就可以将其作为系统响应对比的一种替代方法。

例如，考虑使用某特定的响应指示器用于对比相同系统的不同响应，如由 *m* 个不同的入射场激励电缆所引起的瞬态响应的峰值。文献[18]中，将这些响应进行了分类，然后绘制概率密度函数（probability density function，PDF）曲线，如图 5.17 所示。概率密度函数曲线用于描述响应指标在某特定值下出现的次数，是统计分析的一种标准技术[15]。

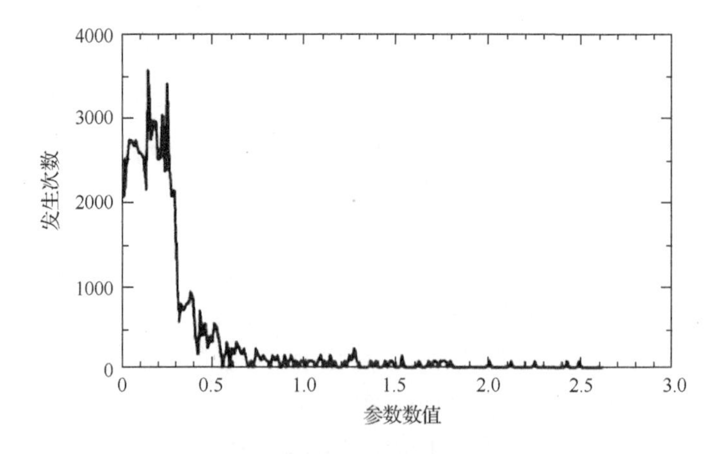

图 5.17　响应指示器 PDF 曲线

图 5.18 所示的累积分布函数（cumulative distribution function，CDF）曲线在总结某特定问题的响应指示器行为时非常有用。根据该曲线，可以进行如下描述：响应指示器最差情况在 3 附近，但是这种情况发生的概率非常小；相对好一点的情况在 95%水平，即 95%的响应发生在 0.87 以下；其他峰值响应水平为 90%、50%、10%和 5%，对应的响应值分别为 0.5、0.19、0.05 和 0.02。

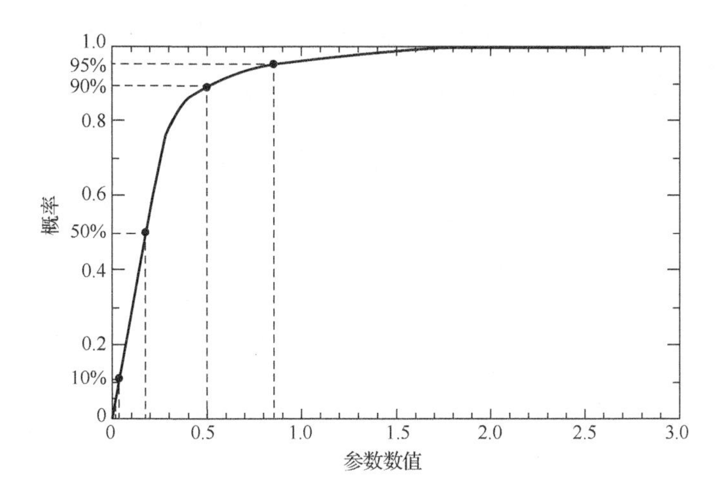

图 5.18　响应指标（图 5.17）的 CDF 曲线

图 5.18 的 CDF 曲线表示了某实际问题响应参数的统计特性，在实际使用中，可能只需要很少数量的 CDF 值，如概率为 5%、10%、50%、90%和 95%条件下的数据。因此，*m* 个波形或频谱组成的大型数据集就可以被压缩成 5 组数值，而这些数值就足以代表数据的趋势。

文献[18]对架空和埋地线缆的 HEMP 响应进行了统计分析，并提供了一个使用统计方法计算和显示响应数据的简单示例，图 5.19 展示了一个用于处理响应数据的计算机程序界面。

需要强调的是，这些统计结果只有和其他量进行比较，才能够得出一些有关系统运行的结论。例如，如果对某系统开展了效应试验，并计算了某特定的响应指示器数据，将计算结果和某行为已知的系统的相同参数进行对比，可以获得有用的结论。例如，已知第二个系统在某特定电磁环境下不会失效，如果测量得到的范数小于这个系统的已知数据，则可以推断该系统也不会失效。为进一步描述这一概念，除了图 5.18 所示的响应指标 CDF 曲线外，还通过测量或者分析得到了系统失效的 CDF。当得到基于响应参数获取的系统失效 CDF 后，就可以和该响应参数的 CDF 进行对比分析，如系统受到的电磁应力。

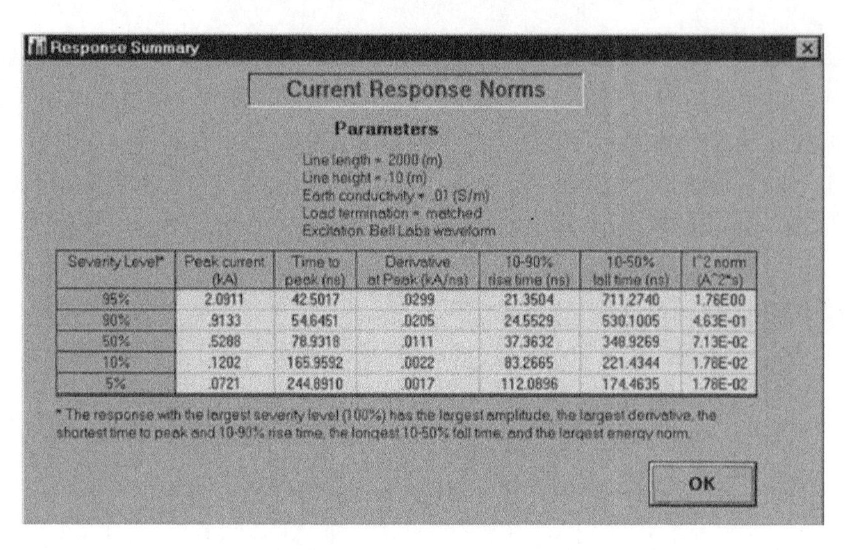

Severity Level*	Peak current (kA)	Time to peak (ns)	Derivative at Peak (kA/ns)	10-90% rise time (ns)	10-50% fall time (ns)	I^2 norm (A^2*s)
95%	2.0911	42.5017	.0299	21.3504	711.2740	1.76E00
90%	.9133	54.6451	.0205	24.5529	530.1005	4.63E-01
50%	.5288	78.9318	.0111	37.3632	348.9269	7.13E-02
10%	.1202	165.9592	.0022	83.2665	221.4344	1.78E-02
5%	.0721	244.8910	.0017	112.0896	174.4635	1.78E-02

图 5.19　范数计算程序界面

图 5.20 给出了这一概念的图形说明，中间曲线表示测量得到的范数或响应指示器的 CDF，而上下曲线则是基于相同响应指示器的系统失效 CDF。图中位置较低的曲线表示加固系统，从统计视角来看，当参数的数值为任意值时，该系统在大多数情况下能够耐受电磁应力的冲击，而上面的曲线则表示一个更容易失效的系统。

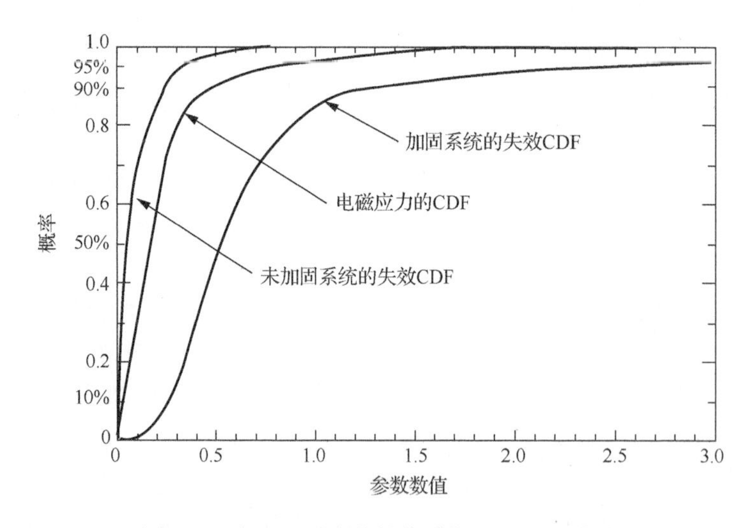

图 5.20　相同测量参数的某系统测量 CDF 曲线

与采用 CDF 进行应力-强度分析相比，采用 PDF 进行分析的情况更为普遍，虽然两者提供了完全相同的信息，但一些分析者更喜欢用后者，文献[47]对该方法进行了讨论和说明。

5.5.4.4　神经网络

作为响应指示器使用的最后一个例子，考虑使用神经网络来确定系统能否耐受外部电磁环境冲击的问题[15]。针对某加固系统，使用上述讨论的 m 组电磁响应数据，并对每组测试数据定义 n 个响应指示器。如图 5.21 所示，将这 n 个响应指示器参数作为神经网络的输入参数，使用 m 组测试数据进行神经网络训练工作。基于每个训练集所对应的系统状态（加固或未加固）信息，通过数据训练，动态调整内部连接权重因子 $w_{i,j}$ 和节点触发阈值 t_j。一旦训练完成，该神经网络就可以作为新获取的响应指示器的分类器，应用于相近但未知的系统。

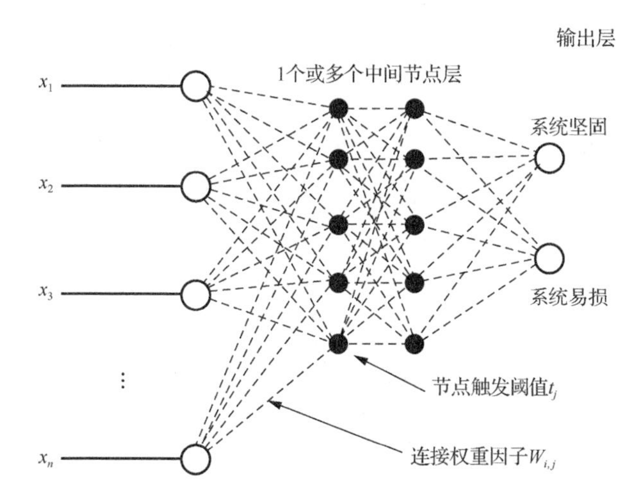

图 5.21　基于响应指标的系统电磁易损性神经网络预测模型示例

5.6　影响 HPEM 效应机理的信号指示器

本节简要讨论信号指示器对 HPEM 效应机理表征方面的影响。

5.6.1　重频脉冲效应：充电和加热

在模拟和数字电路中，很多效应现象是由脉冲的脉宽和重频特性引起的，这样的例子有很多。例如，非线性半导体结（如二极管）与电容器串联构成的某简单电路结构。图 5.22（a）和（b）分别给出了单脉冲和重频脉冲的寄生充电效应示例。

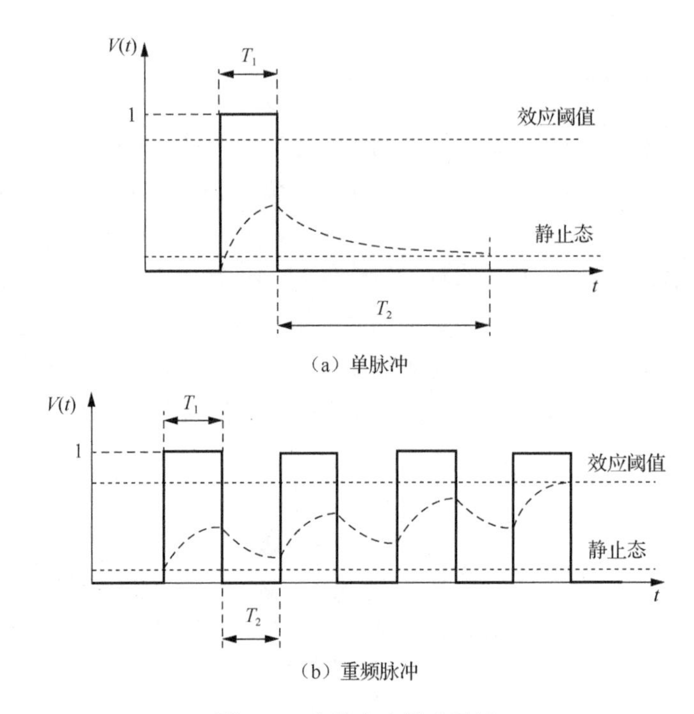

图 5.22　寄生充电效应示例

图 5.22（a）中，靠近横轴的水平虚线表示系统处于静止态，HPEM 脉冲导致电荷增加或温度上升，一旦脉冲消失，能量就会逐渐消散，电荷或温度恢复到静止态。对于此电路，电容升压时间 τ_1 为

$$\tau_1 = \left(\frac{R_1 \cdot R_2}{R_1 + R_2}\right)C \tag{5.16}$$

充电阶段，电容器在某时刻 t 的电压 $V_c(t)$ 表达式为

$$V_c(t) = \varepsilon(t) \cdot \frac{R_2}{R_1 + R_2} \cdot \left(1 - e^{-\frac{t}{\tau_1}}\right) \tag{5.17}$$

放电阶段，电容器上的电压 $V_c(t)$ 为

$$V_c(t) = V_c(\tau_1) \cdot \varepsilon(t - \tau_1) \cdot e^{-\frac{t-\tau_1}{\tau_2}} \tag{5.18}$$

如果脉冲宽度小于 τ_1，则指数时间函数可近似为与脉冲面积成比例的线性斜坡 $A \cdot \tau$。显然，效应机理受到脉宽、PRF、能量和脉冲串持续时间等参数影响。这种效应机理已经被用于说明干扰功率对低噪声放大器失效或损伤的影响[23-27]，不过已有效应试验并未考虑脉冲串的持续时间。

5.6.2　重频脉冲效应：热损伤

Wunsch 和 Bell 在 1968 年发表了一篇半导体器件 HPEM 损伤效应方面的文章，其中包括与信号指示器相关的重要参数[53]。作者在 0.1～20μs 的脉宽范围条件下测试了大量器件，假定击穿是由半导体结升温引起的，提出了一个简单的半导体损伤模型：

$$P_{\mathrm{f}} = \frac{C}{\sqrt{t_{\mathrm{f}}}} \tag{5.19}$$

式中，P_{f} 为组件损伤需要的功率；t_{f} 为脉冲宽度；C 为组件常量，有

$$C = A \cdot \sqrt{\pi \cdot \rho \cdot C_{\mathrm{p}} \cdot \kappa} \cdot \Delta T \tag{5.20}$$

式中，A 为受热区域面积；ρ 为受热材料密度；C_{p} 为材料比热；κ 为热导率；ΔT 为引起器件失效需要的温度。同样，Wunsch 和 Bell 提出的模型只适用于很窄的脉冲宽度范围。

根据经验，实验者发现，脉宽增大，对典型电路引起效应所需要的峰值功率会减小，如图 5.23 中的实线所示。

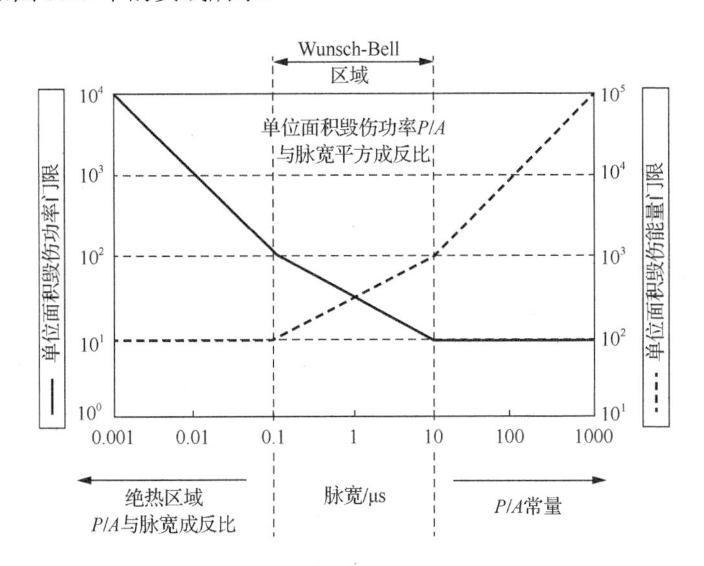

图 5.23　实验观察到的脉冲宽度对效应的影响

脉宽增加与功率增加相关。广义来说，图 5.23 中的右侧称为恒功率区，而左侧则称为恒能量区。对于很长的脉冲，其携带的能量会使导体和周围介质产生温

升。存在一种稳定的状态，温升（毁伤温度）仅取决于脉冲幅度（功率）。对于很短的脉冲，其传递的能量在脉冲持续期间被储存，并被转换为温度。图 5.23 左侧有时也称为绝热区域，绝热是指没有热量进入或离开系统。在此处，毁伤等级与传递的能量成比例，也和脉宽、脉冲重复频率、脉冲串持续时间的乘积成比例。Wunsch-Bell 区域存在于图 5.23 所示的两条曲线中间，毁伤能量和脉冲宽度的平方根成正比。

Tasca 提出了一种半导体失效能量模型[54]，如：

$$E_{\mathrm{f}}=\left(\frac{4}{3}\pi r^{3}\rho C_{\mathrm{p}}+4\pi r^{2}\sqrt{\rho C_{\mathrm{p}}\kappa t_{\mathrm{f}}}+\frac{8}{3}\pi r\kappa t_{\mathrm{f}}\right)\cdot\Delta T \tag{5.21}$$

式中，E_{f} 为失效能量，其他参数和式（5.20）相同。这是一个 3D 模型，该模型以半径为 r 的球体定义失效发生时的空间区域。

Hoijer 等[23]考虑了 HPEM 波形参数后，进一步扩展了能量失效模型：

$$E_{\mathrm{f}}=P_{\mathrm{f}}t_{\mathrm{f}}=\frac{\frac{a}{k}\left(W_{\mathrm{f}}-W_{0}\right)}{\left(1-\left|\tilde{A}\right|^{2}\right)\left(1-\mathrm{e}^{-at_{\mathrm{f}}}\right)} \tag{5.22}$$

式中，P_{f} 为失效需要的功率水平；a/k 为经验拟合常量 3.7×10^{5}；W_{f} 为失效需要的热能；W_{0} 为静态能级。Hoijer 表明，这个模型与在 LNA 半导体器件上进行的效应测试有很好的相关性，LNA 半导体器件通常用于接收机前端。文献[26]对 LNA 在窄波段 HPEM 环境下的功率失效进行了详细深入的研究，文中指出脉冲热阻（pulse thermal resistance）、热容（thermal capacitance）和击穿温度（breakdown temperature）都是解释半导体器件热损伤效应的重要参数。

5.6.3 重频脉冲效应：截获概率

截获概率也被认为是失效概率，是数字系统的一种效应机理。数字系统通过总线交换比特信息，如果一个具有足够大小和持续时间的 HPEM 信号耦合到总线上，会干扰数字信号处理过程，造成误比特产生。除了幅度和干扰瞬间的脉冲宽度，误比特率取决于干扰脉冲的重复速率和比特速率的比值。

误比特率 P 使用文献[55]和[56]中的表达式：

$$P=1-\left[1-P_{\mathrm{e}}(z)\right]^{f\cdot\frac{N}{R}} \tag{5.23}$$

式中，P_{e} 为错误发生的概率；f 为干扰脉冲重复速率；N 为数据分组的比特数目；

R 为数据速率，在整个数据周期内等效为 1；z 为错误函数，表示为

$$z = \frac{V_s}{V_d} \sqrt{\frac{\tau_s}{\tau_d}} \tag{5.24}$$ ①

式中，V_s 为数据信号的幅度；τ_s 为比特持续时间；V_d 为干扰脉冲幅度；τ_d 为干扰脉冲持续时间。图 5.24（a）和（b）分别为单个干扰脉冲和干扰脉冲串在重复速率大于数据速率情况下的干扰示意。

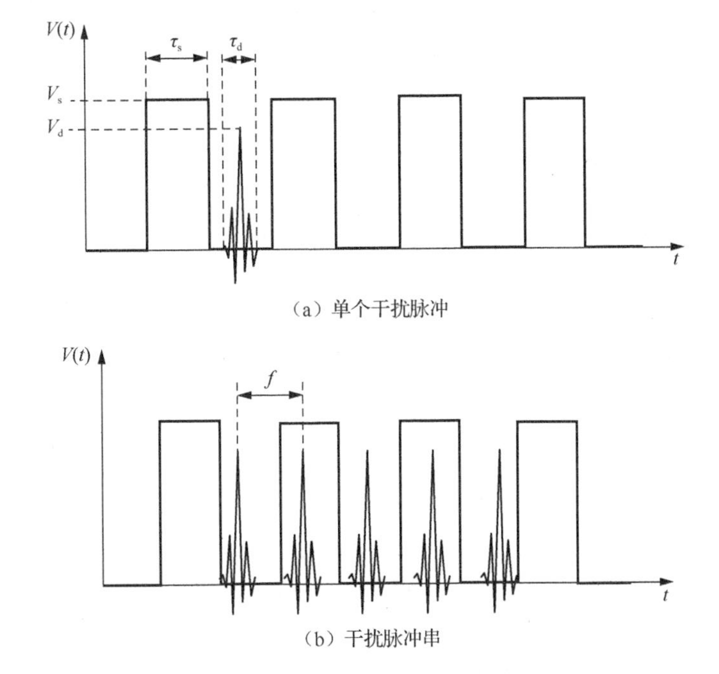

图 5.24　单个干扰脉冲和干扰脉冲串的干扰示意

现代数字电路通常有纠错算法，只要允许数据包再次发送，就可以在一定程度上恢复错误比特，甚至恢复整个丢失的数据包。然而，脉冲串持续时间会影响实际的纠错能力。图 5.25 显示了三种不同幅度电场对 Wi-Fi 通信信道的干扰效应（类似于 DoS 或阻塞），其中误比特率（bit error rate，BER）为 1 时表示通信信道完全中断。

图 5.25 说明了式（5.23）中 f/R 的重要性。本质上，当干扰信号的速率 f 超过数据速率 R 时，即使很低的脉冲幅度也会引起通信信道的干扰。

① 原公式中为 T_s 和 T_d，与图 5.24 不符。——译者

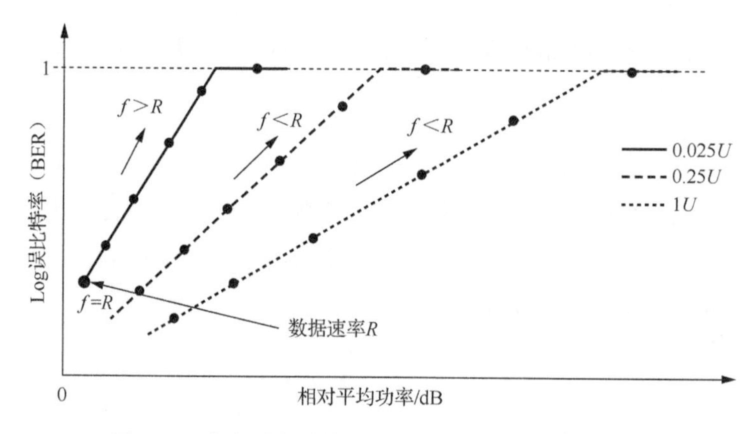

图 5.25　存在重复脉冲干扰时 Wi-Fi 通信信道的 BER

5.6.4　频谱密度引起的效应

图5.26给出了一种典型的简化连续重频脉冲时域波形和频谱包络。据图可知，时域波形存在明显的直流成分，时域曲线下面的区域表示直流成分的大小。频谱中的 f_1 和 f_2 分别与脉宽和脉冲上升时间成反比。显然，脉冲 CW 波形和纯 CW 波形的频谱成分不同，其中脉冲或脉冲串调制均会造成不同的频谱特征成分。

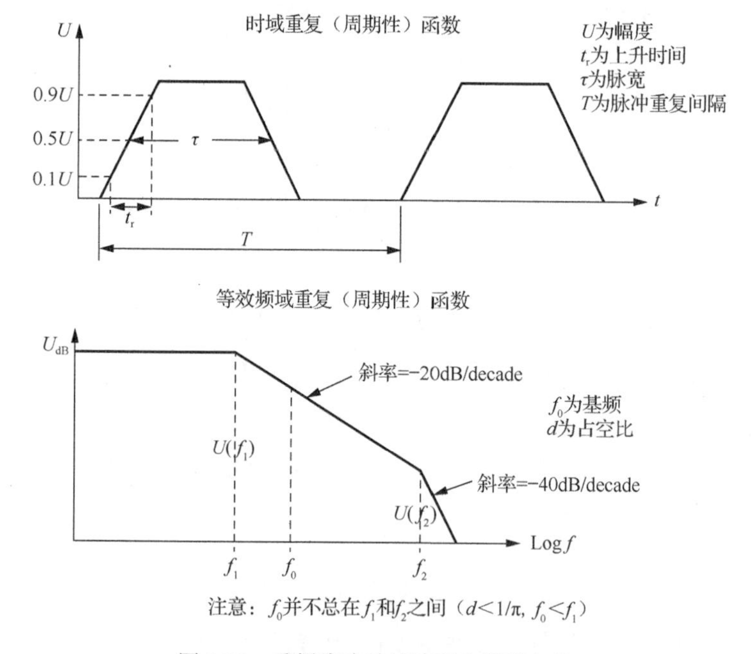

图 5.26　重频脉冲时域波形和频谱包络

从图 5.26 可知，梯形脉冲频谱的第一个断点 f_1 出现在与脉冲宽度成反比的频率处，对于固定的脉冲重复频率，频谱包络的最大值和脉冲宽度成正比。

基于这些原理，图 5.27 中的例子表明，脉冲宽度增加 10 倍，第一个拐角频率 f_1 就会减小为原来的 1/10，而相关的频谱包络幅度会增加 20dB。据观察，只有 20 个周期的正弦波已经接近纯 CW 信号频谱，且有一个单一的频率成分[57]。

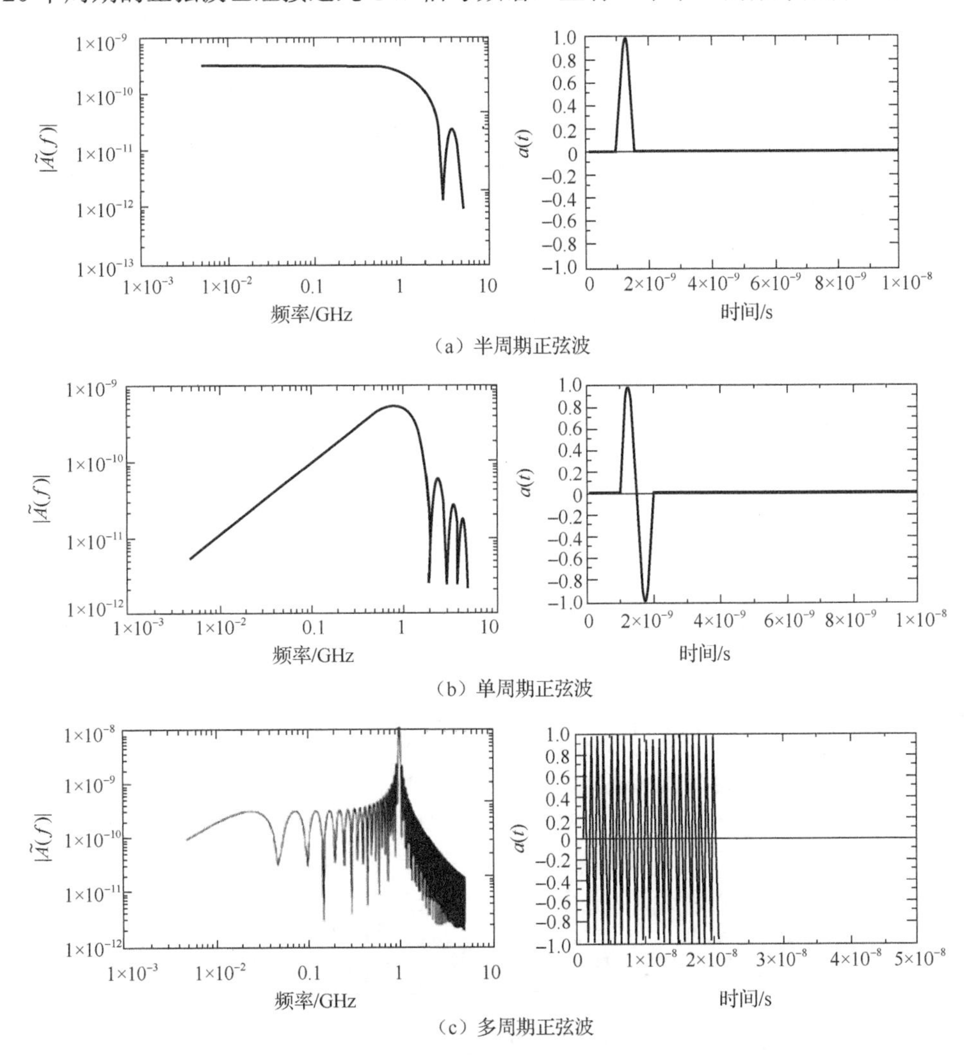

图 5.27　时域波形和幅度谱对比

如图 5.27 所示，半周期的 CW 信号，其频谱显示为一条连续的谱线。如果 CW 信号使用门控或者脉冲开关控制输出，那么信号的频谱是离散的。尽管图 5.27 显示，相比于完全窄带连续的情况，脉冲调制后的波形会起到略微展宽频带的效果，但只要有足够数量（20 个或者更多）的正弦震荡周期，该波形相对于载波依然属于窄带波形。因此，谐波成分和频谱密度受到波形时域特征的强烈影响[58]。脉冲调制波形的时域和频域表达式分别为

$$f(t)=\sum_{n=-\infty}^{+\infty}F_n\mathrm{e}^{\mathrm{j}n\omega_0 t} \tag{5.25}$$

$$F_n=\frac{1}{T}\int_{-T/2}^{T/2}f(t)\mathrm{e}^{-\mathrm{j}n\omega_0 t} \tag{5.26}$$

图5.28为重复脉冲波形的连续傅里叶变换示意图。如果脉冲形状保持不变（V和τ恒定不变），但占空比随脉冲间隔T增加而减小，其频谱成分会产生以下影响：

（1）频谱幅度下降（$V\tau/T$）；

（2）谐波间隔减小（$1/T$）；

（3）第一过零频率前的谐波数量增加（T/τ）；

（4）第一过零频率保持不变（$1/\tau$）；

（5）除了幅度缩小，频谱的整体形状（$\sin x/x$）保持不变。

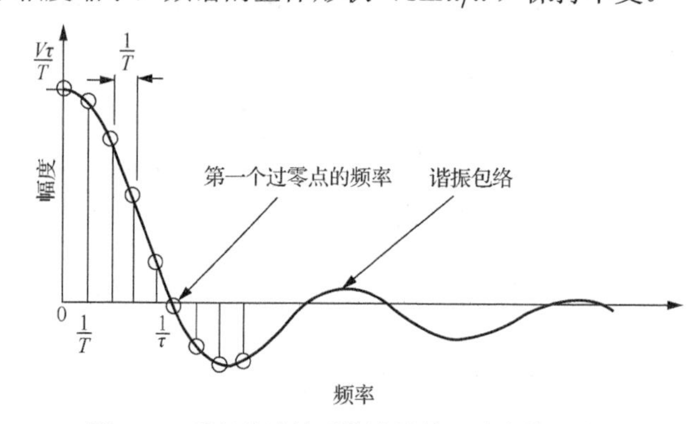

图 5.28 重复脉冲波形的连续傅里叶变换示意图

在图 5.29 中，使用式（5.26）离散傅里叶变换公式，针对具有恒定脉宽的脉冲重复频率，给出了不同占空比宽波段 HPEM 波形的频谱密度和谐波分量。

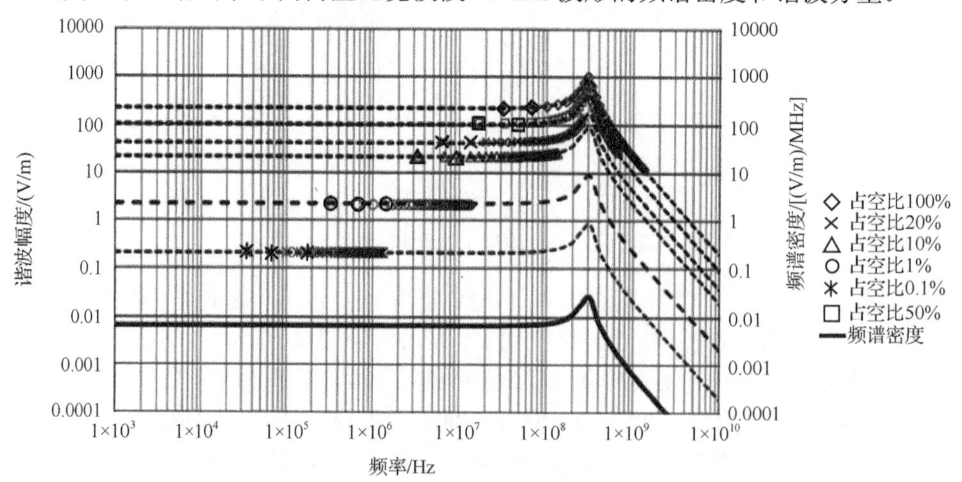

图 5.29 不同占空比宽波段 HPEM 波形的频谱分析

上述讨论说明，占空比（脉冲重复频率和脉宽的乘积）的变化可以使谐波分量和频谱密度发生显著变化。

5.6.5　效应带宽理论的意义①

前文讨论的波形范数，描述了波形特征对效应的影响。然而，这些范数在单脉冲研究中得到发展，如 HEMP E1 脉冲波形。许多 HPEM 环境，如 IEMI 和 HPRF DE 干扰源产生的脉冲通常具有重频特性，其脉宽、脉冲包络形状、脉冲重复频率、脉冲串持续时间等均受到脉冲源物理设计的限制，如：

（1）窄波段 HPEM 脉冲源产生的脉冲宽度和包络受限于微波管内部的复杂物理因素，导致脉冲缩短；

（2）脉冲重复频率受限于输出开关的物理特性，如火花隙；

（3）脉冲串持续时间受到初级功率源的耐热、容量或者能量密度等因素约束，如容性的储能设备或电池。

这些物理约束限制了参数空间，而这些参数的特定组合会对效应产生巨大影响。这意味着在效应试验中，需要考虑参数组合因素对效应的影响，这是因为参数之间高度关联并具有不同的频谱特性。

由于前面讨论的波形范数并未完全解决重频脉冲波形的描述问题，因此需要理解信号指示器，如脉宽、重复频率、脉冲串持续时间等参数是如何影响与效应关系紧密的参数，如传递功率、能量、频谱密度等。

一种用于理解频谱密度重要性的概念被称为效应带宽，这个概念与第 3 章讨论的经典耦合效率模型不同，但存在相似之处。图 5.30 说明了这一概念与耦合效率密切相关，总系统效应（total system effect）被表示为系统内（a）～（c）三项效应函数。以汽车系统为例，可以认为其是由多个功能重要的电子组部件组成。其中，假定主电池稳压器是图中（a）项，通过长线缆互联的汽车传感器是（b）项，数字引擎管理单元是（c）项。在该理论中，假设任何电子部件都有期望的通带区域，以及需要更高水平干扰才能够引起系统响应的带外区域。大多数现代电子系统是模拟器件和数字器件等的混合体，如供电模块和微处理器。模拟器件，如稳压器、功率二极管、功率三极管等，工作时不需要过大的带宽，然而数字器件运行需要很快的切换速度，因此需要更宽的带宽。

HPEM 波形的重要参数，如脉冲宽度、脉冲重复频率和脉冲串持续时间等，会影响能量和频谱密度，因此很大程度上会影响效应阈值。

① 本节对应原书的 5.6.4.1 小节。——译者

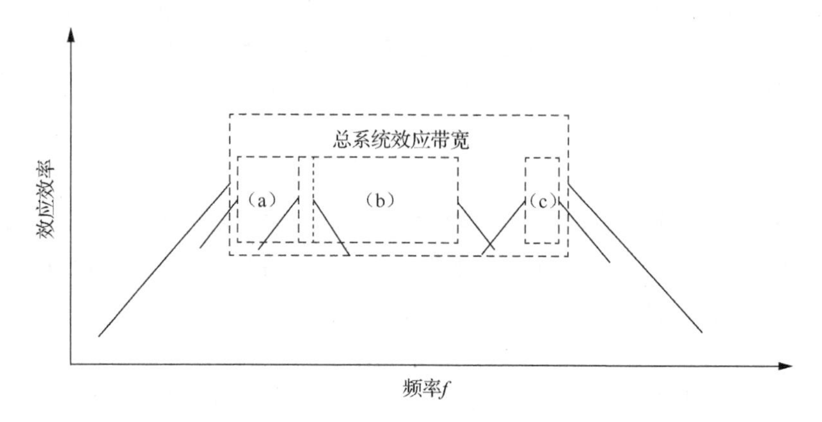

图 5.30　效应带宽概念

进一步扩展上述概念，对于某组部件，带外干扰相比带内干扰需要更多的能量。此外，当干扰波形带宽与组部件的效应带宽一致时，电磁能量耦合具有最大效率。第 3 章也对此进行了讨论，如图 3.4 所示。效应带宽概念可以通过比较干扰信号的品质因子 Q_s 和被干扰电路的品质因子 Q_t 来描述。接下来，讨论两者之间的关系。

从时域角度，如果脉冲幅度不变而脉宽变窄，则每个脉冲包含的能量将下降；如果脉冲重复频率也不变，则脉冲串的平均功率将和单个脉冲内包含的能量一样成比例减小。从频域角度，如果脉冲幅度不变而脉宽变窄，则会拓宽主要频谱成分的频谱宽度，并降低谐波的幅度以达到更低功率的要求。

如果假设某效应取决于整个脉冲串所含能量，那么只能通过维持脉冲串序列的平均功率使效应发生。对于恒定的脉冲重复频率，只能通过增加脉冲幅度来补偿因脉宽减小造成的占空比减小的问题。

为了解释这个理论，可以使用如下两个脉冲类型加以描述：短脉冲类型，干扰脉冲波形带宽大于效应带宽（图 5.31（a））；宽脉冲类型，干扰脉冲带宽小于效应带宽（图 5.31（b））。

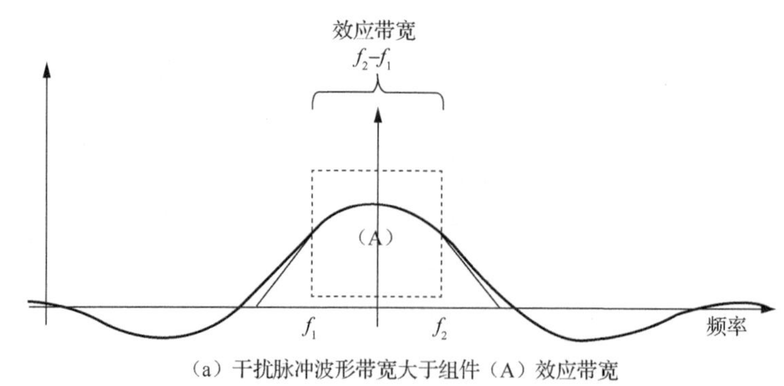

（a）干扰脉冲波形带宽大于组件（A）效应带宽

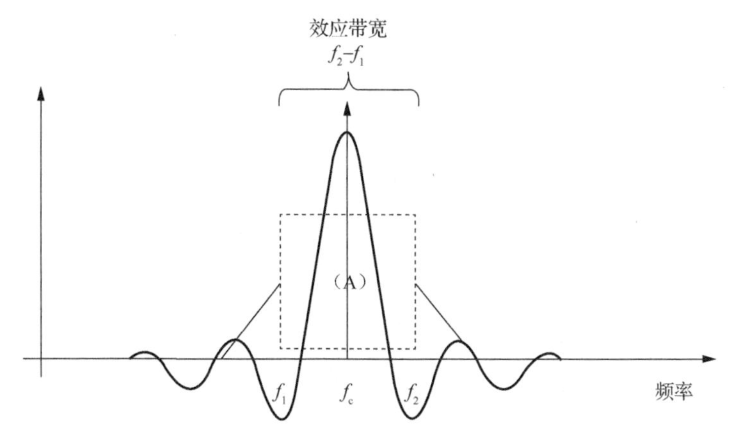

（b）干扰脉冲波形带宽小于组件（A）效应带宽

图 5.31　效应带宽示例

品质因子等于效应带宽除以中心频率 f_0。图 5.31（a）中，受扰电路的品质因子 Q_t 大于干扰信号的品质因子 Q_s，即 $Q_t > Q_s$；图 5.31（b）中，干扰信号的品质因子 Q_s 大于受扰电路品质因子 Q_t，即 $Q_s > Q_t$。为了提高干扰对目标电路的有效耦合，需要满足 $Q_s > Q_t$ 的条件。例如：

（1）干扰信号为宽波段 HPEM 或阻尼正弦波；

（2）阻尼正弦波的中心频率和目标系统的主要易损频率相匹配；

（3）干扰信号的 Q_s 值大于目标系统的 Q_t 值。

这也是很多国家建造许多阻尼正弦波或宽波段 HPEM 生成器和天线的原因。了解阻尼正弦波形的特征是一件很重要的事。图 5.32（a）给出了时域的阻尼正弦波形，图 5.32（b）为其幅度谱。时域波形解析表达式如下：

$$E(t) = E_0 \mathrm{e}^{-\alpha t} \sin(\omega_0 t) u(t) \tag{5.27}$$

如图 5.32（b）所示，其频域波形解析表达式为

$$\tilde{E}(f) = \frac{\omega_0 E_0}{(\alpha^2 + \omega^2 - {\omega_0}^2) + 2\mathrm{j}\alpha\omega} \tag{5.28}$$

实际上，因为器件的带内或通带响应不仅是器件特定参数的函数，同时也受寄生电感和电容等参数影响，这些参数是器件位置或组件电路的函数，所以很难解析求得效应带宽。

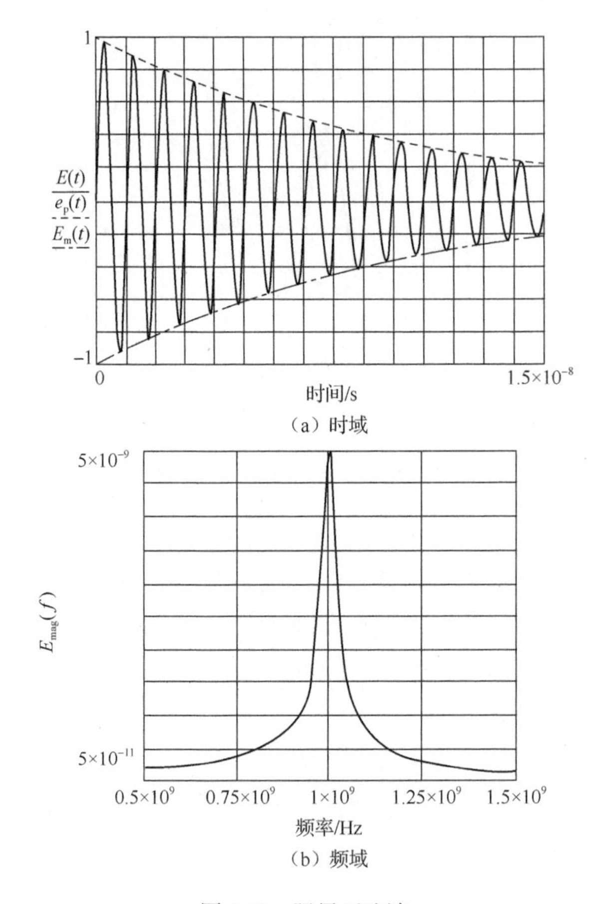

（a）时域

（b）频域

图 5.32　阻尼正弦波

5.7　小　　结

本章总结了 HPEM 效应机理，介绍了响应范数和信号指示器的概念。响应范数是一种从波形、频谱或其他函数中定义的标量参数，满足特定的数学条件，用于响应波形分类。信号指示器和范数相近，是从更为复杂的信号中抽取的标量，虽然不是严格数学意义上的范数，但在描述和分类信号时非常有用。表 5.10 提供了用于 HPEM 波形的 N_1～N_5 典型范数及其对应的物理含义。

表 5.10　用于 HPEM 波形的典型范数及其对应的物理含义

p 范数	范数表达式	名称	应用场景
$\|R\|_\infty$	$N_1 = \left\|R(t)\right\|_{\max}$	幅度峰值（绝对值）	电路扰乱
NA	$N_2 = \left\|\partial R(t)/\partial t\right\|_{\max}$	变化率峰值（绝对值）	带外高通滤波器

续表

p 范数	范数表达式	名称	应用场景
NA	$N_3 = \left\| \int_0^t R(x)\mathrm{d}x \right\|_{\max}$	净累积量峰值（绝对值）	带外低通滤波器
$\|R\|_1$	$N_4 = \int_0^\infty \|R(x)\| \mathrm{d}x$	总累积量	设备放电
$\|R\|_2$	$N_5 = \left\{ \int_0^\infty \|R(x)\|^2 \mathrm{d}x \right\}^{1/2}$	能量方根	组件烧毁

本章介绍了电磁领域瞬态和频域响应中最常用的一些范数和参数，以及这些参数的各种使用方法。需要注意，范数或响应指示器的计算并不是最终目的，计算得到的参数必须要通过某种比较的方式实现对 SUT 某些电磁行为的预测或推断。

本章介绍了从干扰/阻塞到损伤/破坏的前端效应的效应数据和效应机理。损伤机理有两种类型，分别是热损伤和非热损伤，热效应导致了半导体结的破坏，并介绍了热损伤机理。

影响电子系统效应现象的重要因素是干扰环境的入射波参数，如脉冲幅度、上升率、脉宽、脉冲重复频率和脉冲串持续时间等。本章重点研究了这些参数对效应的影响。

对于窄波段 HPEM 辐照环境下的电子器件，整流效应是微波能量耦合进入系统的主要方式，是如下故障现象的主要诱因：雷达辐照环境下计算机功能混乱、医生寻呼系统启动时心电图输出错误、立体声系统接收到民用广播信号。也正是因为整流效应，微波炉和机场雷达发射机会导致心脏起搏器发出警告。微波能量一般通过目标系统的放大器或与信号/电源线缆相连的数字电路进入系统，其响应可能因为寄生谐振而增强。典型的响应是微波信号传输至非线性器件，如 AM 无线电的检波器或输入到数字门的双极结晶体，产生的非线性响应能够使整个电子系统传播宽带干扰信号，该干扰信号可能会干扰正在传输或存储的正常信号。在某些情况下，过大的电磁应力会造成系统组部件的损伤，由此产生的系统效应可能是临时的（如当干扰源停止时效应消失），也可能是永久性的。

本章提供了一些效应机理的科学性或物理性的理解，以及 HPEM 环境如何作用和产生效应的理论。然而，只有当干扰达到一定程度时，才会影响器件或电路功能，人们才能够观察到前文所述的效应现象，这时效应才被认为存在。第 6 章将讨论更多关于效应表现的人为主观因素和功能性因素，以及效应分类方案的应用案例。

参 考 文 献

[1] International Electrotechnical Comission (IEC), *Electropedia: The World's Online Electrotechnical Vocabulary*, http://www.electropedia.org/. Accessed September 2019.

[2] Baum, C. E., "Norms and Eigenvector Norms," *AFWL Mathematics Notes*, Note 63, November 1979.

[3] Horowitz, P., and W. Hill, *The Art of Electronics*, 3rd ed., Cambridge, U.K.: Cambridge University Press, 2015.

[4] Lui, P. L., "Passive Intermodulation Interference in Communication Systems," *IEEE Electronics & Communication Engineering Journal*, Vol. 2, No. 3, June 1990, pp. 109–118.

[5] Schleher, D. C., *Electronic Warfare in the Information Age*, Norwood, MA: Artech House,1999.

[6] Poisel, R., *Modern Communications Jamming Principles and Techniques*, 2nd ed., Norwood,MA: Artech House, 2011.

[7] Xu, W., et al., "The Feasibility of Launching and Detecting Jamming Attacks in Wireless Networks," *Proceedings of the 6th ACM International Symposium on Mobile Ad Hoc Networking and Computing*, New York, 2005, pp. 46–57.

[8] Pelechrinis, K., M. Iliofotou, and S. V. Krishnamurthy, "Denial of Service Attacks in Wireless Networks: The Case of Jammers," *IEEE Communications Surveys & Tutorials*,Vol. 13, No. 2, 2011, pp. 245–257.

[9] Nilsson, T., R. Malmqvist, and M. Bäckström, "Investigation of HPM Susceptibility Levels on Low Noise Amplifiers," *Proceedings of EMC Europe 2006*, Barcelona, Spain,September 4–8, 2006.

[10] Månsson, D., et al., "Susceptibility of Civilian GPS Receivers to Electromagnetic Radiation," *IEEE Transactions on Electromagnetic Compatibility*, Vol. 50, No. 2, May 2008,pp. 434–437.

[11] Stenumgaard, P., L. Pääjärvi, and K. Fors, "Radiated Emission from Personal Computers–A Safety Risk for GPS Receivers?" *Proceedings of EMC Europe Workshop 2007*, Paris,France, June 14–15, 2007.

[12] Razavi, B., *RF Microelectronics*, 2nd ed., Boston, MA: Pearson Education, 2012.

[13] Tesche, F. M., "Voltage and Current Surge Characteristics for Buried and Above-Ground Cables Excited by a NEMP," DPA NEMP Laboratory, Spiez, Switzerland, October 1, 1997.

[14] Tesche, F. M., "Methodology and Models for Estimating HPM Responses Conducted into a Protective Enclosure," *Interaction Notes*, Note 518, August 1996.

[15] Muller, B., and J. Reinhardt, *Neural Networks*, New York: Springer-Verlag, 1990.

[16] de Moraes, R. M., and S. M. Anlage, "Effects of UHF Stimulus and Negative Feedback on Nonlinear Circuits," *IEEE Transactions on Circuits and Systems I: Regular Papers*, Vol. 51,No. 4, 2004.

[17] Kohlberg, I., "A Stochastic Process and Chaos Interpretation of HPE and HPM Effects on Electronic Systems," *Asia-Pacifc International Symposium on Electromagnetic Compatibility*,2010.

[18] Jha, A. G., A. P. Das, and A. Kumar, "Effects of Electromagnetic Interference on Non-Autonomous Chaotic Circuits," *4th International Conference on Computers and Devices for Communication (CODEC)*, 2009.

[19] Kandangath, A., et al., "Inducing Chaos in Electronic Circuits by Resonant Perturbations," *IEEE Transactions on Circuits and Systems I: Regular Papers*, Vol. 54, No. 5, 2007.

[20] Booker, S. M., et al., "Designing Input Signals to Disrupt Commercial Systems in Band—A Nonlinear Dynamics Approach," *IEEE Transactions on Circuits and System*,Vol. 49, No. 5, May 2002, pp. 639–645.

[21] Nielsen, P. E., *Effects of Directed Energy Weapons*, Washington, D.C.: National Defense University Press, 1994.

[22] Rudolph, M., et al., "Analysis of the Survivability of GAN Low-Noise Amplifers,"*IEEE Transactions on Microwave Theory and Techniques*, Vol. 55, No. 1, January 2007,pp. 37–43.

[23] Hoijer, M., et al., "Pulse Length and Power Dependency of the Failure Threshold of a Low Noise Amplifer," *EUROEM 2008*, Lausanne, Switzerland, July 2008.

[24] Colangeli, S., et al., "GAN-Based Robust Low-Noise Amplifers," *IEEE Transactions on Electron Devices*, Vol. 60, No. 10, October 2013, pp. 3238–3248.

[25] Nilsson, T., and R. Jonsson, "Investigation of HPM Front-Door Protection Devices and Component Susceptibility," FOI Technical Report, FOI-R--1771--SE, Swedish Defence Research Agency FOI, Sensor Technology, Linköping, Sweden, November 2005.

[26] Zhou, L., et al., "Experiments and Comparisons of Power to Failure for SiGe-Based Low-Noise Amplifers Under High-Power Microwave Pulses," *IEEE Transactions on Electromagnetic Compatibility*, Vol. 60, No. 5, 2018, pp. 1427–1435.

[27] Baek, J. -E., Y. -M. Cho, and K. -C. Ko, "Analysis of Design Parameters Reducing the Damage Rate of Low-Noise Amplifers Affected by High-Power Electromagnetic Pulses,"*IEEE Transactions on Plasma Science*, Vol. 46, No. 3, 2018, pp. 524–529.

[28] Taylor, C. D., and D. V. Giri, *High-Power Microwave Systems and Effects*, United Kingdom:Taylor and Francis, 1994.

[29] Dwyer, V. M., A. J. Franklin, and D. S. Campbell, "Thermal Failure in Semiconductor Devices," *Solid-State Electronics*, Vol. 33, No. 5, 1990, pp. 553–560.

[30] Göransson, G., "HPM Effects on Electronic Components and the Importance of This Knowledge in Evaluation of System Susceptibility," *Proceedings of the IEEE EMC Symposium*, Seattle, WA, 1999.

[31] Esser, N., and B. Smailus, "Measuring the Upset of CMOS AND TTL Due to HPMSignals," *Digest of Technical Papers, 14th IEEE International Pulsed Power Conference (PPC-2003) (IEEE Cat. No.03CH37472)*, Vol. 1, 2003.

[32] Bell Laboratories, *EMP Engineering and Design Principles*, Technical Publications Department, 1975.

[33] Roe, J. M., and V. G.Puglielli, "Using the Integrated Circuit Electromagnetic Susceptibility Handbook to Assess the Susceptibility of Electronic Systems," *Proceedings of the Symposium and Technical Exhibition on EMC*, Rotterdam, Holland, 1979.

[34] Miller, D. B., et al., "The Effects of Steep-Front, Short-Duration Impulses on Power Distribution Components," *Digest of the IEEE/PES Summer Meeting*, Long Beach, CA,July 10–14, 1989.

[35] Everett, III, W. W., and W. W. Everett, Jr., "Microprocessor Susceptibility to RF Signals-Experimental Results," *Proc. of the 1984 Southeast Conference*, April 1984, pp. 512–516.

[36] LoVetri, J., A. T. M. Wilbers, and A. P. M. Zwamborn, "Microwave Interaction with a Personal Computer: Experiment and Modelling," *Proceedings of the 1999 Zurich EMC Symposium*, 1999.

[37] Bäckström, M., et al., "Susceptibility of Electronic Systems to High-Power Microwaves:Summary of Test Experience," *IEEE Transactions on Electromagnetic Compatibility*,Vol. 46, No. 3, August 2004.

[38] Bäckström, M., B. Nordstrom, and K. G. Lovstrand, "Is HPM a Threat Against Civil Society?" *Proceeding of the International Union of Radio Science (URSI) General Assembly*,Maastricht, Netherlands, 2002.

[39] Bäckström, M., "HPM Testing of a Car: A Representative Example of the Susceptibility of Civil Systems," *Workshop W4, Proceedings of the 13th International Zurich Symposium and Technical Exhibition on EMC*, February 1999.

[40] Nitsch, D., et al., "Susceptibility of Some Electronic Equipment to HPEM Threats," *IEEE Transactions on Electromagnetic Compatibility*, Vol. 46, No. 3, August 2004, pp. 380–389.

[41] Mojert, C., et al., "UWB and EMP Susceptibility of Microprocessors and Networks,"*EMC Zurich Symposium*, February 2001.

[42] Nitsch, D., "The Effects of HEMP on Complex Computer Systems," *Proceedings of the 17th International Zurich Symposium and Technical Exhibition on EMC*, February 2005.

[43] Camp, M., H. Garbe, and D. Nitsch, "Influence of the Technology on the Destruction Effects of Semiconductors by Impact of EMP and UWB Pulses," *Proceedings of the IEEE International Conference on EMC*, Minneapolis, MN, August 2002.

[44] Hoad, R., et al., "Trends in EM Susceptibility of IT Equipment," *IEEE Transactions on Electromagnetic Compatibility*, Vol. 46, No. 3, August 2004.

[45] Hoad, R., et al., "An Investigation into the Radiated Susceptibility of IT Networks,"*Conference Proceedings of EMC Europe*, Eindhoven, The Netherlands, September 2004.

[46] Hoad, R., A. Lambourne, and A. Wraight, "HPEM and HEMP Susceptibility Assessments of Computer Equipment," *EMC Zurich in Singapore*, Singapore, Asia, February 2006.

[47] Tesche, F. M., "CW Test Manual," NEMP Laboratory, Spiez, Switzerland, December 7,1994.

[48] Papoulis, A., *The Fourier Integral and Its Applications*, New York: McGraw Hill, 1962.

[49] Hildebrand, F. B., *Advanced Calculus for Applications*, Englewood Cliffs, NJ: Prentice Hall, 1963.

[50] Bingham, E. O., *The Fast Fourier Transform*, Englewood Cliffs, NJ: Prentice Hall, 1974.

[51] Chang, D. C., *Analysis of Linear Systems*, Reading, MA: Addison Wesley, 1962.

[52] IEC 61000-4-36, "Electromagnetic Compatibility (EMC) – Part 4-36: Testing and Measurement Techniques – IEMI Immunity Test Methods for Equipment and Systems,"2019.

[53] Wunsch, D. C., and R. R. Bell, "Determination of Threshold Failure Levels of Semiconductor Diodes and Transistors Due to Pulse Voltages," *IEEE Transactions on Nuclear Science*, Vol. 15, No. 6, February 1968, pp. 244–259.

[54] Tasca, D. M., "Pulse Power Failure Modes in Semiconductors," *IEEE Transactions in Nuclear Science*, Vol. 17, 1970, pp. 364–372.

[55] Parfenov, Y. V., et al., "The Probabilistic Analysis of Immunity of a Data Transmission Channel to the Influence of Periodically Repeating Voltage Pulses," *Asia-Pacifc EMC Week and Technical Exhibition*, Singapore, May 19–23, 2008.

[56] Chepelev, V. M., Y. V. Parfenov, and Y. -Z. Xie, "One of Ways to Choose UWB Pulse Repetition Rate for Assessment of the Electronic Devices Immunity," *7th IEEE International Symposium on Microwave, Antenna, Propagation, and EMC Technologies(MAPE)*, 2017, pp. 240–242.

[57] Sabath, F., E. L. Mokole, and S. N. Samaddar, "Defnition and Classifcation of Ultra Wideband Signals and Devices," *URSI Radio Science Bulletin*, Vol. 2005, No. 313, June 2005, pp. 12–26.

[58] Balmer, L., *Signals and Systems: An Introduction*, 2nd ed., Upper Saddle River, NJ: Prentice Hall, 1997.

第 6 章　HPEM 效应的分类及意义

6.1　简　　介

近二十年，HPEM 技术快速发展，特别是 HPEM 生成技术和电子学效应研究。窄波段（如 HPM）、宽波段、次超波段和超波段等 HPEM 技术取得了显著进展，十年前难以建造或不可能建造的大功率系统现在得到越来越广泛的应用。随着峰值输出功率为千兆瓦的 HPEM 干扰源的出现，在军事防御中使用 HPEM 生成器破坏或摧毁进攻性电子系统已经引起了人们广泛的兴趣。许多出版物中，已有报道如犯罪分子、恐怖分子等心怀不轨的人可能利用 IEMI 环境来扰乱或破坏敏感的电子设备[1-3]。已经开展了自然 HPEM 环境（如雷电）对电子系统产生的干扰和破坏性效应的相关研究。

电子组件和子系统（如微处理器板）是现代民用和军用系统，如飞机、通信、IT 基础设施、交通管理和安全系统等的重要组成部分。因为这些电子组件控制着安全或安保系统的关键功能，而安全和关键任务系统的电磁效应可能会导致重大事故或经济损失，所以电子系统在各种不同外部干扰环境中的易损性或故障逐渐得到广泛关注。碳纤维复合材料等非金属材料已经广泛应用于从汽车、飞机到家用电子系统中，同时基于半导体材质的电子器件的信号电平水平下降和时钟速度的提高，都可能导致 HPEM 环境下效应阈值水平的进一步降低。因此，开展电子系统 HPEM 效应和加固技术的研究具有重要意义。

由于电子器件的设计和功能不同，会采用不同的 HPEM 试验环境和效应试验配置，从而使系统出现的效应也大有不同。此外，电子系统制造商不愿意公开发布或讨论其所制造系统的效应数据。因此，需要进行科学讨论，为 HPEM 效应提供合理的分类表征方案，以实现如下两个重要目标：①不用关注过多系统细节信息就能够总结关键的基本信息；②能够对不同系统之间的不同表现形式的 HPEM 效应进行比较。

正如第 5 章所述，由 HPEM 环境引起的效应可以使用多种方式描述，如可以通过物理机制的属性来描述观察到的效应。

（1）干扰：掩盖了正常信号的噪声背景；

（2）比特翻转/错误信息：数据比特翻转产生错误的数据位；

（3）瞬态扰乱：延长数据比特周期，可能无限期延长；

（4）闪络：由高压引起绝缘结构的电介质击穿，可能小到微米尺度；

（5）导线熔化：超过了导体结构的热极限；

（6）键合线破坏：高压和热效应联合引起的半导体键合线熔化或蒸发。

或者，也可以将效应的持续时间，以及恢复正常所需要的人为干预（如电源开启和关闭）程度作为电磁效应分类依据，可以分为无效应、瞬时效应和永久效应（如损毁）。

电磁效应分类的第三种方法是以系统主要功能或关键功能的状态作为依据[4,5]，其类别包括：无效应、干扰、功能退化或降级、主要功能丧失或任务彻底终止。

本章将从系统级评估角度讨论这几种效应分类方案的优劣，并通过对效应的比较和分析，提出最有用的系统级效应的分类方案。

6.2 电磁效应分类

电磁效应试验表明，即使电子设备符合 EMC 标准规范或军事加固设计要求，HPEM 环境也可能引起如干扰、故障、扰乱和破坏等效应。过去几年中，人们对大量的电子和电气器件、设备和系统等开展了仔细研究，旨在研究 HPEM 环境引起的效应物理机制、关键参数和可能的保护措施[6-11]。为了建立具有普适性且独立于特定系统的知识库，对不同类别的系统开展了试验，包括汽车、计算机、IT 系统和主板等。通过各类 SUT 的 HPEM 效应试验，得到了涵盖各种表现形式的 HPEM 效应的大型数据库。然而，如何对原始数据进行比较和分析仍然很困难，是一个巨大的挑战。相比于其他数据集，效应数据仍旧相对稀疏。目前，实现效应数据分析的主要思路是使用分类方案提取出基本信息。

6.2.1 基于物理机制的效应分类

最初，HPEM 效应分析的主要目的是发现干扰和破坏的物理机制，以及有效的电磁耦合过程。因此，效应数据的表征主要集中于引起效应的物理机制。基于物理机制的效应分类方案如表 6.1 所示。

表 6.1 基于物理机制的效应分类方案

类型		效应	描述
无效应	U	未知	未发现效应或不确定是由效应引起
	N	无效应	无效应发生

续表

类型		效应	描述
干扰	I.1	噪声	系统信号和电源线的噪声水平升高，导致显示屏闪烁或数据传输速率下降
	I.2	比特翻转	HPEM 环境导致数据流出现错误比特
	I.3	失效	HPEM 环境导致系统/组件功能故障/失灵
	I.4	故障	软件挂起或崩溃
破坏	D.1	闩锁	HPEM 环境导致半导体器件出现闩锁现象
	D.2	闪络	芯片内部或器件之间发生闪络现象
	D.3	片上金属线熔断	耦合进入的 HPEM 能量导致芯片内部金属线熔断
	D.4	PCB 布线/键合线熔断	耦合进入的 HPEM 能量导致 PCB 上的布线或半导体内的键合线熔断

如表 6.1 所示，无效应类型中的 U 只具有学术意义，在实际中应用不多。从加固和防护的视角来看，无效应数据对于 HPEM 分析有用，可以用于推断 HPEM 环境下设备或系统的抗扰度水平。其他所有效应类型被划分为干扰和破坏两种，符合实际的分类过程。在 HPEM 效应试验中，观察到的效应很容易被归类为干扰（如系统能够恢复）或破坏（如系统无法恢复）。确定破坏效应机理通常需要额外详细的系统检测，如集成电路开封和芯片内部详细的测试分析。由于破坏效应具有永久特性，可以花费较多的时间用于检测分析。相反，干扰类型的效应具有瞬态特性，需要实时性信号检测技术以确保干扰能够被观察、存储和分析。

基于效应机理的分类方法便于研究不同HPEM环境参数对特定效应机理的影响。例如，Camp 等[11]使用故障失效率（breakdown failure rate，BFR）和故障阈值（breakdown threshold，BT）来描述快瞬态脉冲的参数（如电场峰值）属性对个人计算机系统的故障效应影响（I.4 类）。

表 6.1 给出了基于效应机理分类的示例，因为这些类别是根据 SUT 出现的效应进行定义的，所以有必要进行相关的解释和讨论。

通常，由比特翻转导致的数据流异常，可通过合适的编码或比特纠错算法进行识别和纠正。由于大多数观察到的比特翻转会对用户数据的传输和存储造成影响，造成数据传输速率临时下降。例如，显示器上视频图像的画面质量临时性下降。但是应该注意到，比特翻转也有可能导致软件锁定或者挂起。

如表 6.1 所示，失效类型和故障类型是从干扰到破坏的过渡部分。该分类的重点是物理机制，因此，所有关于软件的效应均被归类为干扰，只有与硬件相关的效应被归类为破坏。从用户角度而言，软件挂起或崩溃可能和硬件组件受到物理破坏效果一样糟糕。例如，当软件操作系统出现故障，IT 专家可能要花费数小时重装操作系统以解决问题。

通常，闩锁效应可以通过对受试系统或组部件进行功率循环来解决。实际中，并非每个系统都允许功率循环，如航空电子系统，因此闩锁效应在这种情况下被归类为破坏效应。

基于效应机理的分类方法存在的主要缺点是，分类类型包含 SUT 的敏感信息（如和军事安全系统相关的信息）。当谈论到现实生活中的军用电子设备或航空电子设备时，没有人会承认硬件遭到破坏或软件遭到损坏。如果受影响的电子组件不是系统关键模块，则从使用的角度来说没有人会对这种效应感兴趣。此外，关于干扰类型（如 I.1～I.4 类）效应的描述，都未包含足够的信息用于评估其对使用效率和功能/任务关键性方面的影响。例如，超波段 HPEM 环境辐照下出现的比特翻转效应可以被合适的信道编码算法所检测和纠正，即使该编码方案没有能力纠正错误比特，但是系统仍然会在超波段 HPEM 辐照结束后恢复正常。

6.2.2 基于持续时间的效应分类

Nitsch 和 Sabath[12]提出了一种分类方案，试图解决基于物理机制的效应分类方法所存在的问题，即一种从用户或操作员角度对观察到的效应进行评估的分类方案。

HPEM 环境效应的持续时间为用户提供了系统功能被干扰多长时间的信息。效应持续时间作为 HPEM 环境的函数，提供了对电子系统状态的估计。该方案的初始版本，以及 Nitsch 和 Sabath 提供的升级版本中，混合使用了多种参数作为区分准则，包括：效应持续时间、是否需要人为干预和组件破坏等。基于持续时间的效应分类方案如表 6.2 所示。

表 6.2 基于持续时间的效应分类方案

类型	持续时间	描述
U	未知	无效应发生或者效应的持续时间未被观察到
E	电磁辐照期间	效应仅在系统 HPEM 辐照过程中出现；HPEM 辐照结束后系统功能完全正常
T	辐照结束后持续一段时间	HPEM 辐照结束后效应依然会持续一段时间，但系统可以不受人为干预自动恢复正常；辐照结束后的持续时间通常小于等于系统任务运行周期
H	人为干预之前一直存在	效应一直存在，直至人为干预（如机器重启或功能重启）后恢复正常；效应导致系统在可接受的时间范围内，无法恢复正常状态（如系统典型任务运行周期）；系统不需要进行软件或硬件的更换
P	永久性，直至更换或维修软硬件	效应永久存在；用户一般操作无法恢复系统正常状态；效应造成硬件损坏必须更换，或者造成软件必须重新加载

这种分类方法主要有两个优点：①效应特征独立于特定系统和特定功能；②分

类标准更为客观。效应类型 T 和 H 不支持第②种情况，针对这点，需要对人为干预的程度做一些解释。在大多数情况下，软件或程序（如系统软件）的挂起需要通过手动重新启动计算机或软件的方式恢复正常。更复杂的情况是，如果 IT 系统（如计算机网络或服务器）的系统软件可以通过自动重启运行，系统正常运行则需要手动启动应用软件（或数据流）。一些测试工程师倾向将其归类为 T，因为系统自动恢复并无人为干预。但是因为主要功能需要手动启动软件，这种情况也可以被归类为 H。实际应用中，类型的确定取决于试验关注的是主要应用（归类为 H）还是基础系统（归类为 T）。

当评估重点是系统的主要或关键功能或任务时，基于持续时间的分类方案并不能提供有关 HPEM 效应对运行影响的信息。例如，当 HPEM 辐照结束后一定时间内存在视频显示故障的效应（归类为 T），可能在某些情况下非常重要，也可能在另外一些情况下没有影响。类似地，损伤的维修数据面板（归类为 P）并不会影响正在运行的发动机，因此不会影响操作、功能或任务。

6.2.3　基于危害程度的效应分类

如果评估 HPEM 对系统运行和功能的影响，则必须考虑运行条件（如关键时间段、关键功能和最低性能）。不过，这种分析基于更高的抽象层级，不需要关注物理机制方面的细节。

Nitsch 和 Sabath 提出了一种基于主要功能或任务的危害程度的效应分类方案，如表 6.3 所示[12,13]，这种方案提供了不考虑持续时间的系统功能的主要信息。和前文所述的分类方案相比，表 6.3 中的基于危害程度的效应分类需要了解关于特定应用下效应对系统功能的影响，因此，效应试验工程师需要得到系统功能或任务相关专家的技术支持，从而更精确地将观察到的效应按危害程度进行分类。

表 6.3　基于危害程度的效应分类方案

类型	效应	描述
U	未知	无法确定是否 HPEM 环境引起的效应或者未观察到效应发生
N	无效应	没有效应发生，或者系统可以不受干扰影响完成任务
I	干扰	出现的干扰并未影响到主要功能（任务）
II	性能降级	出现的干扰造成系统效率或能力下降
III	主要功能故障（任务中止）	出现的干扰造成系统无法完成主要功能（任务）

此外，这种分类方案包含了系统功能或任务专家感兴趣的方面。尤其是效应的描述给出了效应与系统加固状态之间的关系。例如，对于无效应类型 N，可以

认为该系统具有某特定HPEM环境的抗扰性。如果观察到的效应被归类为Ⅰ级（干扰效应）或者Ⅱ级（性能降级效应），则认为系统对于某特定 HPEM 环境具有电磁敏感性；如果效应被归类为Ⅲ级（主要功能故障或任务中止），则认为该 HPEM 环境下系统具有易损性。

从 HPEM 环境对系统工作的有效性和系统运行的限制性的影响来看，危害程度和效应状态持续时间是需要获得的信息。在基于危害程度的效应分类方案（表 6.3）和基于持续时间的效应分类方案（表 6.2）中，由于信息是相互独立的，两种分类方案可以组合使用。表 6.4 给出了具有实际相关性的组合效应分类方案。

表 6.4 基于持续时间和危害程度的组合效应分类方案

		关键程度				
		U	N	Ⅰ	Ⅱ	Ⅲ
持续时间	U	U	N	—	—	—
	E	—	—	E. Ⅰ	E. Ⅱ	E.Ⅲ
	T	—	—	T. Ⅰ	T. Ⅱ	T.Ⅲ
	H	—	—	H. Ⅰ	H. Ⅱ	H.Ⅲ
	P	—	—	P. Ⅰ	P. Ⅱ	P.Ⅲ

如表 6.4 所示，组合后的效应分类方案包含了用于确定复杂系统效应影响所必需的主要信息，包括按危害程度分类和按持续时间分类的效应等级主要信息，放弃的信息则包括系统功能或任务受到危害的运行数据和系统制造商明确的要求。例如，如果某子系统被允许以最低性能运行一段时间，那么其 H. Ⅱ等级的效应将会导致 E. Ⅰ等级效应发生。如果系统的功能或任务不允许受扰（比如，该系统必须在 HPEM 辐照环境下正常运行），则任何 E. Ⅱ等级或更高等级的效应都可以导致Ⅲ级危害程度效应的发生。

6.3 小 结

本章讨论了对 HPEM 效应进行科学分类的方案，这些方案提供了在不同表现形式下开展 HPEM 效应对比分析所需要的必要信息。分别描述了按照物理机制、持续时间和危害程度等效应分类方案，同时讨论了在系统级 HPEM 效应评估中各种分类方法的优缺点。

最后，研究表明，按持续时间和危害程度相组合的效应分类方案，能够更有效地评估 HPEM 效应的影响。该组合效应分类方案允许结合系统功能或任务的运行情况确定系统级的效应分类结果。

参 考 文 献

[1] Wik, M. W., R. L. Gardner, and W. A. Radasky, "Electromagnetic Terrorism and Adverse Effects of High-Power Electromagnetic Environments," *Supplement to Proceedings of the 13th International Zürich Symposium on EMC*, Zurich, Switzerland, 1999, pp.181–185.

[2] Radasky, W. A., "Intentional Electromagnetic Interference (EMI) – Test Data and Implications," *Proceedings of the 14th International Zurich Symposium on EMC*, Zürich Switzerland, 2001.

[3] Ianoz, M., and H. Wipf, "Modelling and Simulation Methods to Assess EM Terrorism Effects," *Proceedings of the 13th International Zurich Symposium on EMC*, Zürich, Switzerland, 1999.

[4] Hoad, R., et al., "Trends in EM Susceptibility of IT Equipment," *IEEE Transactions on Electromagnetic Capability*, Vol. 46, No. 3, August 2004, pp. 390–395.

[5] Giri, D., and F. Tesche, "Classification of Intentional Electromagnetic Environments(IEME),"*IEEE Transactions on Electromagnetic Capability*, Vol. 46, No. 3, August 2004, pp. 322–328.

[6] LoVetri, J., and A. Wilburs, "Microwave Disturbance of a Personal Computer: Experimental and FDTD Simulations,"*13th International Zurich Symposium and Technical Exhibition on EMC*, February 1999, pp 203–206.

[7] Backström, M., "HPM Testing of a Car: A Representative Example of the Susceptibility of Civil Systems," *Workshop W4, 13th International Zurich Symposium and Technical Exhibition on EMC*, February 1999, pp. 189–190.

[8] Nitsch, D., et al., "Susceptibility of Some Electronic Equipment to HPEM Threats," *IEEE Transactions on Electromagnetic Capability*, Vol. 46, No. 3, August 2004, pp. 380–389.

[9] Backström, M., and K. G. Lovstrand, "Susceptibility of Electronic Systems to High-Power Microwaves: Summary of Test Experience," *IEEE Transactions on Electromagnetic Capability*, Vol. 46, No. 3, August 2004, pp. 396–403.

[10] Mojert, C., et al., "UWB and EMP Susceptibility of Modern Computer Networks," *Proc.EMC Zürich 2001*, Zurich, Switzerland, February 2001.

[11] Camp, M., and H. Garbe, "Susceptibility of Personal Computer Systems to Fast Transient Electromagnetic Pulses," *IEEE Transactions on Electromagnetic Capability*, Vol. 48, No. 4,November 2006, pp. 829–833.

[12] Nitsch, D., and F. Sabath, "Electromagnetic Effects on Systems and Components,"*AMEREM 2006*, July 2006.

[13] Sabath, F., "Classifcation of Electromagnetic Effects at System Level," *Ultra-Wideband,Short Pulse Electromagnetics 9*, New York: Springer Science + Business Media, 2010, pp.325–334.

第 7 章　HPEM 防护概念和方法

7.1　简　　介

过去的 50 年里，在理解和降低 HPEM 环境（包括雷电）的影响方面取得了重大进展。防雷设计主要是为了保护类似教堂等具有高价值或象征意义的建筑物，最初只是简单地在恰当位置使用和安装避雷针，将危险的雷电瞬态电流分流到大地。现在，已经有多种防护技术可用，包括瞬态浪涌防护装置。

设备和设施的雷电防护仍然是一个比较热门的研究方向，目前已经制定了采用基于风险的方法来实施雷电防护的标准。

对于 HEMP E1 环境，前期的工作主要集中在降低 HEMP 对军用电气系统和设备的影响。对 HEMP 特性进行研究的早期文献[1]和[2]主要针对军方，而国际电工委员会的工作主要针对民用设施。针对 HEMP 防护的标准和指南已经制定[3-5]，并在不断完善。

随着由 HPRF DE 和 IEMI 源产生的 HPEM 环境的出现，如超波段、宽波段、窄波段环境[6]，其工作频段远远超过了数吉赫兹（GHz）[7]，新的防护技术已经开始研发。

HPEM 弹性恢复的概念是基于 HPEM 探测技术形成的，属于一种新兴技术，本章将对此进行讨论。

7.2　屏蔽拓扑防护概念

设施的屏蔽拓扑防护概念如图 7.1 所示。

该设计方法中的不同措施可以减弱辐射或传导 HPEM 环境。总的原则是将所有潜在的易损电子设备封闭在一个完整的金属屏蔽体内，并且满足以下两点。

（1）对于屏蔽电缆和贯穿性导体：通过将电缆屏蔽层与屏蔽体外壳进行良好电连接，使电缆屏蔽层上的传导干扰得以解耦。

（2）对于非屏蔽贯穿性导体：采用非线性防护器件和良好的电连接，在屏蔽体外表面将耦合电流泄放至大地。

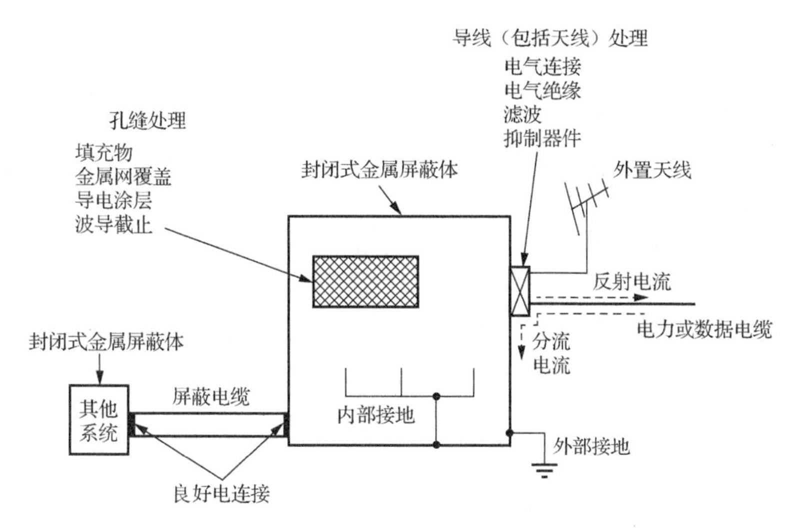

图 7.1　设施的屏蔽拓扑防护概念

屏蔽拓扑防护概念经过试验和测试，证明是可行的，能够提供连续或分级防护。只要保持屏蔽性能，同时处理新接入金属屏蔽体的贯穿导体，不破坏屏蔽体完整性，那么这种防护方法可以为金属屏蔽体内部的敏感电子设备提供对外部 HPEM 环境优于 80dB 的隔离。

HPEM 环境防护的根本是保持屏蔽体的完整性，不允许干扰电流流入受保护系统[8]。首先是要了解屏蔽拓扑结构，并识别能穿透屏蔽体的干扰源。屏蔽拓扑建模是明确或可视化复杂交互问题的方法之一。

7.2.1　屏蔽拓扑建模

电磁屏蔽拓扑建模是分析 HPEM 与系统相互作用机理的方法之一，该方法是一种定性与定量相结合的建模方法，能够给出系统响应的粗略估计或范围。

电磁屏蔽拓扑建模需要描述包围着潜在易损性器件、电路和设备并提供电磁防护的屏蔽体，包括屏蔽体尺寸、形状、其他特性与屏蔽体中缺陷（有意和无意）位置和特性的描述，以及屏蔽体中或通过屏蔽体的干扰信号传播路径的描述。该方法先由 Baum 定义，后又在 Tesche 等的文献中正式提出[9-11]。为了理解复杂屏蔽系统的 HPEM 效应，可以把整个系统看作几层导电面对内部进行屏蔽，然后使用拓扑防护概念来估计系统响应，基本过程如下：

（1）检查系统的主要屏蔽或电磁屏障；

（2）将电磁屏障的缺陷（开口）进行标注和分类；

（3）构建电磁信号流程图；

（4）为电磁信号路径的关键因素建模；

（5）采用多种方法估计设备对电磁激励的响应。

电磁屏蔽拓扑的其他用途包括：

（1）辅助设计具有电磁加固和防护要求的新系统；

（2）为电磁加固验证试验提供指导；

（3）帮助确定加固的关键项；

（4）为加固维修和监督（hardness maintance/hardness surveilance，HM/HS）工作提供起点；

（5）有助于控制系统的布局。

建立模型的第一步是构建拓扑图，即对系统的主要屏蔽面及其相互关系进行描述。图 7.2 给出了飞机的简单电磁屏蔽拓扑模型，该图给出了电磁能量进入系统的三种方式。

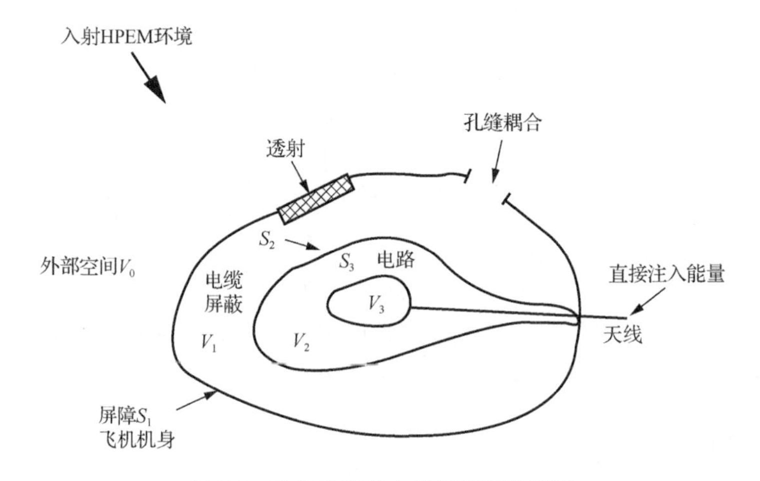

图 7.2　飞机的简单电磁屏蔽拓扑模型

在绘制拓扑图时，屏蔽体的确切形状或几何结构并不重要。但屏蔽体形状对估计外部的相互作用是很重要的。形状可以通过拉伸、压缩或扭曲变形，但不能人为分割和连接。在 HPEM 分析中，通过引入电磁拓扑的概念，实现了复杂系统或设备与电磁场相互作用的建模。

为了建立电磁响应的计算模型，引入了相互作用序列图（interaction sequence diagram，ISD）的概念。为了确定该序列图，应分析所有与贯穿导体相关的受保护项的拓扑图，以及电磁能量从外部源传播到内部元件的路径，并对它们进行编目。因为最重要的路径通常是硬接线或传导路径，人们在开发计算互联导体网络中电压和电流的方法上进行了大量工作。

通过简化麦克斯韦方程组推导出的传输线模型，可以预测电磁能量耦合至系统的传播过程。该模型基于 BLT（Baum-Liu-Tesche）方程，给出了描述网络中所有导体连接（或互连）处电压和电流的矩阵方程，类似于传统电路理论中的节点分析，只是 BLT 方程只考虑了电磁波沿单根导体传播的情况。该方法允许将任何系统视为导电面（或屏障）的集合，该导电面能够衰减入射电磁场并能有效地为内部区域和敏感电子元件提供屏蔽。在大多数系统中，电磁屏蔽的导电部分并不完整，因为会有导体穿过表面。外部 HPEM 环境可以通过这些导体上的感应电流流入系统中。例如，对于建筑设施，这些贯穿导体可以是电话、通信、电源导线和其他非电气线。除了这些贯穿导体外，系统外壳上还会有一些孔缝（如建筑物的入口或窗户），电磁场可能会通过这些孔缝透射进入系统内部。另外，电磁场还可能通过建筑物的墙壁和屋顶透射进入系统。以上是外部电磁能进入被保护系统的三种基本途径。

7.2.1.1　相互作用序列图

为了开发一种估算系统内部 HPEM 响应的方法，引入了相互作用序列图。序列图能够展示电磁能量进入系统的主要路径。为了确定该图，检查了图 7.2 所示系统拓扑图的所有贯穿导体及外部 HPEM 场源进入内部组件的传播路径。

因为最主要的路径是传导路径，所以可以使用许多模型来预测这些传导路径上的电压和电流，并最终预测可能受到影响的内部设备和组件。相互作用序列图本质上是系统电磁耦合的路径线路图，它展示了外部 HPEM 环境如何：

（1）与系统外部部件耦合；

（2）穿透屏蔽体屏障；

（3）传播到系统内的设备和组件；

（4）最终将能量沉积在设备或部件层面。

最后，估计所关注组件或设备处的响应信号，这是通过对相互作用序列图上发生的耦合、透射和传播现象建立信号传递函数来实现的。也可以在此基础上对相互作用序列图中信号路径的更多电气细节进行分析。

7.2.2　屏蔽机理

电磁屏蔽拓扑建模和实际测量表明，真实的屏蔽体并不完美，外部 HPEM 环境可以通过以下一种或多种途径进入系统内部，可将其缩写为 CAD。

C（conductive penetrations）：导线、电缆或其他导体形成的贯穿导体；

A（aperture penetrations）：通过孔缝耦合进入；

D（diffusion）：通过屏蔽材料的透射。

接下来将按倒序讨论 CAD 机理。

7.2.2.1 屏蔽材料与透射

如果屏蔽材料的导电率不高或相对于 HPEM 环境的频率或波长不够厚，电磁场可能透过屏蔽材料进行扩散传播。屏蔽层定义为一个系统中能够阻止电磁能量从系统外面进入内部的一层或一个导电面。屏蔽体是电磁拓扑防护的基础，如图 7.2 所示，通常认为屏蔽体是包围受保护空间的高导电率表面。屏蔽体的性能可能受到几种不同方式的破坏，电磁场能透过屏蔽材料扩散，在系统内部产生响应，但一般远小于传导或孔缝耦合产生的响应。

屏蔽拓扑可视为一个环路或电流流过的屏蔽界面。一个简单的环路也能构成一个屏蔽拓扑。实际上，屏蔽体可有许多不同方向上的环路，可等效为球形屏蔽体。球形或全局屏蔽体表面的反向电动势所产生的感应电流，会产生一个与入射场方向相反的散射场，从而削弱入射场。

磁场屏蔽系数或屏蔽效能的定义如式（7.1）所示：

$$S_{\mathrm{H}} = -20\lg\left(\frac{B_{\text{inside}}}{B_{\text{incident}}}\right) \text{（dB）} \tag{7.1}$$

类似地，可以定义电场屏蔽系数或屏蔽效能为

$$S_{\mathrm{E}} = -20\lg\left(\frac{E_{\text{inside}}}{E_{\text{incident}}}\right) \text{（dB）} \tag{7.2}$$

屏蔽系数或屏蔽效能通常描述由拓扑边界（the topological barrier）引起的电场、磁场及功率密度的衰减程度，涉及静态（直流）、时谐（正弦）或瞬态电磁场。对于物理屏蔽，屏蔽材料由以下电气参数描述：金属的电导率 σ 和磁导率 μ 。

此外，还需要以下物理参数来定义屏蔽体：频率 f（或 $\omega=2\pi f$ ）、材料厚度 $\varDelta$ 和屏蔽体形状。

表 7.1 列出了常用屏蔽材料的基本参数：相对电导率和相对磁导率。

表 7.1 常用屏蔽材料的基本参数

材料	相对电导率*(σ_r)	相对磁导率(μ_r)
银[Silver]	1.05	1
软铜[Copper-annealed]	1	1
金[Gold]	0.7	1
铬[Chromium]	0.664	1
铝(软)[Aluminum(soft)]	0.61	1
铝(回火)[Aluminum(tempered)]	0.4	1
锌[Zinc]	0.32	1
铍[Beryllium]	0.28	1

续表

材料	相对电导率*(σ_r)	相对磁导率(μ_r)
黄铜[Brass]	0.26	1
镉[Cadmium]	0.23	1
镍[Nickel]	0.2	100
青铜[Bronze]	0.18	1
白金[Platinum]	0.18	1
锡[Tin]	0.15	1
钢(SAE 1045)[Steel(SAE 1045)]	0.1	1000
铅[Lead]	0.08	1
蒙乃尔镍基合金[Monel]	0.04	1
磁屏蔽材料(1kHz) [Conetic(1kHz)]	0.03	25000
镍铁高磁导(率)合金(1kHz) [Mu-metal(1kHz)]	0.03	20000
不锈钢(430Hz)[Stainless steel(430Hz)]	0.02	500

*表中所列为相对铜的电导率，$\sigma=5.827\times10^7$ S/m。

麦克斯韦旋度方程在直流下的解耦使得静电屏蔽和静磁屏蔽成了两个独立的问题。用良好的导电体包围一个区域就可以很容易实现该区域的静电屏蔽，如图 7.3（a）所示。这种情况下，自由流动的电荷抵消了内部电场。内部静电场由穿过屏蔽体的缺陷或孔缝的电场决定。因此，对于静电屏蔽，重要的不是屏蔽体厚度，而是屏蔽体上孔缝的大小或数量，如图 7.3（b）所示。

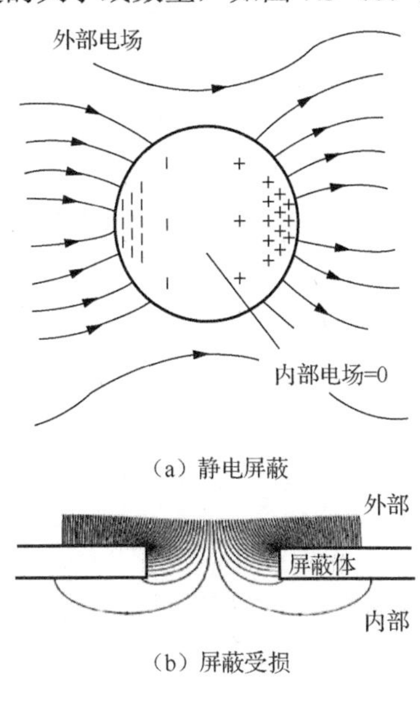

图 7.3　静电屏蔽

在屏蔽体内部，可以观察到孔缝周围一定空间内的屏蔽效果会受到破坏。在图 7.3（b）所示的孔缝附近，静电场可近似看作是由电偶极子电荷产生的。穿透屏蔽体的静电场可以用解析式表达，在距直径为 d 的圆孔较远的 r 处，静电场的幅值为

$$|E| \approx \frac{E_0}{6\pi}\left(\frac{d}{r}\right)^3 \tag{7.3}$$

式中，E_0 为未受干扰或入射的静电场分量的场强。通过式（7.3）可以推断出在只有两倍孔直径距离处的衰减大于 40dB。

在直流下，只有铁磁性材料才能提供静磁场的屏蔽，且这种屏蔽也远不够完美。静磁场的屏蔽是通过高相对磁导率（ μ_r ）的屏蔽层吸引磁场，并使内部静磁场略微减小来实现的。图 7.4 展示了薄磁性球壳周围的静磁场分布。

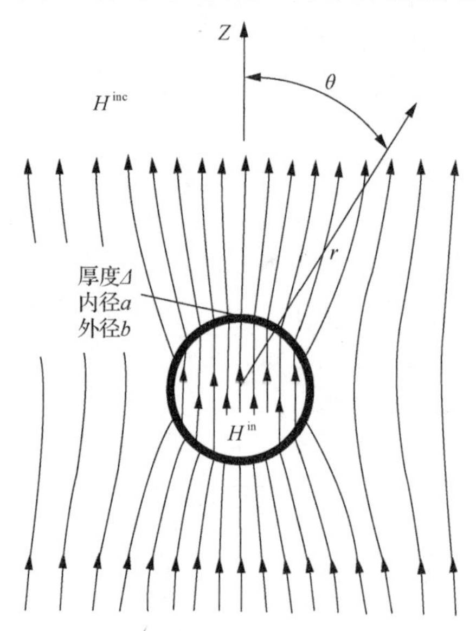

图 7.4　薄磁性球壳周围的静磁场分布

内部静磁场通过式（7.4）给出：

$$H^{\text{in}} = \frac{H^{\text{inc}}}{1+\left(\frac{2(\mu_r-1)^2}{9\mu_r}\right)\left(1-\frac{a^3}{b^3}\right)} \tag{7.4}$$

式中，a、b 分别为球壳的内半径、外半径。

可以看出，如果 $\mu_r=1$，则内部磁场与入射场相同。图 7.5 给出了 $\mu_r=400$ 时，两种不同屏蔽体厚度下，球壳的静磁场衰减。

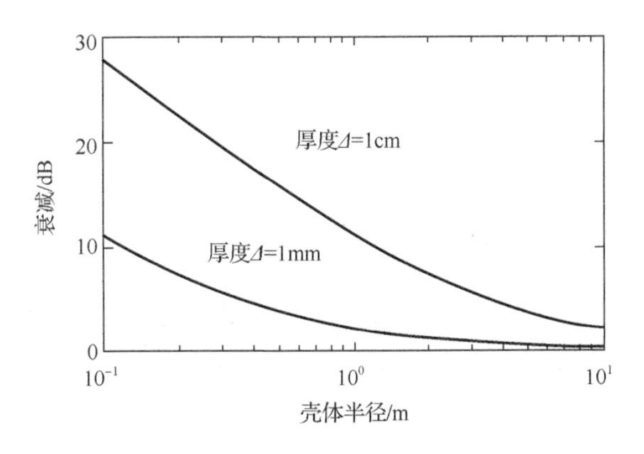

图 7.5　球壳的静磁场衰减

下面将着重讲述平板对时变平面波的屏蔽。在解释屏蔽电动力学（dynamic shielding）过程中，假定导电平板无限大，平板材料厚度为 $\varDelta$、电导率为 σ、相对磁导率为 μ_r，如图 7.6 所示。

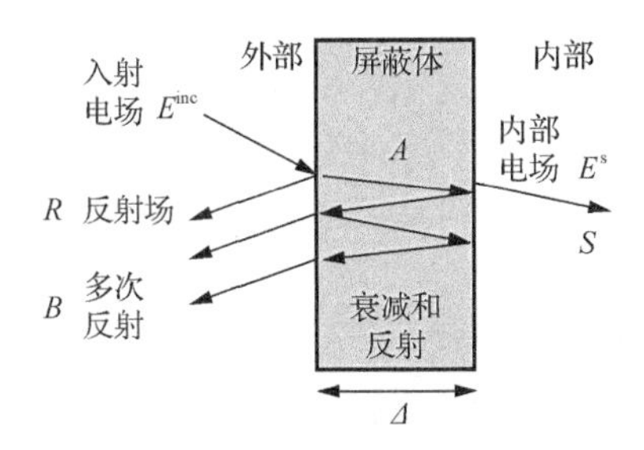

图 7.6　无限大有耗平板

入射平面波的屏蔽系数或屏蔽效能表示为 S，由式（7.5）定义[12]：

$$S = A + R + B \quad (\text{dB}) \tag{7.5}$$

式中，A 为屏蔽材料的吸收损耗（或衰减）；R 为前后表面的反射损耗；B 为屏蔽体内部反射的修正系数（仅当 A<15dB 时才需要考虑），单位均为分贝（dB）。

对于入射平面波，屏蔽系数 S 同时适用于电场和磁场。

采用传输线方法分析该问题[12]，式（7.5）可扩展为式（7.6）：

$$\begin{cases} A = 3.34\varDelta\sqrt{\mu_r \sigma_r f} \\ R = 168 - 20\lg\sqrt{\mu_r f / \sigma_r} \\ B = 20\lg\left\{1 - \eta \times 10^{-A/10} \times \left[\cos(0.23A) - \mathrm{j}\sin(0.23A)\right]\right\} \end{cases} \quad (\text{dB}) \tag{7.6}$$

式中，

$$\eta = 4\frac{\left(1-m^2\right)^2 - 2m^2 - \mathrm{j}2\sqrt{2m}\left(1-m^2\right)}{\left[1+\left(1+\sqrt{2m}\right)^2\right]^2}$$

$$m = 0.545\varDelta\sqrt{\sigma_{\mathrm{r}} f / \mu_{\mathrm{r}}}$$

例如，当平面波垂直入射到不同材料的无限大平板时（$\varDelta$=0.01mm ≈ 0.0004 inch），总电磁屏蔽系数 $S_{\mathrm{dB}} = A_{\mathrm{dB}} + R_{\mathrm{dB}} + B_{\mathrm{dB}}$，三种不同材料的屏蔽系数如图 7.7 所示。

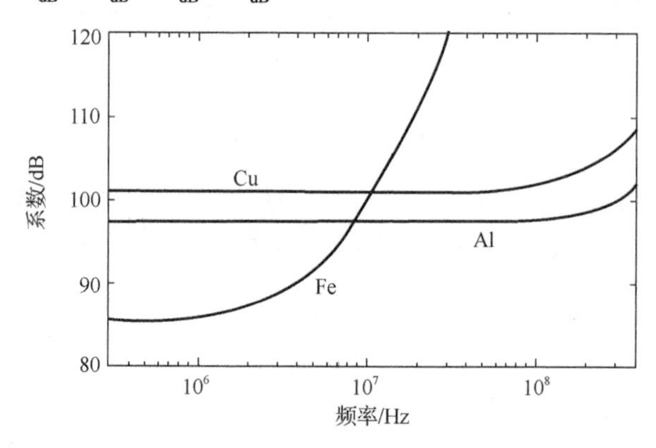

图 7.7　三种不同材料的屏蔽系数

几种不同的非平面屏蔽体如图 7.8 所示，其中 $\varDelta$ 为屏蔽体厚度。

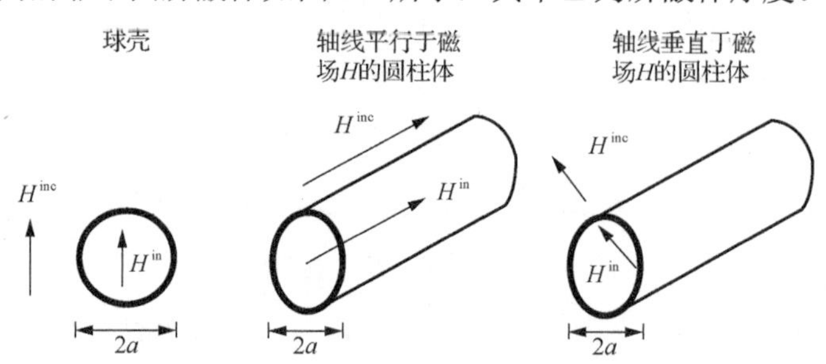

图 7.8　屏蔽体厚度为 $\varDelta$ 的球形和圆柱形屏蔽体

对于这些屏蔽体，磁场屏蔽效能见式（7.7）：

$$S_{\mathrm{H}} = \cosh\left(\sqrt{\mathrm{j}\omega\tau_{\mathrm{d}}}\right) + F \times \sinh\left(\sqrt{\mathrm{j}\omega\tau_{\mathrm{d}}}\right) \tag{7.7}$$

式中，$\tau_{\mathrm{d}} = \mu\sigma\varDelta^2$。

对于球形屏蔽体：

$$F_{\mathrm{s}} = \frac{1}{3}\left[\frac{(1+\mathrm{j})a}{\mu_{\mathrm{r}}\delta} + \frac{2\mu_{\mathrm{r}}\delta}{(1+\mathrm{j})a}\right] \tag{7.8}$$

对于轴线平行于磁场 H 的圆柱形屏蔽体：

$$F_{c_{\parallel}}=\frac{1}{2}\left[\frac{(1+\mathrm{j})a}{\mu_{\mathrm{r}}\delta}\right] \tag{7.9}$$

对于轴线垂直于磁场 H 的圆柱形屏蔽体：

$$F_{c_{\perp}}=\frac{1}{2}\left[\frac{(1+\mathrm{j})a}{\mu_{\mathrm{r}}\delta}+\frac{\mu_{\mathrm{r}}\delta}{(1+\mathrm{j})a}\right] \tag{7.10}$$

由于电场和磁场之间的对偶性（duality），通过改变式（7.11）中相应的变量，就可以从磁场的屏蔽效能 S_{H} 推导出电场的屏蔽效能 S_{E}。

$$\begin{aligned} S_{\mathrm{H}} &\Rightarrow S_{\mathrm{E}} \\ \mu_{\mathrm{r}} &\Rightarrow \frac{\sigma}{\mathrm{j}\omega\varepsilon_0} \\ \sigma &\Rightarrow \mathrm{j}\omega\varepsilon_0\mu_{\mathrm{r}} \end{aligned} \tag{7.11}$$

7.2.2.2　孔缝处理

屏蔽体中的孔缝（孔、槽和间隙，如窗户、连接器间隙孔、屏幕、对接面及其他屏蔽边界上的开口）将为电磁场提供穿透屏蔽体进入内部的通道。

电磁场可以穿透孔缝，如图 7.9 所示。内部电缆的布线应远离孔缝来缓解孔缝耦合。

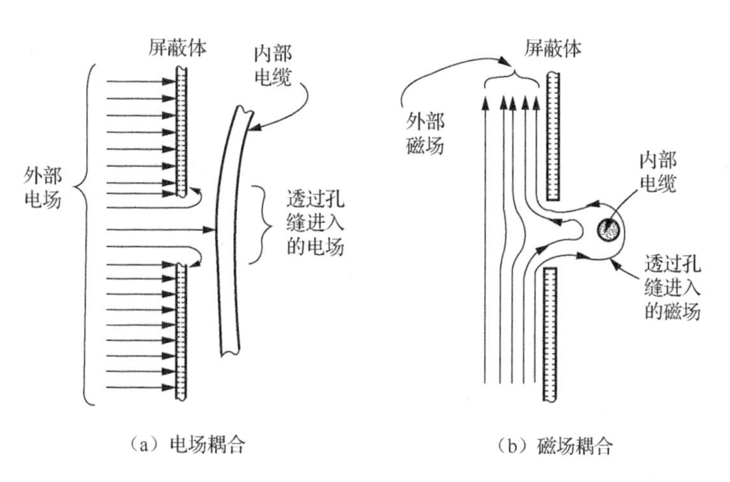

（a）电场耦合　（b）磁场耦合

图 7.9　电磁场通过孔缝与内部导体的耦合

其他处理方法包括将一个大孔缝分成几个小孔缝，或者增加孔缝的深度使其成为一个截止波导，如图 7.10 所示。截止波导的概念将在下文讨论。

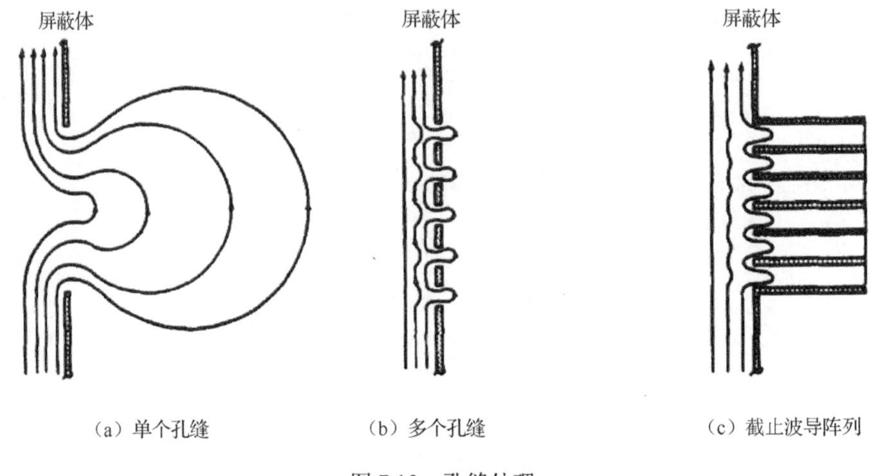

（a）单个孔缝　（b）多个孔缝　（c）截止波导阵列

图 7.10　孔缝处理

1）接头和接缝

大型屏蔽体必然存在接头和接缝。在接头和接缝处，连接表面应具有良好的导电性[13,14]。接合面应反复接合或黏合，以尽量降低形成间隙或槽孔的风险。首先应该关注接合面，因为对于暴露在自然环境中的屏蔽体，腐蚀是不可避免的，这将导致屏蔽性能的降低。由于电解质和/或水分的存在，金属表面会发生腐蚀。美军标 MIL-STD-889B 和 MIL-STD-1250A[13]介绍了某些工业应用材料及其试验方法。在该标准[13]中，对几种材料进行了测试，并报告了这些材料构成的耐腐蚀垫圈或金属簧片等结构的效果。腐蚀会增大接触电阻，而镀锡似乎可以有效防止腐蚀造成的不利影响。

2）截止波导

在图 7.10 中，一个孔缝被处理成截止波导阵列。需要说明的是矩形波导的作用类似于高通滤波器，它只能传播超过主模 TE_{10} 模截止频率的信号，该截止频率由式（7.12）给出：

$$f_c\left(TE_{10}\text{模}\right)=\frac{c}{2a} \tag{7.12}$$

式中，$c=3\times10^8\mathrm{m/s}$，为真空中的光速；$a$ 为波导横截面的长。

总的来说，该方法需要使波导的横向尺寸足够小，以便波导起到高通滤波器的作用，并衰减截止频率以下的所有频率。这种方法能对类似于通风口和窗口等孔缝起到较好的防护效果。

7.2.2.3　贯穿导体的处理

在真实的系统中，系统的导电接口部分往往无法做到完美，因为总会有导体穿过屏蔽体，使得外部的电磁能量可以通过导体上的电流渗透到系统内部。例如，对于汽车，这种贯穿导体可以是无线电天线或前灯电缆。建筑物和设施会有许多用于提供电力和数据的电缆类型的贯穿导体。

基于以上描述，处理贯穿导体的基本原则是要防止潜在的有害 HPEM 耦合环境穿透屏蔽层。对于屏蔽导体，导体的屏蔽层必须与外屏蔽体保持良好的电连接，如采用具有低阻抗的环形连接。图 7.11 和图 7.12[9-11]给出了如何处理贯穿导体的示例。然而，当非屏蔽导体必须穿透屏蔽层时，则需要采用非线性元件。

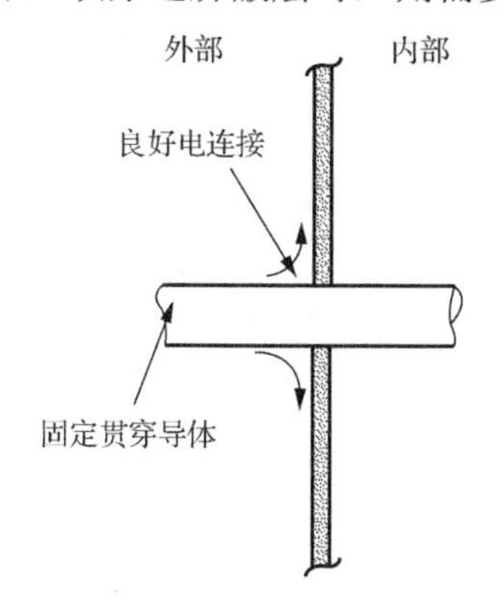

图 7.11　固定或屏蔽贯穿导体

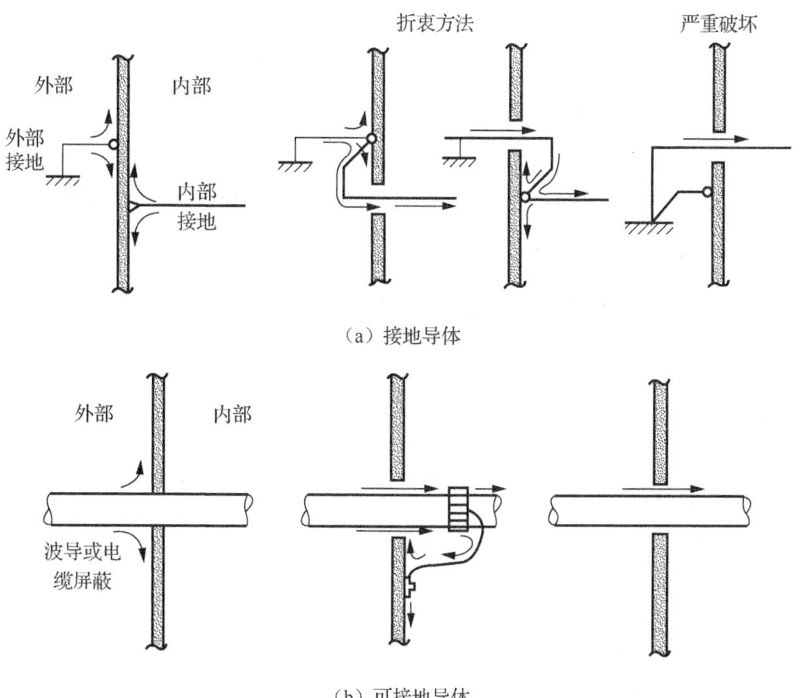

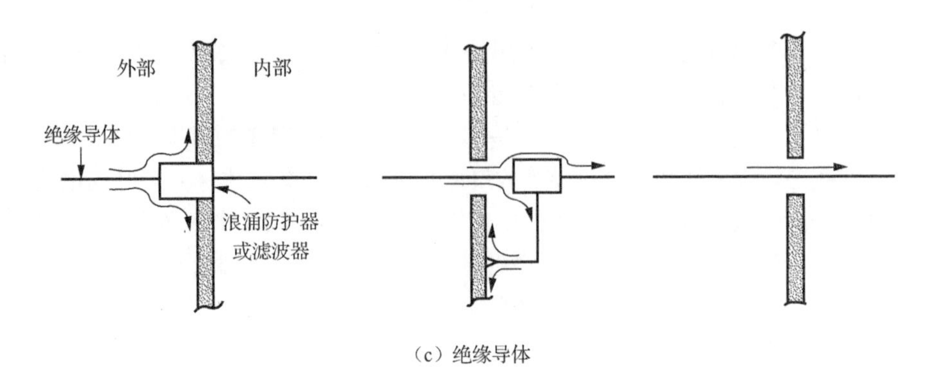

（c）绝缘导体

图 7.12　贯穿导体附近的屏蔽完整性

7.3　利用非线性器件的传导防护

非线性电路元件是民用和军用电气设施中广泛使用的一类防护器件，通过电压钳位或者短路泄放的形式发挥作用。本节讨论防护电路中几个典型的非线性元件，如滤波器、钳位二极管、金属氧化物电阻（metal oxide varistor，MOV）和气体放电管（gas discharge tube，GDT）。

保护负载（或电路）免受 HPEM 影响的方法有多种，都是基于 HPEM 环境（信号特征）的参数和被保护电路的功能来实现的，包括限幅、鉴频、隔离和规避。

第一种方法，如果电路上的正常信号是脉冲波形（如计算机电路中），则防护可以基于检测，然后消除比正常信号大得多的 HPEM 信号。这种基于信号幅值鉴别的形式构成了非线性浪涌防护器的设计基础，即一级防护方法。

第二种方法，如果正常操作信号为窄带信号，则可以滤除 HPEM 干扰信号，仅保留期望的有用信号。这是二级防护方法的基础。

第三种方法是开发一种智能电路，能够感知 HPEM 环境的存在，并适当改变其功能来实现防护。如果 HPEM 环境存在某种提示或前兆，则此技术将非常有用，但在许多实际情况中并非如此。因此，该方法这里不再讨论。

7.3.1　限幅防护方法

图 7.13 中较为直观地展示了负载设备传导防护的通用电路。

通常，电路中会有一个信号激励源（戴维南等效电路如图 7.13 所示），它由一个开路电压发生器和一个源阻抗构成，通过传输线或其他信号路径连接到负载阻抗 Z_L 上。

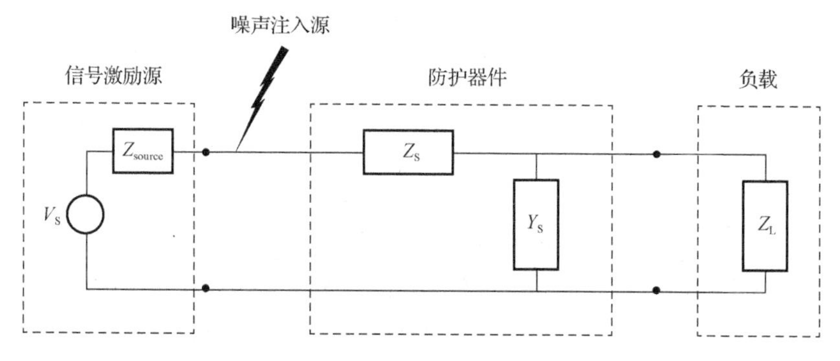

图 7.13　负载设备传导防护的通用电路

当噪声或其他形式的 HPEM 信号注入电路时（图 7.13 中为雷电或静电放电），必须在线路中插入适当的防护器件以保护负载。在图 7.13 中，这种防护器件通常表示为线路上的串联元件和并联元件，分别为 Z_S 和 Y_S。

7.3.1.1　非线性器件

通常系统中使用非线性器件区分高幅度信号和低幅度信号。按照图 7.13 所示的防护电路配置，最简单和最常见的防护器件可能是电保险丝，它处于图中串联元件 Z_S 的位置，而 Y_S 为相应的开路。该保险丝能传递正常信号，但当 HPEM 过电压超过一定值（取决于保险丝的额定值）时，通过保险丝的电流将导致保险丝熔断（形成一种开路模式），从而隔离负载阻抗，并消除负载上任何可能的过大电应力。

其他类型的非线性器件也可用于浪涌防护。例如，可以在电路中插入管式避雷器、MOV 或其他非线性器件，如齐纳二极管，在电路中它们为 Y_S 元件，相应的 Z_S 为短路。与保险丝不同，保险丝在发生大的浪涌时会断开电路，而齐纳二极管在正常情况下具有非常高的阻抗，当电压超过某一特定值时，就会改变状态，并在线路上提供一个低阻抗分流通道。这样，在线路上向负载传播的过电压将近似被短路，并反射回电源端。

一般来说，这些非线性器件分为两类：开关型和钳位型。开关型器件是一种像气体放电管一样的分流装置，它能将状态从良好的绝缘体（高阻抗）变为接近零阻抗。钳位型器件也是一种分流装置，当在大幅度浪涌下动作后，无论流过它的电流有多大，其两端保持几乎恒定的钳位电压。

表 7.2 总结了几种最常用的非线性防护器件的特性[15]。本节并不是关于此类器件特性的论述，因此不再对这些器件的更多电气特性进行展开讨论。感兴趣的读者可以参考文献[16]～[22]，其中给出了更多的细节。

表 7.2　非线性防护器件的特性[15]

类型		优点与不足
钳位型	MOV	响应速度快（<0.5ns）；能量吸收能力强；通流能力大（20ps 内为 1kA）；造价低；寄生电容大（1～10nF）
	雪崩二极管	响应速度快（<0.1ns）；钳位电压可选择且较精确（6.8～200V）；通流能力小（100ps 内小于 100A）；寄生电容大（1～3nF）
	开关和整流硅二极管	钳位电压低（0.7～2V）；造价低；寄生电容小
开关型	放电间隙	通流能力大（50ps 内为 5kA）；电弧模式下的电压低；寄生电容非常小（<2pF）；导通所需电压高（约为 100V）；动作较慢；可能存在续流（持续短路）
	可控硅整流器(silicon-controlled rectifier, SCR)和双向晶闸管	导通开关两端电压低（0.7～2V）；能承受持续的大电流；开关状态转换慢（2ps）；可能持续导通

7.3.1.2　滤波器与隔离防护

电路防护的另一种形式是使用滤波器，它限制信号的某些频率分量通过受防护的电路。这些滤波器可以是高通、低通和带通，也可以是带阻滤波器。滤波器的设计细节和参数的正确选择在许多电气工程标准文本中都有描述，如文献[23]。除了这些类型的简单滤波器，也可以将各种滤波器级联起来，以提供更陡峭的截止特性。

如文献[15]中所述，还有一种电路防护方法是隔离。这相当于使用电气或机械方法将负载与电源隔离。通过这种方法，可以防止 HPEM 信号对负载产生影响。

表 7.3 总结了滤波器和隔离组件的一些重要特性。关于滤波器和隔离组件的设计与应用是一个很大的议题，这一领域的讨论范围很广。但本节主要关注非线性浪涌防护器件的设计，对滤波器将不再进一步讨论。

表 7.3　滤波器和隔离组件的一些重要特性[15]

滤波器和隔离组件	优点与不足
光隔离器	隔离电压高（5kV）；良好的共模抑制；方便用于数据接收；难以用于传送数据；快响应（切换时间<1ps）器件昂贵
隔离变压器	隔离电压高（5kV）；良好的共模抑制；对差模过电压无衰减作用
共模滤波器	可有效地衰减短持续时间的共模过电压；单独使用 SPD 时可能出现问题

7.3.1.3　非线性器件的多级防护

如 Büchler 在文献[24]中所述，通常可以将两个非线性防护器件组合起来为敏感电子设备提供保护。这样做是因为非线性器件可以将负载上的电压限制在相对较低的水平上，而其本身可能会因为足够大的过电压激励而损坏。因此，防护器件本身也需要保护。图 7.14 给出了一种两级传导防护电路的例子，图中两个非线性器件通过耦合阻抗 Z_S 连接。

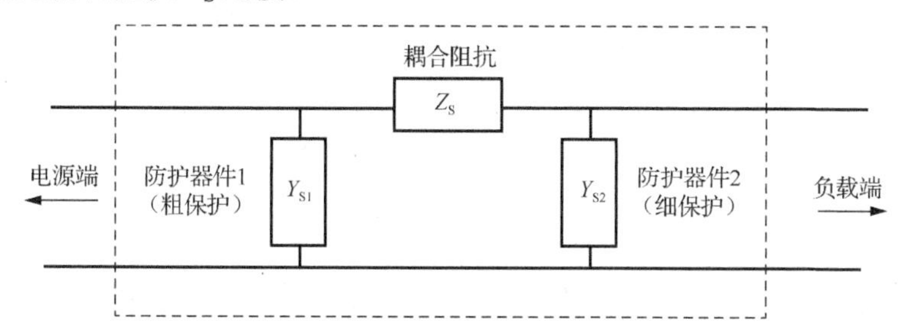

图 7.14　两级传导防护电路

第一个防护单元（防护器件 1）通常被称为粗保护（coarse protection），是在相对较高的电压（几百伏）下动作的器件。表 7.2 中的开关型器件就属于该类型器件，如管式避雷器。类似地，第二个非线性防护单元（防护器件 2）称为细保护（fine protection），它通常是一个钳位型器件，将负载上的电压限制在其标称钳位电压。MOV 防护器件就属于该类型器件。

当对图 7.14 中的两级传导防护电路施加过电压时，负载端的电压增加到低电平防护器件（防护器件 2）动作的电压水平，从而将电压钳位在二极管或 MOV 的标称电压上。随着过电压继续增加，通过耦合阻抗的电流会导致高电平防护器件（防护器件 1）上施加的电压越来越高。最终，如果过电压足够大，这个粗保护就会动作，由于它属于开关型器件，它将有效地分流过电压激励的所有电流，从而保护负载和防护器件 2。

两级传导防护电路可能会出现如下问题。首先，如果耦合阻抗 Z_S 的值选择不当，则防护器件 1 两端的电压可能达不到其动作电压，使得大部分 HPEM 电流将流过防护器件 2，可能会造成防护器件 2 损坏。因此，必须了解粗保护器件的动作电压和细保护器件的钳位电压，以及耦合阻抗值之间复杂的相互作用关系。其次，电路中的寄生电感决定了其对快上升沿脉冲防护的有效性。Büchler 在文献[24]中给出了一个简单的两级防护电路的例子，该电路第一级使用 UC230 气体放电管，其动作电压为 230V；第二级使用一个 9.1V 钳位二极管，其功率为 1.5kW。该电路如图 7.15 所示[24]。

在导通状态下，图 7.15 所示的钳位二极管防护器件由其结电阻 R_d≈40mΩ、

结电容 $C_d \approx 10nF$ 和寄生引线电感 $L_d \approx 14nH$ 等效表示。这种情况下，耦合电阻 R_s 值必须足够大，使得在缓慢增加的输入电压（刚好上升到气体放电管的动作电压）下，二极管防护器件不会失效。

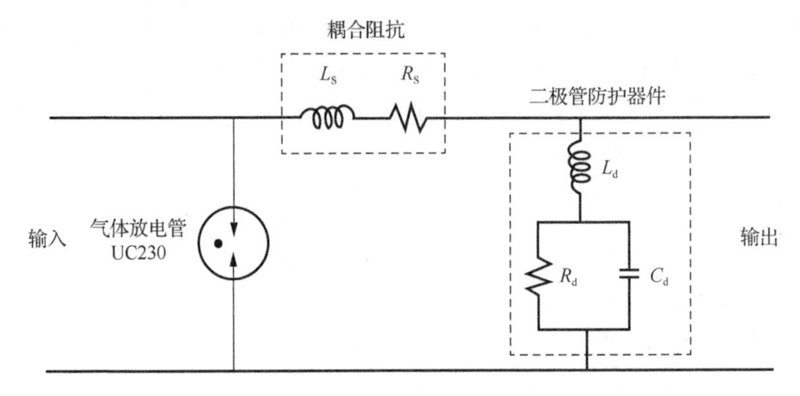

图 7.15　传导环境下带有 9.1V 钳位二极管防护电路的等效电路

对于持续时间在 1～10ms 的慢波形，如典型的雷电浪涌波形，耦合电阻 R_s 的设计值为欧姆量级。表 7.4 给出了这些慢波形下不同防护器件所需的最小耦合电阻值。

表 7.4　不同防护器件所需的最小耦合电阻值[24]

防护二极管	二极管钳位电压/V	峰值功率/W	90V 气体放电管防护器时最小 R_s/Ω	230V 气体放电管防护器时最小 R_s/Ω
P6KE8.2	6.63	600	2.1	5.3
P6KE15	12.9	600	3.6	9.6
P6KE33	26.8	600	6.5	18.7
1N6037	6.63	1500	0.83	2.1
1N6044	12.9	1500	1.45	3.9
1N6051	26.8	1500	2.6	7.5
6KP7.0	7.0	5000	0.22	0.58
5KP13	13.0	5000	0.40	1.1
5KP28	28.0	5000	0.69	2.1

对于更快的波形，耦合电感 L_s 变得更为重要，因为这种情况下防护主要通过二极管寄生电感 L_d 和耦合电感 L_s 之间的分压来实现。通常，在电路设计中应使 $L_s > 1000L_d$。

使用电路分析代码 SpiceAge[25]对图 7.15 中配置的具有两个防护器件的防护电路进行模拟。这个程序和它的前身 Spice 一样，允许用户对复杂电路进行瞬态或时谐分析，包括非线性元件的影响。在进行分析时，使用了各种钳位二极管、

MOV 和气体放电管来探索不同防护器件的搭配。为此，需要为防护器件提供合适的电气模型，下文将就此进行讨论。

1）齐纳或雪崩二极管

齐纳或雪崩二极管可以用于将电压限制在被保护负载可承受水平，通常用作电路的细保护。从文献[24]中的论述可以推断出其等效电路模型，如图 7.16 所示。该模型采用一个理想变阻器与图 7.15 中的 R_d 串联获得。

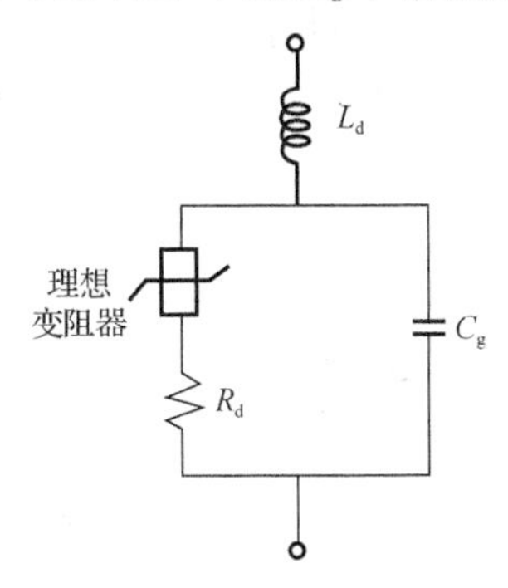

图 7.16　齐纳或雪崩二极管的等效电路模型

齐纳或雪崩二极管的状态转变过程可以由一个理想的变阻器来表示，该变阻器在动作电压之前的电阻为无限大，而一旦达到其动作电压，电阻将变为零。实际的防护器件在导通时存在一个结电阻 R_d，也包含在模型中。齐纳或雪崩二极管等效电路的典型参数值如表 7.5 所示。

表 7.5　图 7.16[①]中表示的齐纳或雪崩二极管等效电路的典型参数值

元件	钳位电压/V	R_d/mΩ	L_d/nH	C_g/nF
钳位二极管（齐纳或雪崩二极管）	20	40	14	10

2）金属氧化物电阻

金属氧化物电阻（MOV）型防护器件在包括文献[26]和[27]在内的许多文献中给出了较为详细的讨论。该型器件一般由氧化锌或氧化铋构成，其电路模型与图 7.16 相同。

通常，MOV 的钳位电压高于齐纳或雪崩二极管，因此，MOV 也可以作为粗保护器件使用。

文献[27]中给出了钳位电压为 200V 和 270V 的两种 MOV 防护器件的典型电路参数值，如表 7.6 所示。

① 原文为图 7.21。——译者

表 7.6　图 7.16 中表示的 MOV 防护器件的典型电路参数值[27]

元件型号	钳位电压/V	R_d/mΩ	L_d/nH	C_g/nF
MOV#1	200	16	10	1.9
MOV#2	270	8	50	3.5

3）气体放电管

气体放电管或其他开关型防护器件的模型更为复杂，因为它不能使用电路分析程序中的标准二极管元件。文献[15]中讨论了该型器件的工作原理和行为，可以看出它的工作原理与钳位二极管有很大的不同。在气体放电管中，两端的电压一直升高，直到放电管击穿，使得两端电压瞬间降到很低的水平。因此，通过防护器件的波形可能在导通之前出现一个相当大的尖峰。

为了建立该类防护器件的电路模型，采用了标准的双向晶闸管开关和两个电压控制开关 S_{01} 和 S_{02}，如图 7.17 所示。

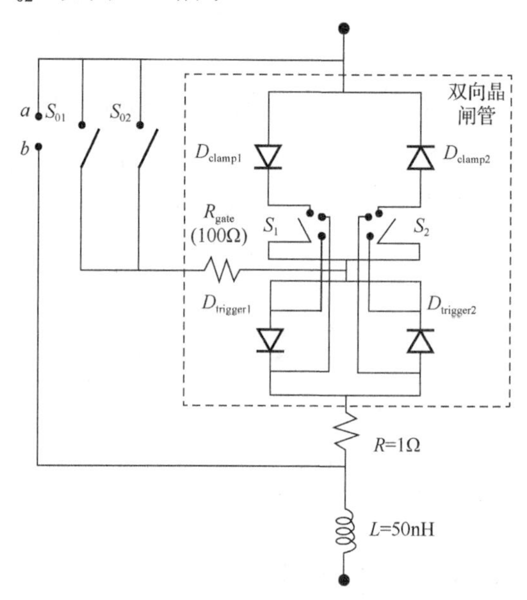

图 7.17　描述气体放电管防护器件行为的非线性电路模型

这些开关的工作由 a-b 两端的电压控制。开关 S_{01} 在电压 $V_{ab}>V_{阈值}$时闭合；开关 S_{02} 在电压 $V_{ab}<-V_{阈值}$时闭合。1Ω 电阻模拟气体放电管导通后的恒定电阻，电感 L 则代表该防护器件引线的影响，近似为 50nH。

7.3.1.4　传导防护分析：标准波形

正如前文讨论的，包括雷电、HEMP、HPRF DE 和 IEMI 在内的各种瞬态 HPEM 环境都能够作用于电气系统。这些外部环境在与系统相互作用或耦合的过程中发生改变，在系统内部设备端口处，瞬态电压和电流与原始激励波形有很大的区别。这一问题在第 3 章中进行了讨论。

为了能够对设备的效应进行适当的分析，或满足试验需求，相关标准组织定义了设备级的几种标准电流或电压瞬态波形。Standler 在文献[15]中对这些波形做了较为详细的论述。本节对其中几种典型环境进行讨论，并为后续的分析提供依据。

典型瞬态传导环境及其来源概述如表 7.7 所示。需要注意的是，目前尚不存在 HPEM 传导环境（如超波段、宽波段和窄波段）的标准波形。

表 7.7　几种典型瞬态传导环境及其来源概述

波形名称	HPEM 环境来源
8×20μs 电流波形	短路负载条件下架空输电或配电线路上的直击雷回击产生的电流
1.2×50μs 电压波形	开路负载条件下直击雷回击产生的浪涌过电压
0.5μs-100kHz 振铃电压波形	开路负载条件下设施或建筑内闪电产生的浪涌过电压
1.25MHz 振铃电压波形	例如，变电站开关设备运行引起的电力线路瞬态过电压
电快速瞬变脉冲群	在开关断开电路的过程中，由多次重燃引起的电力和数据线的快速瞬态脉冲

1）8×20μs 电流波形

IEC[28]给出的 8×20μs 电流波形用于描述架空输电或配电线路上的直击雷环境，表示了雷电源本身或实验室中模拟电流源提供的短路电流为

$$I(t) = I_{\mathrm{p}} A t^{3} \exp(-t/\tau) \tag{7.13}$$

式中，t 为时间，单位为μs；A=0.01243(μs)$^{-3}$；τ=3.911(μs)；I_{p} 为瞬态脉冲电流的峰值，单位为 A，一般范围为 50A 到 60kA 以上。

常用波形中的总电荷来衡量雷电浪涌对设备的影响，它是电流的积分。由式（7.14a）和式（7.14b）给出：

$$Q_{\mathrm{total}} = 6\times10^{-6} A\tau^{4} I_{\mathrm{p}} \tag{7.14a}$$ ①

或者将上述各种波形参数代入式（7.14a），则有

$$Q_{\mathrm{total}} = 1.746\times10^{-5} I_{\mathrm{p}} \tag{7.14b}$$

式中，Q_{total} 为总电荷，单位为 C。

该电流波形如图 7.18 所示，图中波形在时间上略微偏移了 1μs，以便更清楚地展示电流的起始部分，且电流幅值进行了归一化处理。

① 原著中该式有误，翻译时已做纠正。——译者

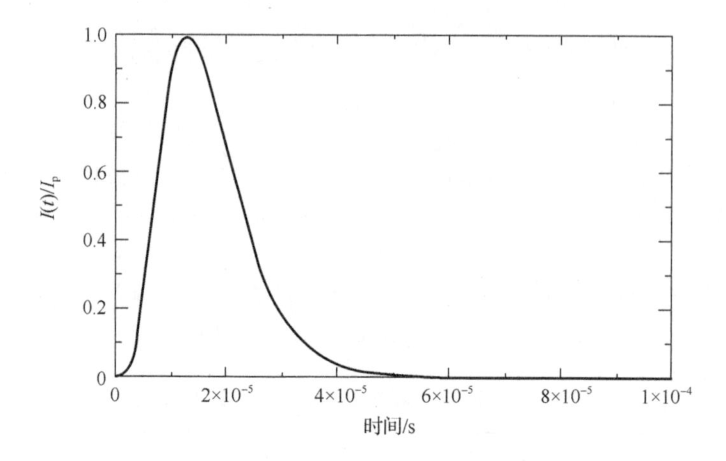

图 7.18　归一化的 8×20μs 短路电流波形

2）1.2×50μs 电压波形

IEC[28]也给出了相应的标准电压波形，适用于绝缘测试，特别是电机和变压器的试验。该电压波形属于开路测试波形，因此标准中未规定电源的输入阻抗。Standler 在文献[15]中介绍，商用的 1.2×50μs 浪涌发生器的源阻抗一般在 1～500Ω，且如果需要较大的电流幅度，则建议源阻抗约为 2Ω。

该电压波形具有如下所示的双指数形式：

$$V(t)=V_{\mathrm{p}}A\left(1-\exp\left(-t/\tau_1\right)\right)\exp\left(-t/\tau_2\right) \tag{7.15}$$

式中，t 为时间，单位为μs；A=1.037；τ_1−0.4074μs；τ_2=68.22μs；V_{p} 为瞬态脉冲电压的峰值。

该电压波形如图 7.19 所示，图中波形在时间上也偏移了 1μs，以便更清楚地展示电压波形的起始部分，且电压幅值进行了归一化处理。

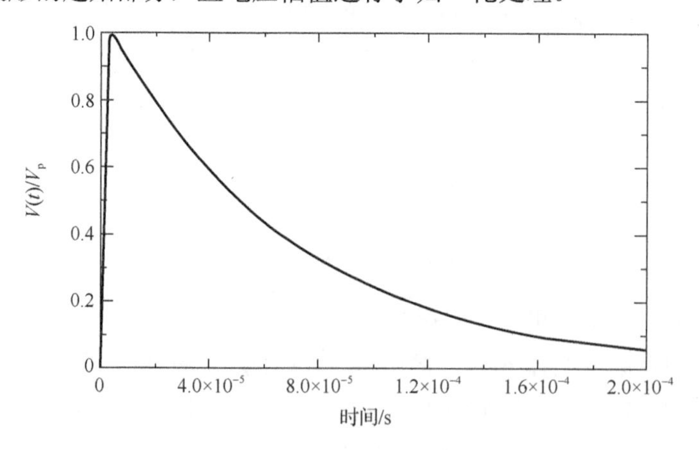

图 7.19　归一化的 1.2×50μs 开路电压波形

3）0.5μs-100kHz 振铃电压波形

低压电网暂态过电压的波形通常是一个具有快上升时间的振荡波形。该波形由 IEEE[29]标准给出，称为振铃波。

该波形由式（7.16a）和式（7.16b）给出：

$$V(t)=\begin{cases} V_{\mathrm{p}}B\left(1+\eta y(t)\right)y(t), 0\leqslant t\leqslant 2.5\mu\mathrm{s} \\ V_{\mathrm{p}}By(t) \quad , \quad t\geqslant 2.5\mu\mathrm{s} \end{cases} \tag{7.16a}$$

$$y(t)=A\left(1-\exp\left(-t/\tau_1\right)\right)\exp\left(-t/\tau_2\right)\cos(\omega t) \tag{7.16b}$$

式中，t 为时间，单位为μs；A=1.590；B=0.6205；τ_1=0.4791μs；τ_2=9.788μs；η=0.523；$\omega=2\pi\times10^5$ rad/s；V_{p} 为瞬态脉冲电压的峰值。

Standler 在文献[15]中建议，该电源的源阻抗约为 30Ω；对于电力系统试验，电压峰值应为 6kV。该电压波形如图 7.20 所示，图中波形在时间上也偏移了 1μs，以便更清楚地展示电压波形的起始部分，且电压幅值进行了归一化处理。

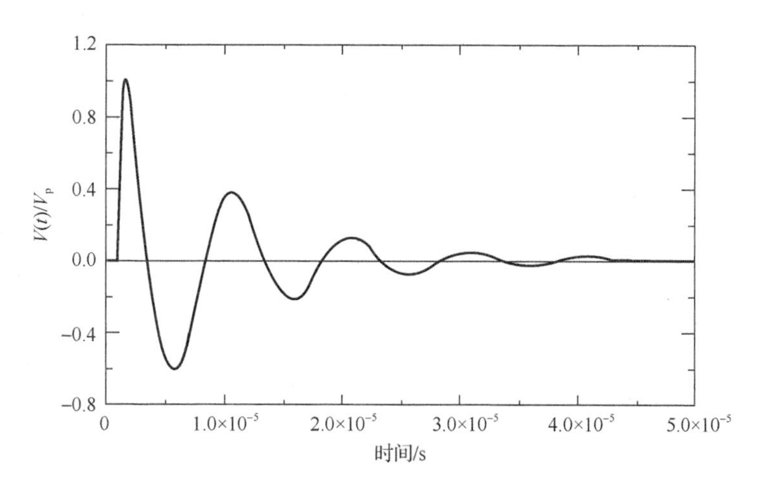

图 7.20　归一化的 0.5μs-100kHz 开路振铃电压波形

4）1.25MHz 振铃电压波形

开关设备运行引起的电力线路瞬态过电压由 ANSI[30]给出。这些瞬态过电压通常会影响控制电路的继电器，是电力系统设备的浪涌耐受能力标准测试的一部分。

该电压波形由式（7.17）给出：

$$V(t)=V_{\mathrm{p}}A\left(1-\exp\left(-t/\tau_1\right)\right)\exp\left(-t/\tau_2\right)\cos(\omega t) \tag{7.17}$$

式中，t 为时间，单位为μs；A=1.0096；τ_1=2.35μs；τ_2=15μs；$\omega=2\pi\times10^6$ rad/s；V_{p} 为瞬态脉冲电压的峰值。

该电压波形如图 7.21 所示，其振荡频率比图 7.20 中要大得多。对于该波形，其脉冲发生器的源阻抗规定为 150Ω。

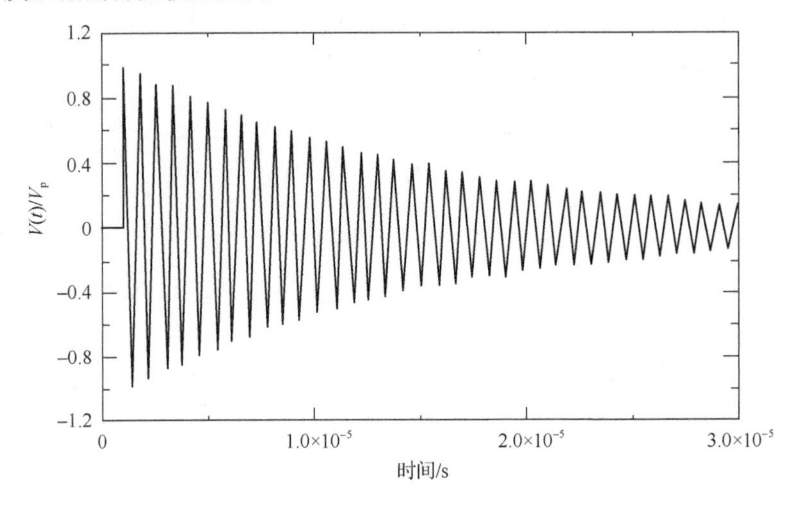

图 7.21　归一化的 1.25MHz 开路振铃电压波形

5）电快速瞬变脉冲群

最后介绍的一种波形为电快速瞬变脉冲群（EFT），它的单个脉冲电压波形上升时间约为 5ns，持续时间约为 50ns[31]。其数学表达式由式（7.18）给出：

$$V(t)=V_{\mathrm{p}}A\left(1-\exp\left(-t/\tau_1\right)\right)\exp\left(-t/\tau_2\right) \tag{7.18}$$

式中，t 为时间，单位为μs；A=1.270；τ_1−3.5ns；τ_2=55.6ns；V_{p} 为瞬态脉冲电压的峰值。

该单个脉冲电压波形由图 7.22 给出，它比上述所有波形都快很多。对于该波形，其脉冲源的源阻抗规定为 50Ω。

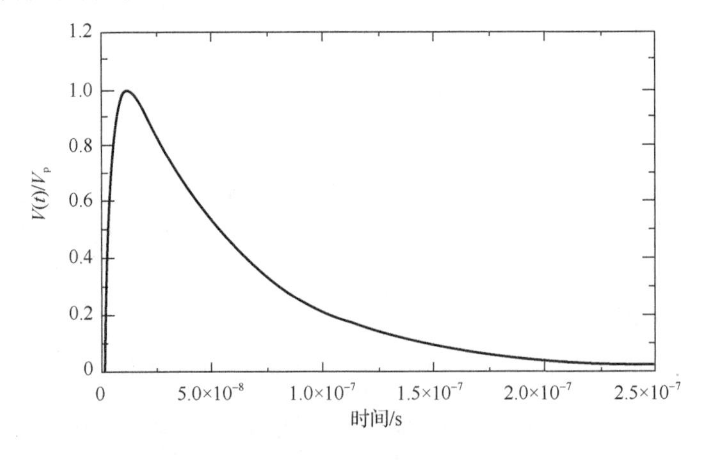

图 7.22　归一化的 EFT 开路电压波形

7.3.1.5　传导防护分析：性能

利用前文讨论的防护器件模型和标准浪涌波形，对图 7.23 中防护电路的瞬态响应进行了计算，并对结果进行了讨论。该电路模拟了图 7.14 中两级传导防护的电路，用气体放电管代替防护器件 1（作为粗保护），用齐纳二极管代替防护器件 2（作为细保护）。如图 7.23 所示，耦合阻抗 Z_S 连接这两个并联防护器件。该电路称为配置 A。

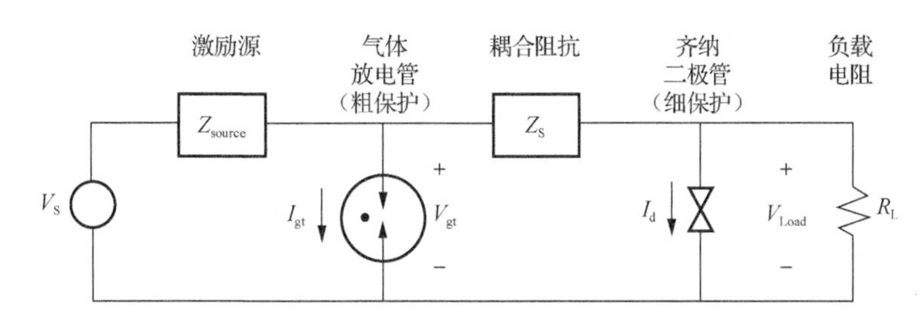

图 7.23　用于分析两个防护器件的电路

（配置 A）

图 7.23 的电路由戴维南电压源激励，该电压源由瞬态电压源 $V_S(t)$和源阻抗 Z_{source} 组成。两级传导防护的负载用 R_L 表示，且假定为简单的电阻负载。在该电路中，主要关注的是负载的响应电压 V_{Load}。需要注意的是，该响应也是齐纳二极管两端的电压。流过二极管和气体放电管的电流分别为 I_d 和 I_{gt}，气体放电管两端的电压为 V_{gt}，这些参数都将通过计算获得。

7.3.1.6　对 8×20μs 电流波形的响应：配置 A

为了计算图 7.23 中电路对式（7.13）所描述的 8×20μs 电流波形的响应，使用戴维南电压源代替相应的诺顿电流源。等效激励电流 I_S 由相应的激励电压 V_S 给出：

$$I_S = \frac{V_S}{Z_{source}} \tag{7.19}$$

该计算过程中，选择了以下电路参数。

（1）源阻抗：纯阻性 $Z_{source}=R_{source}=2\Omega$；

（2）负载阻抗：阻性负载 $R_L=50\Omega$；

（3）耦合阻抗：纯阻性 $Z_S=R_S=2\Omega$；

（4）气体放电管和二极管防护器件按配置 A 方式设置。

1）无非线性器件时的响应

使用 SpiceAge 分析软件包[25]，建立了图 7.23 中电路行为的非线性模型。首先考虑去掉非线性防护器件后负载电压的线性响应，即获取电路无防护情况下负载电压（电流）的大小。

这种情况下负载电压可以表示为

$$V_{\text{Load}}(t)=\frac{R_{\text{L}}}{R_{\text{L}}+R_{\text{S}}+R_{\text{source}}}V_{\text{S}}(t)=0.926\times V_{\text{S}}(t) \tag{7.20}$$

对于幅值 V_{S}=700V 的 8×20μs 电压波形，图 7.24 给出了负载上的瞬态电压波形 V_{Load} 和气体放电管位置处的电压波形 V_{gt}。从式（7.20）和图 7.24 可以看出，无防护器件时负载电阻上的电压与 8×20μs 的开路电压非常接近。

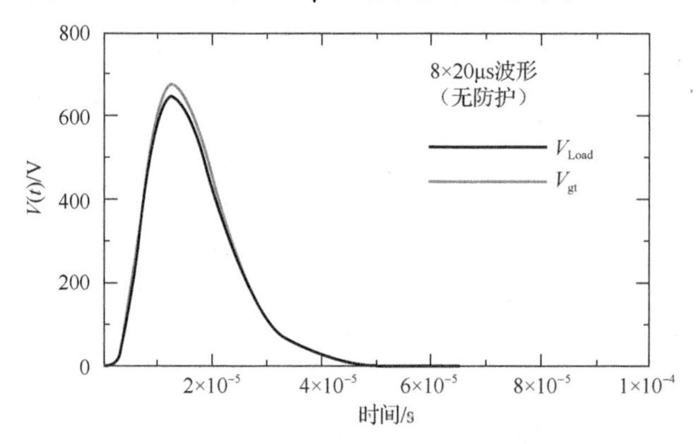

图 7.24　无非线性器件时的响应电压波形

2）存在两级非线性器件时的响应

将防护器件放置在图 7.23 的电路中，通过限制负载电阻上的感应电压来保护电路。图 7.25 给出了不同电源幅值（V_{S}=25～10000V）情况下，负载电压 V_{Load}（也是防护二极管上的电压）、气体放电管电压 V_{gt} 以及防护器件电流 I_{d} 和 I_{gt} 的瞬态波形。

如图 7.25（a）所示，即使是在 25V 电压作用下，细保护器件（二极管）也能将负载电压钳位在 20V 水平。随着激励电压幅值的提高，二极管导通后开始流过电流，且流过二极管的电流也逐渐变大。此外，气体放电管两端的电压也随之提高，直到激励电压幅值达到 600V 左右时才导通，如图 7.25（c）所示。当气体放电管导通后，通过受保护负载的电压只有很小的变化，但流过二极管的电流却显著降低。因此，气体放电管也对防护二极管起保护作用。

当激励电压进一步提高时，电路中的总电流和二极管中流过的电流也随之增加。二极管的电阻虽然很小但不可忽略，其两端的钳位电压将超过 20V。因此非常高的激励电压下，被保护负载两端的电压高于 20V，如图 7.25（e）所示。最终，如果激励电压过高，即使二极管受到气体放电管的保护，通过二极管的电流也将足以致其失效。

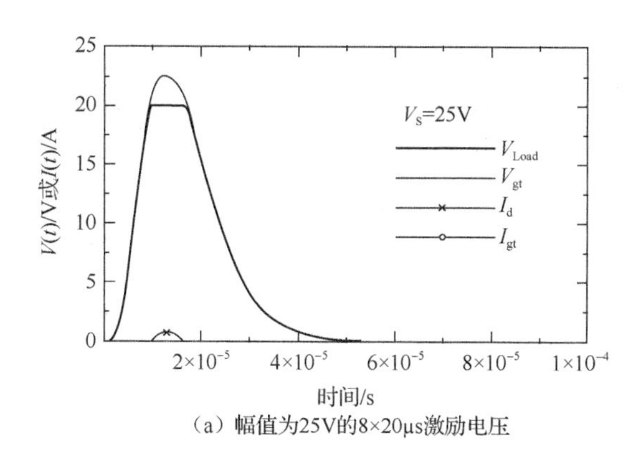

（a）幅值为25V的8×20μs激励电压

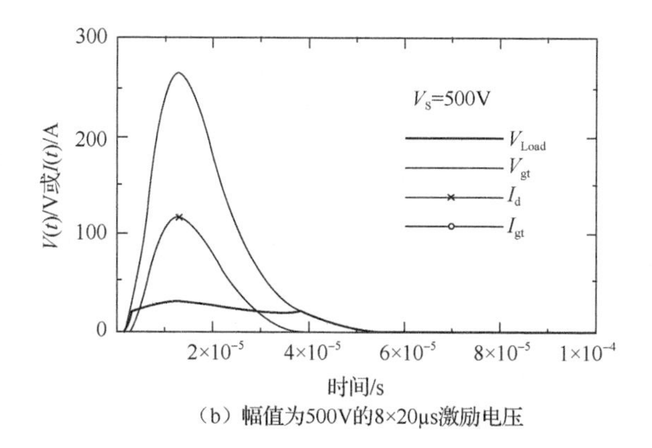

（b）幅值为500V的8×20μs激励电压

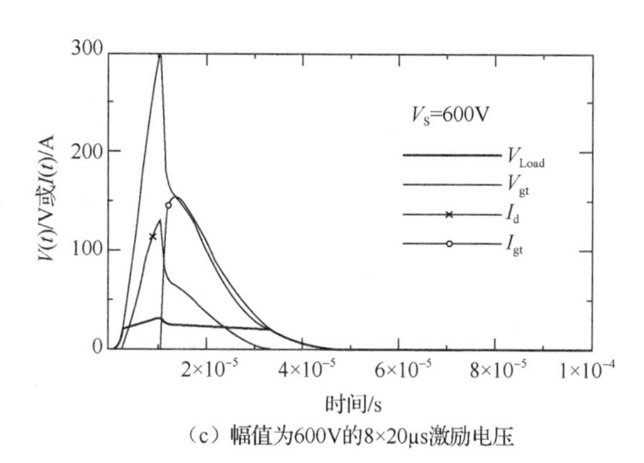

（c）幅值为600V的8×20μs激励电压

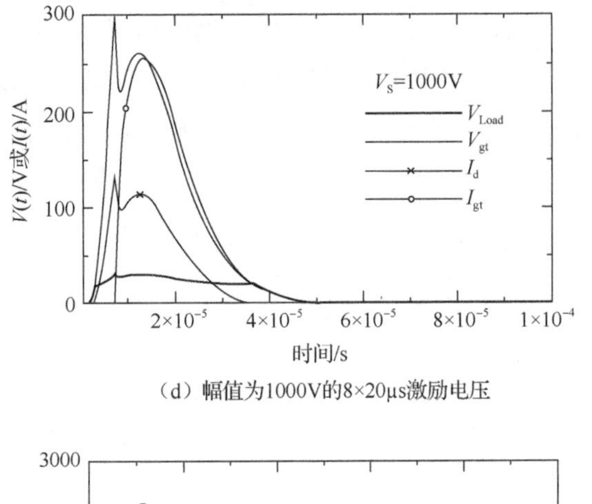

（d）幅值为1000V的8×20μs激励电压

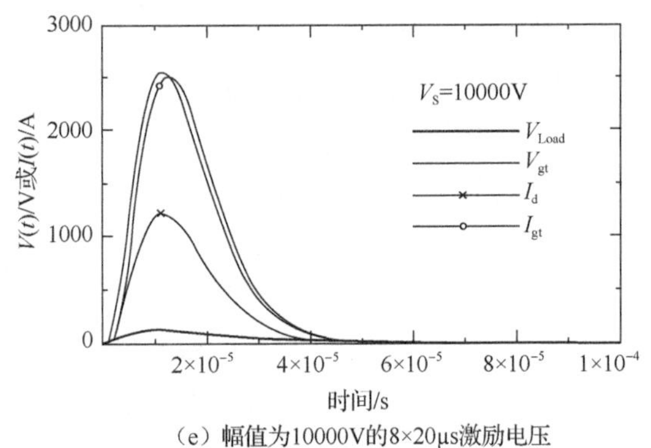

（e）幅值为10000V的8×20μs激励电压

图 7.25　不同幅值 8×20μs 激励电压下的响应电压、电流波形（配置 A）

通过流经二极管的累积电荷可判断防护二极管是否失效。该电荷通过式（7.21）给出：

$$Q(t)=\int_{-\infty}^{t} I_{\mathrm{d}}(\tau)\mathrm{d}\tau \tag{7.21}$$

式中，$I_{\mathrm{d}}(t)$为流过二极管的电流。

图 7.26 给出了不同幅值的电压激励下通过防护二极管的累积电荷计算结果，并在图中展示了防护二极管的钳位效应。可以看出，气体放电管只有在激励电压超过 600V 时才会动作，使得图中曲线斜率发生变化。

图 7.26 中的数据可用于气体放电管和防护二极管的搭配设计。一般来说，二极管的总电荷在超过某一特定水平时会失效。在知道这一总电荷水平和钳位电压后，即可以调整气体放电管的特性和耦合阻抗来限制通过防护器件的总电荷。

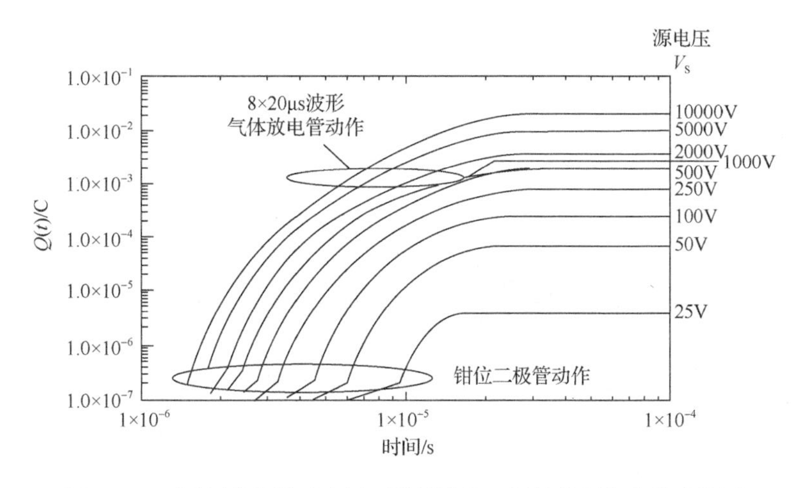

图 7.26　不同幅值的激励电压下通过防护二极管的累积电荷曲线图（配置 A）

3）移除气体放电管时的响应

从图 7.26 中可以看出，在低激励电压（V_S<600V）条件下，气体放电管对电路的响应没有影响。当激励电压幅值高于 600V 时，气体放电管开始动作，并对二极管起保护作用。为此，移除气体放电管，以验证电路在较高电压作用下的响应特点。

对于幅值 V_S=700V 的 8×20μs 激励电压，图 7.23 防护电路中各处的响应电流和电压瞬态波形如图 7.27 所示。图 7.27（a）给出了同时存在气体放电管和防护二极管时的响应波形，图 7.27（b）给出了仅存在防护二极管时的响应波形。两图对比可以看出，气体放电管限制了流过二极管的电流，从而减少了流过二极管的总电荷。

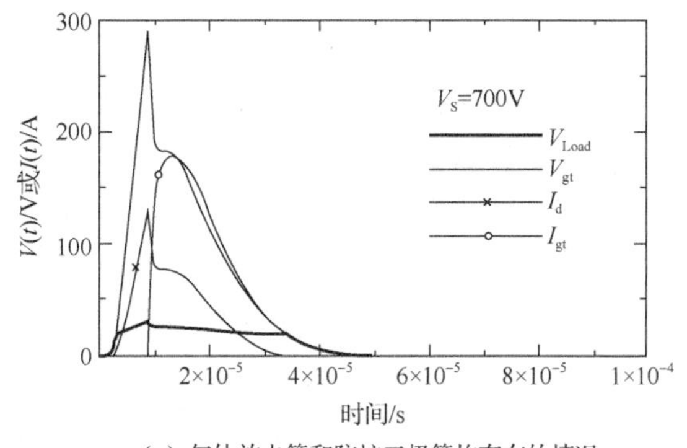

（a）气体放电管和防护二极管均存在的情况

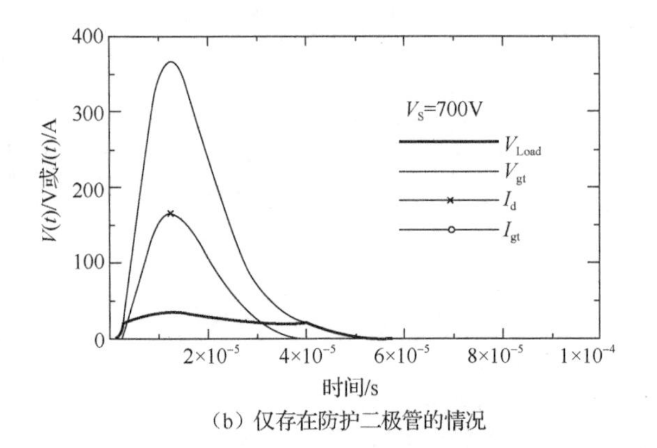

（b）仅存在防护二极管的情况

图 7.27　在 8×20 μs 激励电压作用下防护电路中各处的响应电流和电压瞬态波形

图 7.28 给出了移除气体放电管条件下通过防护二极管的累积电荷曲线。刚开始，二极管的钳位作用很明显。随后对于更高幅值的激励电压，图 7.28 中曲线粗略呈现线性且平行，说明二极管的响应是线性的。通过对比发现，在较高的激励电压作用下，通过二极管的总电荷要比有气体放电管保护时的总电荷大。

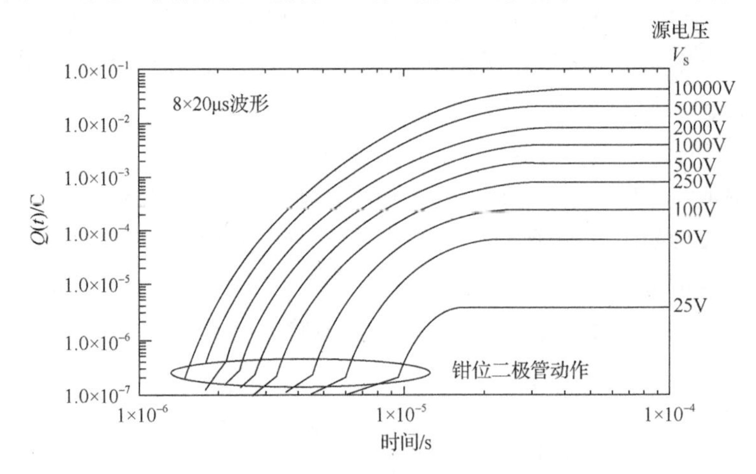

图 7.28　移除气体放电管条件下通过防护二极管的累积电荷曲线

4）采用 MOV 代替气体放电管时的响应

图 7.23 中防护电路的另一种形式，是使用表 7.6①中的 MOV 防护器件代替气体放电管作为粗保护。对于幅值 V_S=700V 的 8×20μs 激励电压，图 7.29（a）给出了 MOV#1（具有 200V 钳位电压）的电路响应波形，图 7.29（b）则给出了 MOV#2（具有 270V 钳位电压）的电路响应波形。这些响应与采用气体放电管作为粗保护时类似，只是 MOV 防护器件没有气体放电管动作时的初始尖峰。

① 原文为表 7.5。——译者

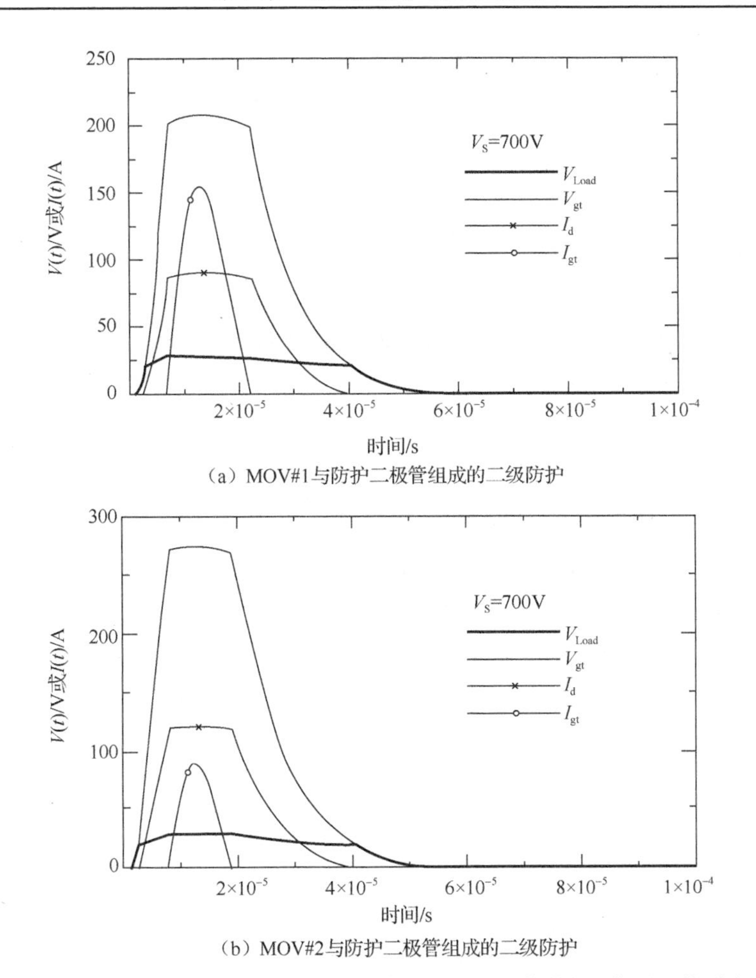

（a）MOV#1与防护二极管组成的二级防护

（b）MOV#2与防护二极管组成的二级防护

图7.29　防护电路中MOV代替气体放电管在8×20μs激励电压作用下的瞬态波形

7.3.1.7　对8×20μs电流波形的响应：配置B

图7.23所示防护电路的另一种配置方式是交换细保护和粗保护元件的位置，如图7.30所示，称为配置B。在这种配置中，负载电压与气体放电管的电压相同。

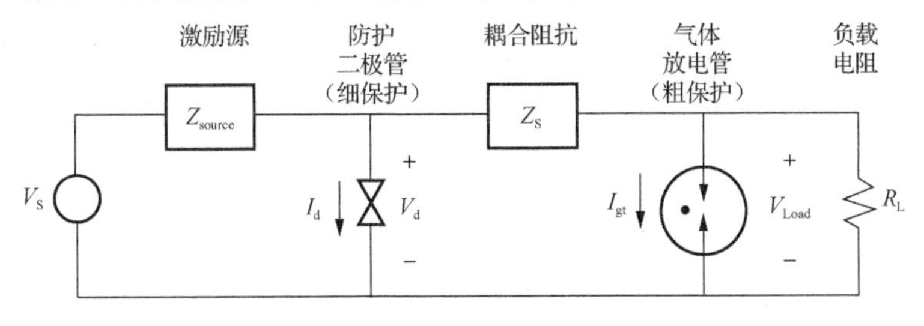

图7.30　用于分析两个防护器件交换位置的电路
（配置B）

图 7.30 给出的防护电路在不同电源幅值（V_S=25～10000V）情况下，负载电压 V_{Load}（也是气体放电管上的电压）、防护二极管电压 V_d、防护器件电流 I_d 和 I_{gt} 的瞬态响应波形见图 7.31。配置 A 的防护电路在激励电压 V_S 较低时，防护二极管能将负载电压钳位在 20V 左右。但随着 V_S 增加，二极管电阻的作用变得越来越明显，使得负载电压随之提高。气体放电管要在较高（5000～10000V）的 V_S 时才能完全导通。

在配置 B 的防护电路中，防护二极管会起到限制气体放电管两端电压的作用，从而阻止了气体放电管的动作。只有当外部激励电压足够大时，才能使气体放电

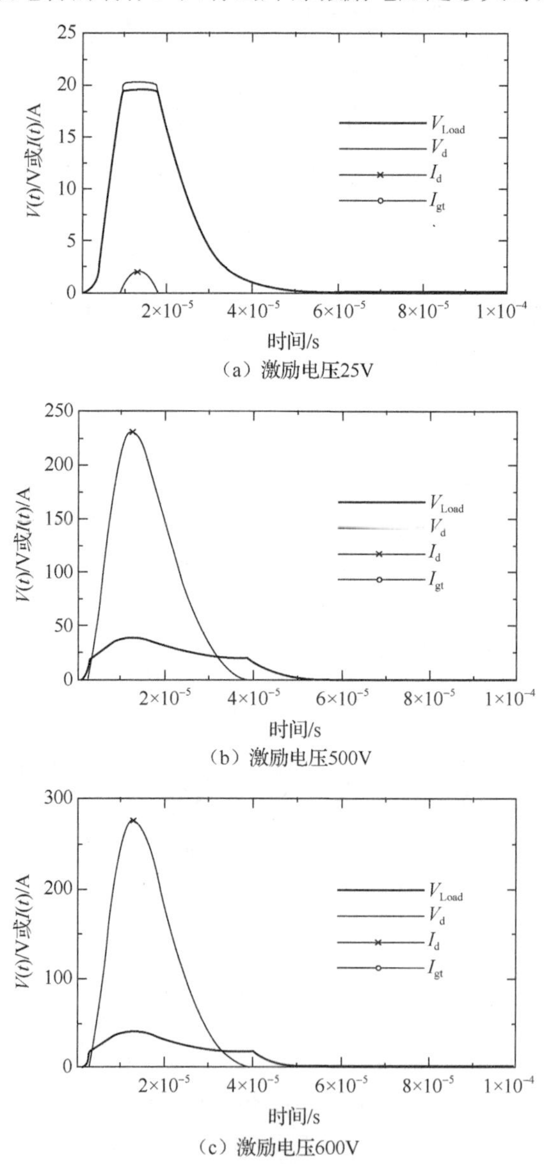

（a）激励电压25V

（b）激励电压500V

（c）激励电压600V

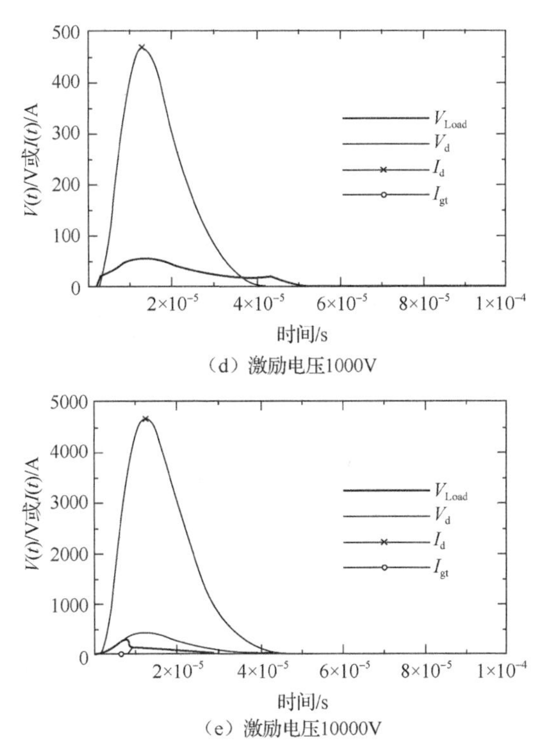

（d）激励电压1000V

（e）激励电压10000V

图 7.31　不同幅值 8×20μs 激励电压作用下的响应电压、电流波形（配置 B）

管动作。但这种情况下，防护二极管中流过的电流会比配置 A 大得多，可能损坏防护二极管。不同幅值激励电压 V_S 作用下，配置 B 防护电路（图 7.30）中通过防护二极管的累积电荷在图 7.32 给出。从图 7.32 中可以看出，通过防护二极管的总电荷明显大于配置 A 中的总电荷。

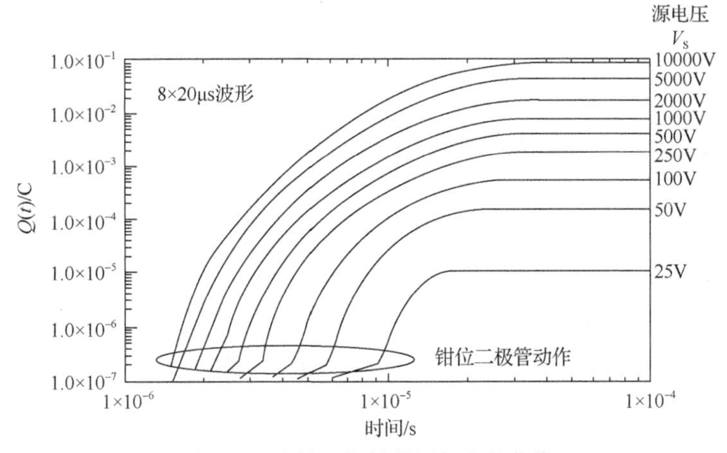

图 7.32　防护二极管的累积电荷曲线（配置 B）

为了更好地说明这两种防护配置之间的差异，图 7.33 给出了通过防护二极管的总电荷随 8×20μs 激励电压幅值变化的曲线。很明显，配置 B 允许更多的电荷进入防护二极管，从而使得防护二极管损坏的可能性更大。

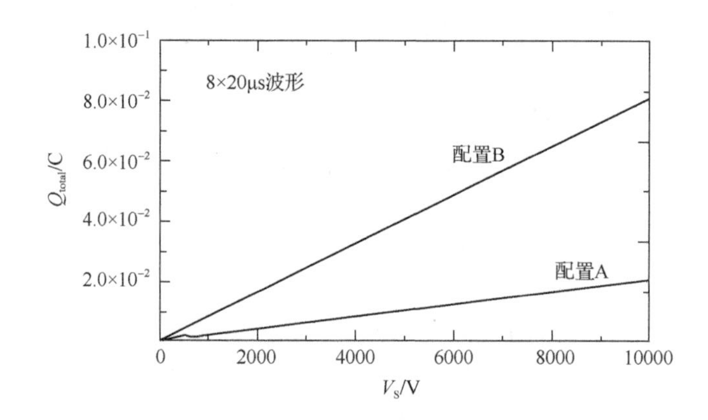

图 7.33　通过防护二极管的总电荷随 8×20μs 激励电压幅值的变化

7.3.1.8　其他激励波形下的响应

8×20μs 脉冲激励电压以外的其他激励波形也有助于分析两级防护电路的响应特性。在本节中，将前文讨论给出的其他激励波形作用于图 7.23 的防护电路（配置 A）。配置 B 将不做进一步考虑，因为它将更多的电流分流到防护二极管上，有可能导致防护二极管损坏。

1）1.5×50μs 电压波形

采用 1.5×50μs 电压波形作为激励电压计算图 7.23 中防护电路的响应，参数如下。

（1）源阻抗：纯阻性 R_{source}=2Ω；

（2）负载阻抗：纯阻性 R_L=50Ω；

（3）耦合阻抗：纯阻性 R_S=2Ω；

（4）气体放电管和防护二极管按配置 A 设置。

电路中负载电压 V_{Load}（也是防护二极管的电压）、气体放电管电压 V_{gt}，以及防护器件电流 I_d 和 I_{gt} 的响应波形见图 7.34。激励电压 V_S=500V 时防护电路的响应波形见图 7.34（a）。在该激励电压水平下，气体放电管未能动作，因此 I_{gt} 为零。然而，对于较高的激励电压 V_S=700V（图 7.34（b）），气体放电管开始动作，此时可以看到流过二极管的电流开始减小。图 7.34 中气体放电管的电压 V_{gt} 和电流 I_{gt} 在波形后期重合，这是因为气体放电管的模型假设了其电阻为 1Ω，所以在后期，该电压和电流在数值上相等。

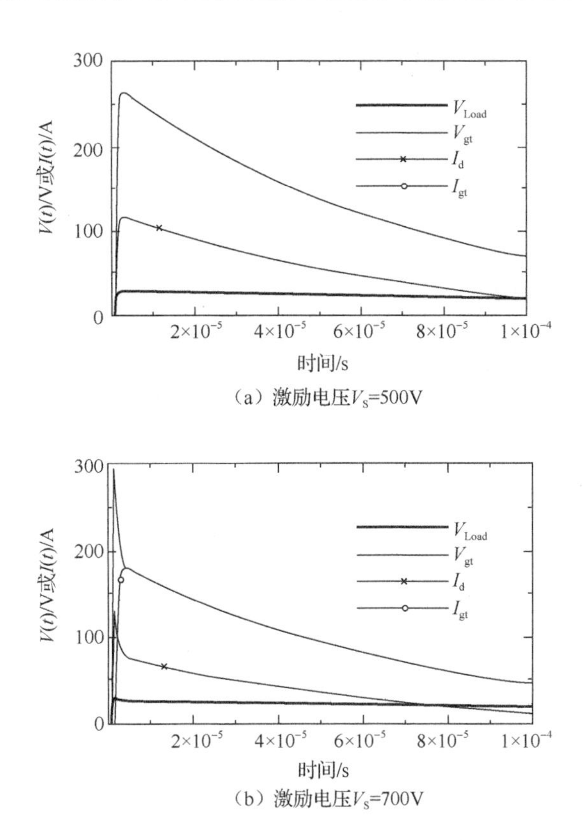

（a）激励电压V_S=500V

（b）激励电压V_S=700V

图 7.34　1.5×50 μs 电压波形激励作用下防护电路的响应波形

2）0.5μs-100kHz 振铃电压波形

采用 0.5μs-100kHz 振铃电压波形作为激励电压，计算图 7.23 中防护电路的响应，参数如下。

（1）源阻抗：纯阻性 R_{source}=30Ω；

（2）负载阻抗：纯阻性 R_L=50Ω；

（3）耦合阻抗：纯阻性 R_S=2Ω；

（4）气体放电管和防护二极管按配置 A 设置。

在这种情况下，源阻抗相对较高，因此激励电压必须比前文的例子高得多，才能触发气体放电管动作或导通。振铃电压波形在不同电压幅值（V_S=700V、1000V、2000V）的激励下，防护电路瞬态响应波形分别由图 7.35（a）～（c）给出。

对于激励电压 V_S=700V，在前文给出的电路中足以触动气体放电管，但在此处却没有动作。V_S=1000V 时，气体放电管开始动作，但只能导通一小段时间。

V_S=2000V 时，气体放电管动作，可持续几个周期。与前文讨论的防护电路一样，该波形激励下负载电阻处的电压被钳位在 20V。

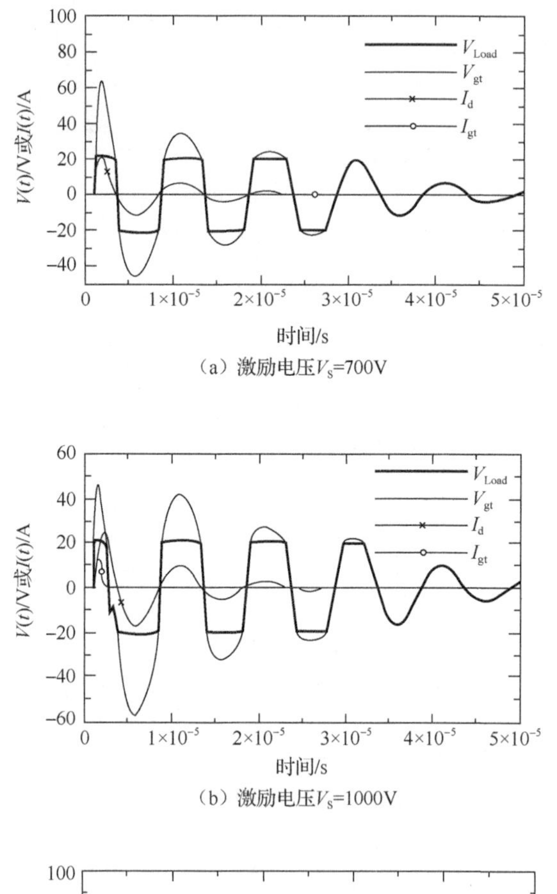

（a）激励电压V_S=700V

（b）激励电压V_S=1000V

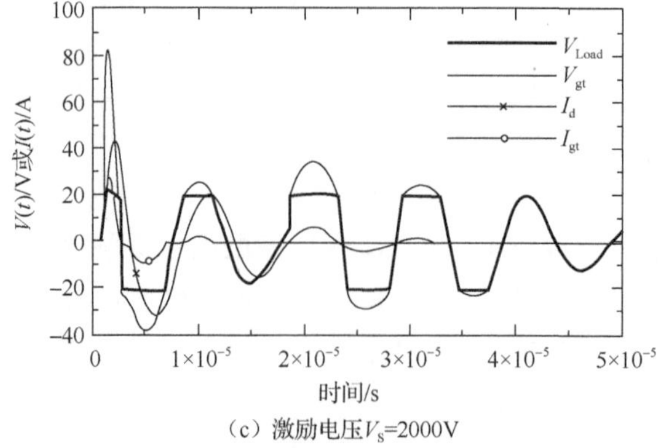

（c）激励电压V_S=2000V

图 7.35　0.5 μs-100kHz 振铃电压波形激励下防护电路瞬态响应波形

3）1.25MHz 振铃电压波形

采用 1.25MHz 振铃电压波形作为激励电压，计算图 7.23 中防护电路的响应，对于这种高 Q 值波形，电路参数如下。

（1）源阻抗：纯阻性 R_{source}=150Ω；

（2）负载阻抗：纯阻性 R_L=50Ω；

（3）耦合阻抗：纯阻性 R_S=2Ω；

（4）气体放电管和防护二极管按配置 A 设置。

同样，源阻抗高，要求触发气体放电管动作的激励电压更高，介于 2000V 至 5000V 之间。不同幅值（V_S=2000V、5000V、7000V）1.25MHz 振铃电压波形作用下的防护电路瞬态响应波形见图 7.36。

激励电压 V_S=1000V 时，气体放电管未能动作，如图 7.36（a）所示。V_S=5000V 时，气体放电管动作，产生一个小的导通电流 I_{gt}。

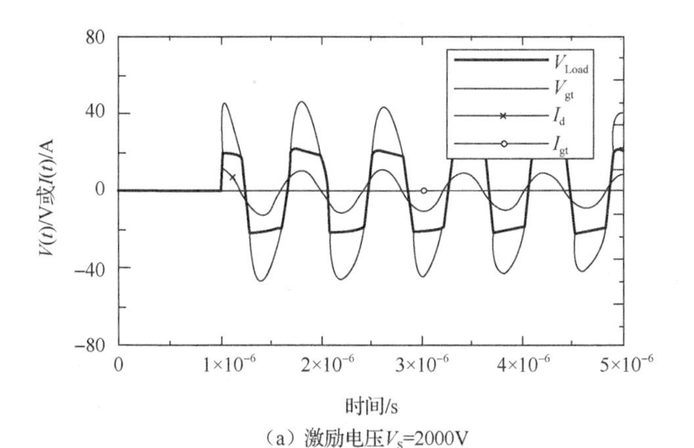

（a）激励电压 V_S=2000V

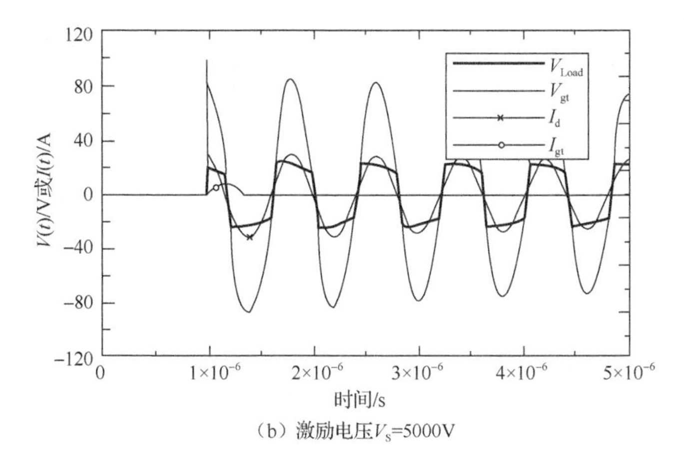

（b）激励电压 V_S=5000V

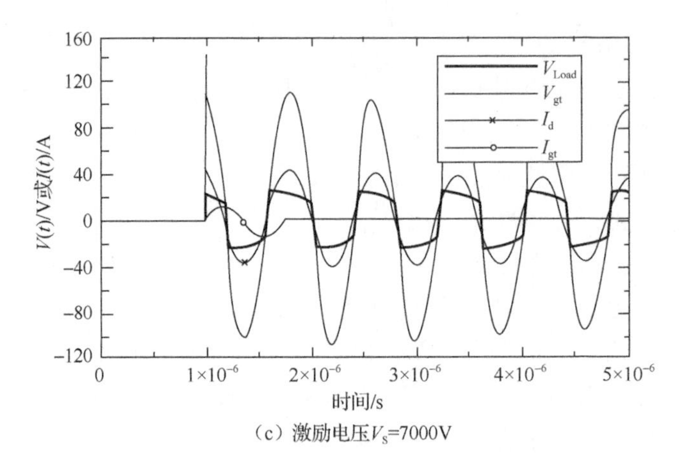

（c）激励电压V_S=7000V

图 7.36　1.25MHz 振铃激励电压作用下防护电路在的响应波形

4）电快速瞬变脉冲群

采用双指数形式的 EFT 波形作为激励电压，计算图 7.23 中防护电路的响应，电路参数如下。

（1）源阻抗：纯阻性 R_{source}=50Ω;

（2）负载阻抗：纯阻性 R_L=50Ω;

（3）耦合阻抗：纯阻性 R_S=2Ω;

（4）气体放电管和防护二极管按配置 A 设置。

该波形比其他波形快得多（即含有更高的频率成分），因此，非线性防护器件的寄生电感和寄生电容对电路性能影响较大。不同幅值（V_S=1000V、5000V）的 EFT 波形激励下的防护电路瞬态响应波形见图 7.37（a）和（b）。图中，波形前期负载电压远超过防护二极管的钳位电压 20V。这主要归因于二极管的寄生参数。此外，图 7.37（b）中流过气体放电管的电流上升沿变得很慢，是由气体放电管的寄生电感引起的。

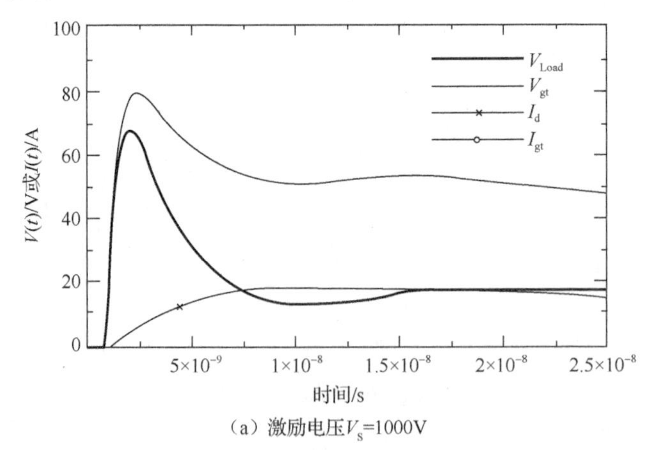

（a）激励电压V_S=1000V

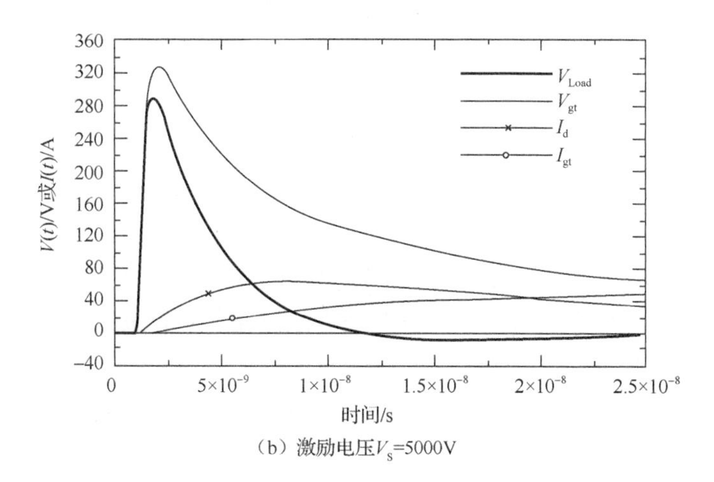

（b）激励电压V_S=5000V

图 7.37　防护电路在不同幅值 EFT 波形激励作用下的瞬态响应波形[①]

7.3.2　非线性器件的分析总结

采用合适的钳位二极管、MOV 和 GDT 等非线性防护器件的计算模型，对一个简单的电路进行计算，就可以说明这些器件是如何单独或一起发挥防护作用的。通过模拟计算，可以对这些防护器件做进一步的分析，总结如下。

（1）多级非线性防护电路的设计看似简单，但实际上却相当困难，因为设计过程中存在许多相互关联和相互作用的参数：电源和负载阻抗、钳位或动作电压，以及两个非线性防护器件之间的耦合阻抗。

（2）即使实现了防护电路的设计，由于防护器件中存在的寄生电容和电感，实际防护性能可能会与设计值有很大的不同。这些寄生参数在高频（超过 100MHz）条件下所受到的影响会越来越大，在许多使用条件下必须对其进行估计，因为制造商产品数据中一般不会包含这些寄生参数值。

（3）电路中细保护器件和粗保护器件的布放位置也至关重要。通常的方法是将粗保护器件（具有最高动作电压的器件）放置在离干扰源最近的位置，将细保护器件（具有最低动作电压的器件）放置在离受保护负载最近的位置。这样一来，细保护器件先动作，如果 HPEM 环境足够强，粗保护器件启动并有效保护细保护器件。如果颠倒了这些防护器件在电路中的位置，则粗保护器件的这一保护功能将消失，并如前文所述，将会有更大的电流流过细保护器件，有可能造成细保护器件损坏。

（4）通常很难用瞬态响应波形来判断特定防护电路的有效性，可将通过防护器件的总电荷量作为防护有效性的表征参数。

① 原著中图的横坐标刻度值有误，翻译时已做修改。——译者

7.4　HPEM 弹性和探测

众所周知，只要对已安装的防护装置进行保持和持续维护，7.3 节中的 HPEM 防护方法就会非常有效。然而，至少对于 HEMP，其防护概念是由军方提出并为军事设备设计的，实际上也只针对时间紧迫和任务关键的军事系统[32]。标准[33]中描述的军用 HEMP 加固和防护方法是在冷战时期发展起来的，因为当时要求某些系统必须具备在 HEMP 环境下生存和工作的能力。

对雷电等自然威胁环境的防护，以及军事紧急和任务关键系统的 HEMP 防护，可以通过以下几个步骤来实现。

（1）设定防护要求；

（2）识别威胁环境；

（3）对被保护对象进行风险评估；

（4）确定防护性能参数并实施防护；

（5）持续确保针对性能参数的防护设计。

防护工作是由政府或军事机构授权的，因此防护设计会有一个明确的终点（如完成设计实施和验证）。为了符合授权机构的要求，系统中的防护设计级别应该足够高，以降低系统功能面临的所有风险。简单来说，如果一切都被充分理解和控制，且防护水平可以充分保证，则防护设计方法的成功率应该很高。虽然，可能有必要偶尔重新审视和更新对威胁的认识并评估风险，但总体而言，这种防护设计方法是可行的。对于 HEMP、HPRF DE 和 IEMI，这种方法的优点是安装的防护器件可以保护系统，且可能阻止恶意攻击（即迫使实施者三思而后行或寻找更敏感的目标）。然而，这种方法也存在许多缺点。

最基本的问题是，在系统生命周期内，与威胁环境所导致系统故障（风险）的维修成本相比，防护方案成本必须是可负担的。弹性社会基金会（Foundation for Resilient Societies，FRS）估计，保护商业高压发电设施的成本约为 250000 美元[34]，而保护美国电网免受 HEMP 和地磁干扰则需要耗费 100 亿美元到 300 亿美元[35]。

弹性社会基金会指出，持续数月或数年的区域电网或全国电网断电的预计成本差异很大，从 1 万亿美元到 10 万亿美元不等。Baker 估计，大容量电力系统的 HEMP 防护成本在 500 亿美元范围内[36]。

这些成本是预付或资本化成本。还需要考虑的问题是 HPEM 防护计划的全寿命成本，包括持续运行成本和对受损防护部件进行补救性维修的成本。例如，过去的 HPEM 防护设计师无法预测技术升级的速度，而技术升级已经成为现代生活的一个事实。例如，英特尔建议[37]，每两到四年进行一次审查和更新，使 IT 基础设施保持现代化。随着新业务需求的发展，原来的硬件和软件不再具有较高的效费比，需要整合新的解决方案，以便更好地满足需要。其他方面，比如新的能效计划也可以推动定期升级的需求[38]。这意味着基础设施的所有者或运营商几乎处于不断的升级过程中，以满足最新的需求。在升级过程中不可避免地会有新的贯穿导体穿过防护边界，除非很小心，否则很容易破坏原有防护设计。

最后，在考虑更广泛的军事需求和关键基础设施的防护时，即使绝大多数系统不需要在 HPEM 威胁环境期间保持正常工作（称为在线工作），但也需要得到充分的保护，以便在威胁事件过后进行恢复。

基于以上考虑，对于人为的 HPEM 环境和威胁，在线工作的防护方案并没有被广泛采用。由于风险的不确定性和可能发生威胁的不确定性，对 HEMP、HPRF DE 和 IEMI 的防护仅适用于非常有限的情况，即

（1）由管理机构授权；

（2）相信发生威胁环境的可能性很高；

（3）确定通过实施防护方案可以完全缓解特定的风险或威胁。

HPEM 防护的建造成本、整寿命周期维护成本和管理升级的困难使得防护设计无法得到应用。

7.4.1　一种基于风险分析的方法

近年来，人们认识到军事能力与民用基础设施之间是紧密联系在一起的，因此考虑将基于风险分析的方法应用于 HPEM 防护。

民用标准组织，如 IEC、国际电信联盟和国际大电网会议（International Council on Large Electric systems，CIGRE）等，一直在积极制定关于保护民用基础设施的建议和指南[39]。民用部门的 HPEM 防护方法可大致归类为基于风险分析的方法，即描述威胁环境，进行风险评估（一方面了解现有的防护，另一方面明确其效应或抗扰度），并制定相应的防护方案。

事实上，美国国土安全部（Department of Homeland Security，DHS）公布了一个四级防护方案[40]，如表 7.8 所示。

表 7.8　基于运行危害程度的防护等级

防护等级	运行危害程度
等级 1	最低成本；允许长时间的任务中断
等级 2	只允许数小时的任务中断
等级 3	只允许数分钟的任务中断
等级 4	只允许数秒钟的任务中断

在表 7.8 的方案中，只有等级 4 适用于在线工作防护方法。然而，基于风险分析方法的应用也是有问题的，因为任何基于风险分析方法的要求都是限定或更好地量化若干因素的可能性，如威胁环境发生的可能性和系统失效或降级的概率。

人为 HPEM 威胁环境发生的可能性可分为两部分：①制造威胁环境的动机，这是高度主观的；②HPEM 产生系统的技术能力，该部分已在第 2 章中讨论。

雷电环境发生的可能性可通过考查历史数据，以及查看雷击地图和预报来评估，并可获得实时的雷电数据。雷电风险评估有工具可用，甚至有标准给出相关规定[41]。然而，对于人为 HPEM 威胁环境，如 HEMP、HPRF DE 和 IEMI 等环境，尽管 IEMI 的风险评估技术已经出现[41-46]，但能用于评估的数据却非常有限。事实上，对 HPRF DE 和 IEMI 环境的理解仍在不断发展。

对于民用基础设施的所有者或运营商来说，HEMP、HPRF DE 和 IEMI 等环境是需要考虑防护的几种人为威胁环境。火灾、洪水和极端天气等自然事件具有一定的不可避免性，与这些自然灾害相比，人为威胁环境的预测很难。与其他已知威胁环境相比，人为 HPEM 威胁环境发生的可能性较低，因此在防护预算的优先级排序中非常落后。

7.4.2 弹性方法

基于以上因素，人们开始关注系统 HPEM 环境的弹性，即快速恢复的能力，而不是通过加固或防护来确保系统功能。

弹性的定义：系统、社团或社会受到威胁时，抵抗、吸收、适应、转移和及时高效地从威胁的影响中恢复的能力。这里的关键变化是将重点从高水平防护转移到接受可能的功能中断，因此需要在威胁事件发生后立即恢复和还原。这种方法并未否定防护的需求，因为损坏的部件和系统会减慢恢复和还原速度，所以应该防止损坏。总之，在弹性方案中需要保护的系统数量可能少得多。弹性方案模型如图 7.38 所示。

采用该模型，考虑居住建筑（如学校、酒店或办公楼）发生火灾的风险。尽管可能会采用阻燃材料、防护门和灭火系统等防护措施，但火灾还是可能损坏建筑物甚至夺走生命，剩余风险不能只通过防护来完全缓解。因为存在这种剩余风险，且处于风险中的人员不需要在火灾事件发生时工作，所以采用火灾和烟雾探测器，并定期进行系统测试和疏散演习即可。

该方案的目标是减少间接影响、恢复功能和尽快回到正常运行状态。

因为网络安全保护设计师不可能跟上网络威胁演变的速度，所以对于网络威胁也遵循了这种弹性方案。

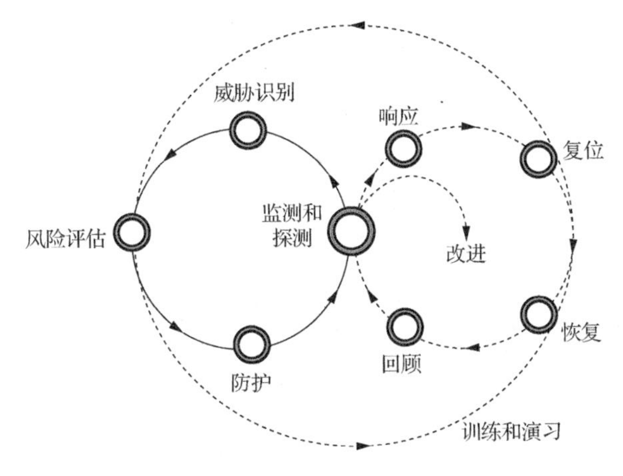

图 7.38　弹性方案模型①

图 7.38 所示的弹性方案包括防护，但在这种情况下，防护级别不需要具有应对所有风险的能力。人们可以考虑不采取任何具体的防护措施，而只是将所有的努力集中在探测和恢复上。这种方法不能提供威慑力，而这种威慑力通常是一项至关重要的要求。因此，系统的某些部分不可避免地必须以某种方式进行保护。例如，如果损坏电子设备的备件或替换件是恢复策略的一部分，则备件的存储方式必须能防止 HPEM 威胁。在这种情况下，防护方案可以简单地将备件储存在地下室的屏蔽容器中。

这种事后的恢复方案分为五个阶段：探测、响应、复位、恢复和改进。探测将在 7.4.3 小节进行讨论。

响应：响应节点在探测到 HPEM 事件后立即采取行动，包括确认受影响系统的功能降级或损坏、降低性能以确保功能安全、识别 HPEM 事件的其他证据、切换到其他备份操作模式、向一线工作者（这种情况下一般为现场服务工程师）发出警报，以及确定恢复工作的优先级。这些步骤是至关重要的第一反应或鉴别类型的过程。

复位：这一阶段是短期内恢复系统核心功能的行动。可以跳过这一阶段直接完全恢复所有的功能，但在其他事故仍然可能发生或性能降级和损坏程度未知的情况下，首先恢复关键功能才是可取的。这一过程可以防止级联或 2 阶至 n 阶效应的发生。

恢复：该阶段是使系统全部功能正常运行的行动。全面恢复的过程中需要确认威胁已经减弱或缓解，并确保连锁效应已经被识别和解决。某些部分的恢复过程可能需要相当长的时间。例如，如果受影响的部分对安全性至关重要，且需要

① 原图中响应和恢复两个节点位置互换，疑有误，基于正文已做修改。——译者

遵循某些协议，或者如果受影响的系统是商业系统，则可能需要数月或数年才能恢复财政稳定或声誉。

改进：这是至关重要的过程，所有的阶段都提供了可用于改进流程、减少影响、缩短响应和恢复时间的信息。这种方法有助于学习和提高整体弹性。

总而言之，弹性计划的总体目标如下：

（1）为可能发生的未知事件或无法通过实际防护水平完全缓解的事件，做好准备；

（2）及时有效地从事件中恢复过来；

（3）从事件中学习，以缩短响应和恢复时间。

这种类型的弹性方案仍处于探索的初级阶段，用于包括 HEMP、HPRF DE 和 IEMI 等人为 HPEM 威胁。支持响应、复位和恢复方法的关键需求之一是 HPEM 的探测。

7.4.3 HPEM 探测

如果不能发现 HPEM 事件已经或正在发生，就不能采取措施及时有效地从 HPEM 环境的影响中恢复过来。在大多数情况下，人类的感官不可能探测到 HPEM 事件，HPEM 环境对系统的效应不会留下容易辨别的痕迹或证据[47]。因此，需要一定的探测技术来确认系统功能异常是由 HPEM 环境造成的。

显然，最好在 HPEM 环境威胁到系统之前就发出警告。因为如果可以提供警告，那么就可以在 HPEM 环境威胁到达系统之前采取措施减轻威胁，并尽量减少影响。对于雷电等自然 HPEM 威胁，风暴预测已经足够成熟，至少可以提前几个小时提供预警。然而，对于人为 HPEM 威胁无法通过预测给出预警。也许可以探测到准备使用 HPEM 发生器的人，但这非常具有挑战性，需要在正确的时间出现在正确的位置。这种对人为 HPEM 威胁的部署前进行探测是一种情报收集工作。

HEMP 事件需要在太空中引爆核武器。毫无疑问，探测能够将核武器有效载荷送入太空的火箭或导弹发射前和发射后的系统是存在的。

对于 HPRF DE 和 IEMI，效应发生系统在运输过程中可做各种伪装，但可以预见，在部署效应发生系统之前，必然会对该系统进行测试和试验，因此也有可能在这一过程中被发现[45-49]。尽管如此，对人为 HPEM 威胁提供早期的预警仍是非常困难的。到目前为止，大多数 HPEM 探测的研究和开发都是为了探测在一些关键场所发生的 HPEM 事件。

7.4.3.1 HPEM 探测的要求和技术

HPEM 探测的技术极具挑战性。除了技术挑战外，非技术问题也是很大的考验，如探测器提供的信息必须采用用户可以理解的格式。另外，可能更重要的是，探测技术成本必须是可负担得起的，因为它必须低于建造和维护防护手段的全寿命成本。

可用于人为 HPEM 环境探测的技术基础分为以下类型。

（1）射频接收器：市面上有许多类型的射频接收器，从手持式扫描仪到全尺寸电子监视测量（electronic surveillance measure，ESM）接收器不等。大多数射频接收器都是窄带接收器，在较宽的频率范围内进行步进或扫描。且大部分射频接收器都是针对低功率、小信号进行设计的。

（2）利用普遍存在的接收器：Lopes-Esteves 等[48]提出，普遍存在的接收器，如日常使用的手机、笔记本电脑，甚至是无人机（如 GSM、Wi-Fi 和 GPS）中的接收器，都能自然而然地探测到 HPEM 干扰。

（3）采用软件将效应与 HPEM 干扰相关联：Lopes Esteves 等提出，可以专门开发软件工具或应用程序来查询受干扰设备内半导体器件的状态信息[49, 50]。理论上，由于 HPEM 的干扰，诸如温度和错误状态等现有的器件参数可能发生变化，并且这种变化可以被探测到。

（4）电磁场探测器：商用电磁场探测器用于探测和监测对人体健康有害的电磁环境。有的探测器是宽频的，有的则具有数据记录功能。

（5）电光器件：这项技术在 HPEM 探测应用中极具前景。文献[51]～[56]中给出了当施加外部电磁场时会改变光的某些特性（调制、强度、波长）的器件。光源通常是激光器，电光器件通常是晶体。基于双折射晶体的电场探测器具有 Pockel 效应，似乎是最常见的探测器。

（6）其他射频传感器：一些前端传感器组件，包括氖管[56,57]、液晶[58,59]、保险丝[60,61]、电阻器[62]和整流天线[63]。

霓虹灯和荧光灯（均为 GDT）在高电场作用下会发出荧光或产生辉光放电现象。灯对能量沉积（加热）做出响应，从而启动辉光放电。

当入射电磁场在液晶探测器中引起加热时，液晶探测器会改变颜色。这是一种功率平均现象。

保险丝熔断（薄导体气化）是由高强度电场引起的，这也是 HPEM 探测的一种手段。一种非常简单的设计是，在热敏纸或微米厚的薄印刷电路板上设置保险丝，并连接到平面天线结构上，如 Vivaldi 天线。

Dagys 等[62]开发了可用于窄带高功率微波（HPM）的电阻传感器。该电阻传感器主要用于传输线内 HPM 脉冲的测量。电阻传感器的性能取决于半导体中的热电子效应。图 7.39 给出了测量和探测 HPEM 的电阻传感器的实物照片。

图 7.39　测量和探测 HPEM 的电阻传感器的实物照片[62]

整流天线一词是整流和天线两个词的组合。典型的整流天线设计是将整流半导体器件直接集成到天线结构中，从而产生与 HPEM 幅值成比例的准直流信号。通过整流元件与天线的融合，提高了电磁能转化为电能的效率。迄今为止，大多数整流天线都设计为窄带天线。但 Canary 高功率电磁（HPEM）探测器却使用了嵌套式周期天线[49]。

表 7.9 给出了不同类型的 HPEM 探测技术在应用中的优点和局限性。

表 7.9　不同类型的 HPEM 探测技术在应用中的优点和局限性

技术类型	优点	局限性
射频接收器	现有技术；日志/数据检索功能；波形分析	大多数接收器技术没有足够的瞬时带宽来探测高频超宽带环境；可能损坏；成本高
利用普遍存在的接收器	广泛可用的技术；接收器已部署；成本低	接收器设计为窄带，因此不适合用来探测高频超宽带波形；需要在设备硬件上开发和嵌入应用程序；设置有意义的探测阈值可能比较困难
软件关联	无额外硬件需求；易于部署；成本低	需要在设备硬件上开发和嵌入应用程序；如果 HPEM 干扰过强，或者主机设备断电，可能使得探测无法记录
电磁场（EMF）探测器	现有技术；成本低；日志/数据检索功能	传感器元件的探测是基于人体的发热模型，因此不适合探测高频超宽带波形
电光器件	非半导体传感器；对 HPEM 环境有很强的抵抗力；宽瞬时带宽	成本高；机械强度要求高
霓虹灯：辉光放电瞬态检测	非半导体传感器；对 HPEM 环境有很强的抵抗力；成本非常低	探测所需的平均功率高，不适合探测高频超宽带波形
液晶探测器	非半导体传感器；对 HPEM 环境有很强的抵抗力；体积小；成本非常低	探测所需的平均功率高
保险丝熔断	现有技术；非常简单；体积小；成本低	需要转动；难以审查；不是宽带宽的，不适合探测高频超宽带波形

续表

技术类型	优点	局限性
电阻传感器	现有技术；非常简单；宽带宽；体积小；成本低	一般基于热效应，不适合探测高频超宽带波形
整流天线	非常简单；体积小；成本低	大多数不是宽带宽的，不适合探测高频超宽带波形

7.4.3.2　HPEM 探测解决方案示例

HPEM 探测技术仍处于初级阶段，虽然存在成熟的样机原型，但在撰写本书时，商业上授权的技术并不多见。

1）HPM 探测器

荷兰国家应用科学研究院（Netherlands Organisation for Applied Scientific Research，TNO）开发的高功率微波（HPM）探测器原型样机为一种低成本设备，对于大多数 HPEM 信号类型，能满足频率响应平坦、全向性和响应时间的要求。该探测器的特性如下。

（1）信号类型：载波脉冲（carrier-based pulses）、超宽带（UWB）和连续波（CW）；

（2）频率范围：100MHz～8GHz（平坦响应）；

（3）灵敏度阈值：

- 低电平为 3V/m；
- 中等电平为 10V/m；
- 高电平为 40V/m。

（4）通过 3 个指示灯，分别指示 CW、UWB 和载波脉冲；

（5）最大输入电平：>1000V/m（载波脉冲）、>3000V/m（UWB）。

2）电磁推理探测系统

这是由美国 Emprimus 公司开发的探测系统，可以探测很大范围内的威胁电场强度，从干扰级别到引起电子设备损坏并引发数据完整性问题的级别[64,65]。Emprimus 公司提出了一种高强度电磁场探测的推理方法，并申请了该方法的专利。推理过程涉及远场磁场的测量，该磁场与空气中的高强度电场成正比，且在测量过程中对该高强度电场进行了屏蔽[66]。该探测系统的特性如下。

（1）频率范围：100MHz～10GHz；

（2）场强：100V/m～100kV/m；

（3）最小脉冲宽度：10ns；

（4）上升时间：<10ns；

（5）测量间隔：1ms。

3）IEMI 探测系统

作为 HIPOW 项目[67,68]的组成部分，德国弗劳恩霍夫研究所（Fraunhofer INT）开发了一种 IEMI 探测系统。该系统如图 7.40 所示，由一个可实现测向的 4 通道天线系统、一个基于对数放大器的探测电子设备和一台与探测电子设备相连的笔记本计算机组成。该笔记本计算机装有一个软件应用程序，用于探测数据的采集和可视化。

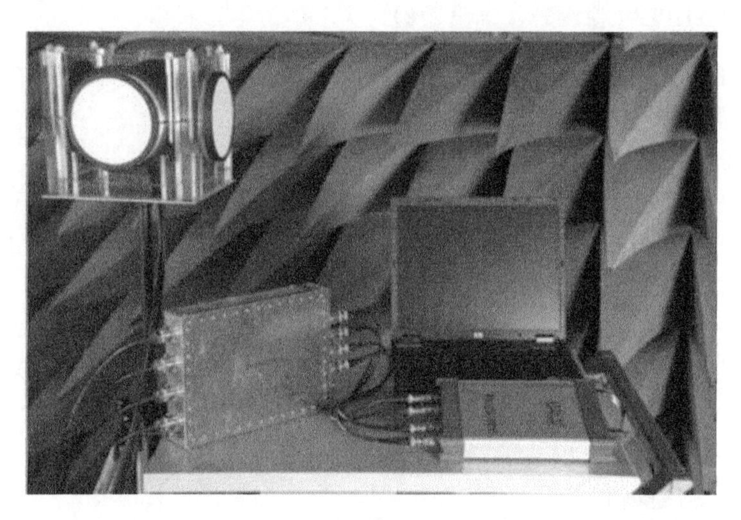

图 7.40　德国弗劳恩霍夫研究所开发的 IEMI 探测系统[68]

该探测系统的特性如下。

（1）探测场强>1kV/m 的信号（脉冲、UWB、CW）;

（2）具有对高达 10kV/m 场强的损伤抗扰度;

（3）在 500MHz～8GHz 范围，实现场强>100V/m 的中距离 HPM 源的频率无关探测，可用于预警和探索;

（4）测量动态范围：>60dB;

（5）极化无关性：与方向无关（至少在水平面内）或在规定的扇区（如 90°）内;

（6）按幅度、脉冲持续时间、脉冲重复频率或脉冲数，以及脉冲形式对探测到的事件进行分类;

（7）威胁方向识别（4 通道系统）。

4）范数探测器

我国的 Kong 等[69]研发了一种探测系统，该系统由渐进圆锥天线（D-dot）、阻抗匹配和硬件积分器组成，并用光纤链路传输探测数据。该探测器还具有存储数据的功能，其照片如图 7.41 所示。

图 7.41　由 Kong 和 Xie 研发的范数探测器[70]

该探测器的特性如下。

（1）工作带宽：1kHz～460MHz；

（2）场强：0.1～55kV/m（通过调节天线高度）；

（3）最大采样率：2GSa/s；

（4）存储深度：8kB。

5）HPM 攻击探测系统

作为欧洲框架项目 PROGRESS[71]的组成部分，德国 Fraunhofer EMI 公司研发了一种 HPM 攻击探测系统。该系统还集成了其他探测器，可进行物理（冲击波）、网络和全球导航卫星系统（GNSS）干扰和欺骗的探测。该探测系统是专门为提高卫星地面站的弹性而研制的，其特性如下。

（1）频率范围：500MHz～8GHz；

（2）与极化无关；

（3）测向精度：±15°；

（4）动态范围：>60dB；

（5）最小脉冲宽度：20ns；

（6）最大脉冲重复率：1kHz。

6）TOTEM 探测系统

TOTEM 探测系统是由英国 QinetiQ 公司开发的，用于探测 HEMP E1、HPRF DE 和 IEMI 等可能威胁电子系统的 HPEM 环境[72]。该探测系统有一个新型宽带螺旋天线，并且采用了对数接收机[73]。TOTEM 探测系统有用于存储事件数据的板载闪存、集成不间断电源和用于事件数据传输的光纤链路，并可配置一个 24/7 的 web 服务器接口。TOTEM 探测器的照片如图 7.42 所示。

图 7.42　英国 QinetiQ 公司开发的 TOTEM 探测器

该探测系统的特性如下。

（1）频率范围：10MHz～10GHz；

（2）瞬时带宽：约 3GHz，经证明可探测高频超宽带环境（200ps 脉冲宽度）；

（3）GPS/GNSS 干扰探测；

（4）事件日志：IEMI 加固事件记录器，记录事件、日期和幅度；

（5）不间断电源（uninterruptible power supply，UPS）：包括在正常运行条件下断电时的集成电池备份；

（6）用于数据传输的光纤端口。

7.4.3.3　HPEM 探测面临的挑战

HPEM 探测系统的发展仍面临着一些挑战，本节将就此展开讨论。

（1）假警报：任何类型的探测系统面临的最大问题之一是对真正恶意或不可接受的行为和意外或可接受的行为的区分。如果产生过多的假警报，任何警报类型的探测系统都会很快失去可信度[74]。探测系统有四种可能的输出结果，如图 7.43 所示。

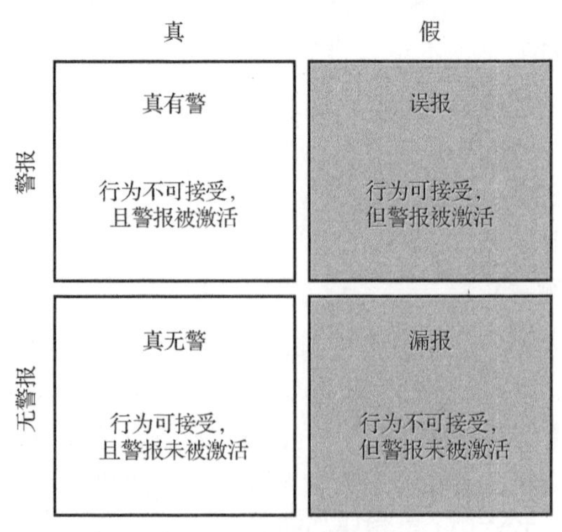

图 7.43　探测系统四种可能的输出结果

误报（F-P）被认为是出现最多的问题，因为警报需要分析，所以会产生无用的行动，也会消耗大量的时间，并减慢了处理速度。漏报（F-N）可能是最严重的问题，因为这种情况下，不可接受的行为被允许发生且没有被探测到，这也最有可能导致探测系统的使用者失去信心。

（2）报警阈值设置：正如本书中讨论的，HPEM 效应具有高度不确定性，因此设置合适且不会产生假警报事故的探测阈值极具挑战性。幸运的是，对 HPEM 环境的理解和定义已经相当成熟，并且已经有了公开的环境定义。随着不断加深对部署环境的了解，探测解决方案必须能够快速、远程地调整阈值的设置。

（3）探测器位置和方向：HPEM 探测器的安装位置非常重要，因为选择恰当的位置对于最大限度地减少探测阈值的不确定性至关重要。例如，一开始似乎需要将 HPEM 探测器安放在建筑物的外立面上，以便对建筑物进行探测。然而，除非明了所关注的 HPEM 环境与建筑结构的耦合过程，否则阈值设置的保真度不足以减少假警报。

7.5　HPEM 标准

过去，特别是在冷战时期，HEMP 标准的重点是保护军事系统。军事领域的许多 HEMP 标准至今仍然是保密的，本章不做详细讨论。近年来，人们已经认识到 HEMP 可能严重影响民用基础设施的功能[75-77]。民用部门似乎也有新的动力考虑将基础设施的 HEMP 防护要求标准与其他 HPEM 威胁（如 IEMI，以及自然威胁，如太阳风暴引起的地磁扰动）统一起来[78,79]。

目前，已经花费了大量的精力来制定 HPEM 标准，用以指导民众了解 HEMP 环境及其影响，并指导防护民用关键基础设施。本节将讨论 HPEM 防护标准化工作的进展。

7.5.1　HPEM 标准组织

目前有几个组织正在积极制定和维护 HPEM 标准。在许多情况下，特别是对于军事标准组织，HPEM 通常与雷电、静电放电（ESD）和电磁干扰（EMI）等其他电磁现象一样，被视为电磁环境（EME）[80-83]的组成部分。可以把 HEMP 作为核武器效应要求的组成部分之一[84,85]。当然也存在例外，对于某些特定的军事应用，HEMP 是单独对待的，如 MIL-STD-188-125 第 1 部分[86]。

通常，军用标准组织由某指导委员会中的专家组成。例如，MIL-STD-188-125 是由一个特别工作组制定，该工作组属于美国国防特种武器局（Defense Special

Weapons Agency，DSWA)，现在被称为美国国防威胁降低局（Defense Threat Reduction Agency，DTRA）。

在民用领域，最活跃和最多产的小组是 IEC 的分委员会 77C（IEC SC 77C）。

7.5.1.1　IEC SC 77C：高功率瞬态现象

自 1989 年以来，总部位于瑞士日内瓦的 IEC 在 IEC SC 77C 的领导下，一直在制定和发布有关 HEMP 环境的标准和报告，以提供保护民用系统免受这种环境影响的方法。因为 HEMP 是一种电磁干扰，所以从一开始就决定了这项工作将与 IEC 和世界各地其他组织正在进行的 EMC 工作紧密结合起来。IEC 技术委员会 77（TC 77）是 SC 77C 的上级委员会，其名称为 EMC 委员会。

有几篇文章提供了 21 份已出版的 IEC SC 77C 文件的详细信息[87-89]，包括环境定义、系统耦合和系统防护等内容。IEC SC 77C 产生的 HPEM 标准主体如图 7.44 所示，其中黑色或粗体文本框中的标准与 HEMP 直接相关，虚线文本框中的标准与 IEMI 相关。

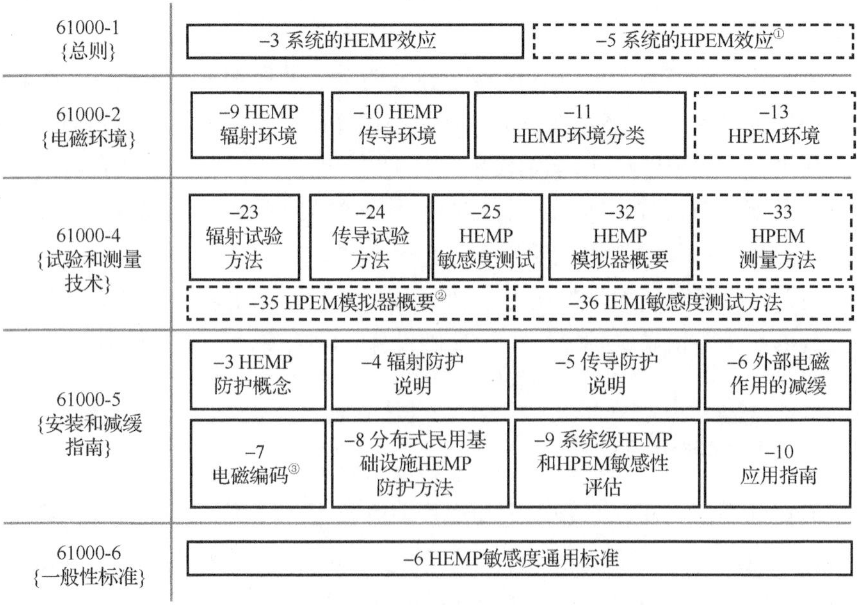

系列	标准				
61000-1 {总则}	–3 系统的HEMP效应	–5 系统的HPEM效应①			
61000-2 {电磁环境}	–9 HEMP 辐射环境	–10 HEMP 传导环境	–11 HEMP环境分类	–13 HPEM环境	
61000-4 {试验和测量技术}	–23 辐射试验方法	–24 传导试验方法	–25 HEMP 敏感度测试	–32 HEMP 模拟器概要	–33 HPEM 测量方法
	–35 HPEM模拟器概要②	–36 IEMI敏感度测试方法			
61000-5 {安装和减缓指南}	–3 HEMP 防护概念	–4 辐射防护说明	–5 传导防护说明	–6 外部电磁作用的减缓	
	–7 电磁编码③	–8 分布式民用基础设施HEMP防护方法	–9 系统级HEMP和HPEM敏感性评估	–10 应用指南	
61000-6 {一般性标准}	–6 HEMP敏感度通用标准				

图 7.44　IEC SC 77C 产生的 HPEM 标准主体

①②：原文为 HEMP，查标准后确定为 HPEM。——译者

③：电磁屏蔽性能等级。——译者

7.6 小　　结

对 HPEM 环境防护技术开展研究和应用已近 50 多年。防护概念已经非常成熟，经过反复试验，可以为器件、设备、系统和设施提供高水平防护。尽管如此，HPEM 防护设计一般比较复杂，并需要一定的技巧来实现。

许多成熟的防护概念旨在提供一种在线(work-through)状态的防护解决方案，能使设施或系统执行的功能不受 HPEM 环境的干扰。然而，在线防护设计需要安装屏蔽体、滤波器和瞬态防护器件，而所有这些器件都需要持续的监视和维护，以便在全寿命周期为受保护对象提供在线防护。

绝大多数军用和民用系统不需要在 HPEM 环境中保持正常工作，但必须能以可接受的方式从 HPEM 环境中恢复。人为 HPEM 环境在不断发展，而且发展的速度预计不会减缓。传统的在线防护方案可能不够灵活，很容易因为受保护对象的快速变化而使防护设计达不到要求。如果 HPEM 环境有发生的可能性，则采用一个完整的在线防护方案会耗费很大的成本。

一个发展趋势是考虑一种基于风险分析的方法，并越来越多地尝试一种弹性模式的防护。该弹性模式依赖于 HPEM 环境的探测，而市面上已经出现了 HPEM 探测的解决方案。

HPEM 探测器的部署将对量化人为和自然 HPEM 的影响起到极大的推动作用。探测器本身也能提供威慑力，因为它说明了对 HPEM 事件进行溯源的能力。

最后，通过探测获得的弹性数据实际上有助于量化 HPEM 威胁发生的可能性。这些数据至关重要，因为它们有助于确定防护的规模。

参 考 文 献

[1] Bell Laboratories, *EMP Engineering and Design Principles*, Technical Publications Department, Bell Laboratories, Whippany, NJ, 1975.

[2] Lee, K. S. H., (ed.), *EMP Interaction: Principles, Techniques, and Reference Data*, New York: Hemisphere Publishing Co., 1986.

[3] Radasky, W. A., and M. W. Wik, *IEC Standardization: Immunity to High Altitude Nuclear Electromagnetic Pulse (HEMP)*, Report on the Status of Work, June 1998.

[4] Vance, E. F., “EMP Hardening of Systems,” *Proceeding of the 4th Symposium and Technical Exhibition on Electromagnetic Compatibility*, Zurich, March 10–12, 1981.

[5] U.S. Army Corps of Engineers, "Electromagnetic Pulse (EMP) and Tempest Protection for Facilities," Publication 1110-3-2, December 31, 1990.

[6] Clayborne, D., D. Taylor, and V. Giri, *High Power Microwave Systems and Effects*, Taylor & Francis, 1994.

[7] Giri, D. V., and A. W. Kaelin, "Many Faces of High-Power Electromagnetics (HPEM) and Associated Problems in Standardization," *AMEREM*, Albuquerque, NM, 1996.

[8] Baum, C. E., "Electromagnetic Topology for the Analysis and Design of Complex Electromagnetic Systems," in *Fast Electrical and Optical Measurements, Vol.* I, I. E. Thompson and L. H. Luessen, (eds.), Dordrecht: Martinus Nijhoff, 1986, pp. 467–547.

[9] Baum, C. E., "How to Think About EMP Interaction," *Proceedings of the 1974 Spring FULMEN Meeting*, Kirtland AFB, April 1974.

[10] Tesche, F. M., et al., "Internal Interaction Analysis: Topological Concepts and Needed Model Improvements," *Interaction Note Series*, IN-248, October 1975.

[11] Tesche, F. M., "Topological Concepts for Internal EMP Interaction," *IEEE Transactions on Antennas and Propagation*, Vol. AP-26, No. 1, January 1978.

[12] Schulz, R. B., "Electromagnetic Shielding," Ch. 9 in *The Handbook of EMC*, R. Perez, (ed.), New York: Academic Press, 1995.

[13] Archambeault, B., and R. Thibeau, "Effects of Corrosion on the Electrical Properties of Conducted Finishes for EMI Shielding," *IEEE EMC Conference*, May 23–25, 1989.

[14] Das, S. K., et al., "The Effect of Corrosion on Shielding Effectiveness of a Zinc-Coated Steel Enclosure," *IEEE EMC Conference*, 1999.

[15] Standler, R. B., *Protection of Electronic Circuits from Over Voltages*, 1st ed., New York: Wiley-Interscience, 1989.

[16] *Surge Protection and Applications Guide*, Powerforce Systems, Inc., Alcoa, TN.

[17] *A Guide to the Use of Spark Gaps for Electromagnetic Pulse (EMP) Protection*, Joslyn Electronic Systems, Goleta, CA, 1973.

[18] *Electrical Distribution and System Protection: A Textbook and Practical Reference on Overcurrent and Overvoltage Fundamentals, Protective Equipment and Apparatus*, Cooper Power Systems, 1990.

[19] Technical Staff of Keytek Instrument Corp., *Surge Protection Test Handbook: A Practical Guide for Designers, Builders and Users of Modern Electronic Equipment*, 2nd ed., 1982.

[20] *A Comparison Report of Transzorbs Versus Metal Oxide Varistors*, General Semiconductor Co., Tempe, AZ.

[21] Sweetana, A., "Characteristics, Application and Field Testing of Westinghouse Gapless Metal Oxide Surge Arresters," Proceedings of the 1982 Doble Conference, Boston, April 19–23, 1982.

[22] "Citel Surge Arrester Gas Tubes," Product brochure from Citel Inc., www.citelprotection.com.

[23] *Reference Data for Radio Engineers Handbook*, New York: International Telephone and Telegraph Co., 1956.

[24] Büchler, W., "Overvoltage Protection Circuits," Meteolabor AC, Wettikon, Switzerland, *Proceedings of the 1985 Zurich Symposium on EMC*, 1985.

[25] *Spice Age, Nonlinear Analog Circuit Simulator*, Tatum Labs, Inc., Ann Arbor, MI.

[26] Standler, R. B., "Transmission Line Models for Coordination of Surge-Protection Devices," *Proceedings of the 1993 IEEE EMC Symposium*, 1993.

[27] Chen, C. L., "Transient Protection Devices," *Proceedings of the 1975 IEEE EMC Symposium*, 1975.

[28] International Electrotechnical Commission Standard IEC 60-2, International Electrotechnical Commission Standard. (Also see ANSI/IEEE Std 4-1798 and ANSI C62.1-1984.)

[29] Institute of Electrical and Electronics Engineers Standard, IEEE Standard 587. (Also see ANSI Std C62.41-1980.)

[30] American National Standards Institute, ANSI C37.90a-1974.

[31] International Electrotechnical Commission Standard IEC 801-4, International Electrotechnical Commission Standard, 1998.

[32] MIL-STD-188-125, "HEMP Protection for Ground-Based C4I Facilities Performing Critical, Time-Urgent Missions," 1998.

[33] Hoad, R., and W. Radasky, "Progress in High Altitude Electromagnetic Pulse (HEMP) Standardization," *IEEE Transactions on Electromagnetic Compatibility*, Special Issue on HEMP, Vol. 55, No. 3, June 2013.

[34] Public Submission to the U.S. National Reliability Council, "Comments of the Foundation for Resilient Societies, Inc. on Mitigation Strategies for Beyond-Design-Basis Events," NRC Docket No. NRC-2014-0240, 80 FR 70609, August 8, 2019.

[35] Fact Sheet, "On Preliminary Costing Model of the Foundation for Resilient Societies to Protect the U.S. Electric Grid from Man-Made Electromagnetic Pulse (EMP) Hazards and Solar Geomagnetic Disturbances (GMD)," Foundation for Resilient Societies, May 13, 2015.

[36] Baker, G. H., "Testimony Before the Senate Committee on Homeland Security and Governmental Affairs," February 27, 2019.

[37] Intel IT Center planning guide, "Updating IT Infrastructure Four Steps to Better Performance and Lower Costs for IT Managers in Midsize Businesses," December 2013.

[38] Huang, R., and E. Masanet, "Data Center IT Efficiency Measures - The Uniform Methods Project: Methods for Determining Energy Efficiency Savings for Specific Measures," NREL/SR-7A40-63181, January 2015.

[39] Hoad, R., E. Schamiloglu, and W. Radasky, "An Update on HPEM Standards and the Work of IEC SC 77C in 2018," *AMEREM 2018*, Santa Barbara, CA, 2018.

[40] Baker, G. H., et al., "Electromagnetic Pulse (EMP) Protection and Resilience Guidelines for Critical Infrastructure and Equipment, Version 2.2," National Coordinating Center for Communications (NCC), February 5, 2019.

[41] Mata, C. T., and T. Bonilla, "Lightning Risk Assessment Tool, Implementation of the IEC 62305-2 Standard on Lightning Protection," *2012 International Conference on Lightning Protection (ICLP)*, Vienna, Austria, 2012.

[42] Petit, B., R. Hoad, and A. Fernandes, "An Overview of Some Site Specific IEMI Risk Assessment Tools," *AMEREM 2014*, Albuquerque, NM, July 27–August 1, 2014.

[43] Chatt, L., B. Petit, and R. Hoad, "High Power Radio Frequency Risk/Hazard Assessment Tool," *EUROEM 2016*, Imperial College, London, U.K., July 2016.

[44] Sabath, F., and H. Garbe, "Assessing the Likelihood of Various Intentional Electromagnetic Environments the Initial Step of an IEMI Risk Analysis," *IEEE International Symposium on Electromagnetic Compatibility (EMC)*, 2015, pp. 1083–1088.

[45] Genender, E., H. Garbe, and F. Sabath, "Probabilistic Risk Analysis Technique of Intentional Electromagnetic Interference at System Level," *IEEE Transactions on Electromagnetic Compatibility*, Vol. 56, No. 1, February 2014, pp. 200–207.

[46] Lanzrath, M., M. Suhrke, and H. Hirsch, "HPEM-Based Risk Assessment of Substations Enabled for the Smart Grid," *IEEE Transactions on Electromagnetic Compatibility*, 2019, pp. 1–13.

[47] Hoad, R., and I. Sutherland, 'Malicious Electromagnetic (EM) Threats to Information Processing Installations – How Do We Respond and Protect?" University of Plymouth, Plymouth, U.K., June 30–July 1, 2008.

[48] Lopes-Esteves, J., E. Cottais, and C. Kasmi, "Software Instrumentation of an Unmanned Aerial Vehicle for HPEM Effects Detection," *2nd URSI Atlantic Radio Science Meeting (AT-RASC)*, 2018, pp. 1–4.

[49] Hoad, R., "The Utility of Electromagnetic Attack Detection to Information Security," Ph.D. Thesis, University of Glamorgan, December 2007.

[50] Kasmi, C., et al., "Event Logs Generated by an Operating System Running on a COTS Computer During IEMI Exposure," *IEEE Transactions on Electromagnetic Compatibility*, Vol. 56, No. 6, 2014, pp. 1723–1726.

[51] Kanda, M., and K. D. Masterson, "Optically Sensed EM-Field Probes for Pulsed Fields," *Proceedings of the IEEE*, Vol. 80, No. 1, January 1992, pp. 209–215.

[52] Zaldivar-Huerta, L., and J. Rodriguez-Asomoza, "Electro-Optic E-Field Sensor Using an Optical Modulator," *14th International Conference on Electronics, Communications and Computers, 2004, CONIELECOMP 2004*, February 16–18, 2004, pp. 220–222.

[53] Deibel, J. A., and J. F. Whitaker, "A Fiber-Mounted Polymer Electro-Optic-Sampling Field Sensor," *The 16th Annual Meeting of the IEEE Lasers and Electro-Optics Society, 2003 (LEOS 2003)*, Vol. 2, 2003, pp. 786–787.

[54] Torihata, S., and B. Loader, "The New Principle E-Field Sensor for Automotive Immunity Test," *Automotive EMC 2003*, Milton Keynes, NEC Tokin Corp., Japan, November 6, 2003.

[55] Gaborit, G., et al., "Packaged Optical Sensors for the Electric Field Characterization in Harsh Environments," *2015 International Conference on Electromagnetics in Advanced Applications (ICEAA)*, 2015, pp. 1468–1471.

[56] Thickpenny, J., "The Measurement of Electric and Magnetic Fields for Prediction," Royal Military College of Science Technical Note RT 56, 1971.

[57] Yamamoto, Y., et al., "Measurement of Intense Microwave Field Patterns Using a Neon Glow Indicator Lamp," *International Journal of Infrared and Millimeter Waves*, Vol. 16, No. 3, March 1995.

[58] Giannini, F., P. Maltese, and R. Sorrentino, "Liquid Crystal Technique for Field Detection in Microwave Integrated Circuitry," *Alta Frequenza (English Edition)*, Vol. 46, April 1977, pp. 170–178.

[59] Sato, S., and T. Hara, "Application of a Ferroelectric Liquid Crystal Cell to an Electric Field Sensor," Institute of Scientific Instrumentation, 1998.

[60] Seregelyi, J. S., T. Lapohos, and C. Gardner, "Design and Characterisation of Broadband Dosimetry Plates," NATO presentation SCI-019, Tactical implications of HPM, June 8–10, 1999.

[61] Eriksson, K., et al., "Microwave Shielding Effectiveness of Large Mobile Military Systems and a Low Cost HPM Indicator," Reprint from RVK02, Stockholm, Sweden, June 10–13, 2002.

[62] Dagys, M., et al., "Resistive Sensor for High Power Microwave Pulse Measurement," *2011 International Conference on Electromagnetics in Advanced Applications*, 2011, pp. 43–46.

[63] McSpadden, J. O., L. Fan, and K. Chang, "Design and Experiments of a High-Conversion Efficiency 5.8-GHz Rectenna," *IEEE Transactions on Microwave Theory and Techniques*, Vol. 46, No. 12, 1998, pp. 2053–2060.

[64] Arnesen, O. H., and R. Hoad, "Overview of the European Project 'HIPOW,'" *IEEE Electromagnetic Compatibility Magazine*, Vol. 3, No. 4, 2014, pp. 64–67.

[65] Jackson, D. B., T. R. Noe, and G. H. Baker III, "High Dynamic Range, Wide Bandwidth Electromagnetic Field Threat Detector," *Ultra-Wideband, Short-Pulse Electromagnetics 10*, November 28, 2013, pp. 355–368.

[66] Jackson, D. B., et al., "Electromagnetic Field Detection Systems and Methods," U.S. Patent 8860402, Application Number: 12/906912, October 14, 2014.

[67] Suhrke, M., "Threat and Detection of High Power Microwaves," *Progress in Electromagnetics Research Symposium Abstracts*, Stockholm, Sweden, August 12–15, 2013.

[68] Adami, C., et al., "HPM Detector with Extended Detection Features," *Ultra-Wideband, Short-Pulse Electromagnetics 10*, New York: Springer, 2014, pp. 345–353.

[69] Kong, X., and Y. Z. Xie, "An Active E-Field Sensor Based on Laser Diode for EMP Measurement," *XXXIth URSI General Assembly and Scientific Symposium (URSI GASS)*, 2014, pp. 1–4.

[70] Kong, X., et al., "Development of One-Dimensional Norm Detector for the Measurement of Nanosecond Transient Electrical Signals," *IEEE Transactions on Electromagnetic Compatibility*, Vol. 59, No. 4, 2017, pp. 1035–1040.

[71] Schopferer, S., et al., "PROGRESS Project: Improving the Resilience of Satellite Ground Station Infrastructures: High Power Microwaves Threat Detection System and Protection Strategies," *2016 International Symposium on Electromagnetic Compatibility (EMC EUROPE)*, 2016, pp. 746–749.

[72] Herke, D., et al., "Lessons Learnt from IEMI Detector Deployments," *EUROEM 2016*, Imperial College, London, U.K., July 2016.

[73] Hoad, R., and D. L. Herke, "Electromagnetic Interference Indicator and Related Method," International Patent Publication No. WO17/125465 A1, January 19, 2017.

[74] Proctor, P. E., *The Practical Intrusion Detection Handbook*, Upper Saddle River, NJ: Prentice Hall, 2001.

[75] Wik, M., "URSI Statement - Nuclear Electromagnetic Pulse [EMP] and Associated Effects," *IEEE Antennas and Propagation Society Newsletter*, Vol. 29, No. 3, 1987, pp. 19–23.

[76] *Report of the Commission to Assess the Threat to the United States from Electromagnetic Pulse (EMP) Attack, Vol. I: Executive Report*, April 7, 2004, www.empcommission.org.

[77] *Report of the Commission to Assess the Threat to the United States from Electromagnetic Pulse (EMP) Attack, Critical National Infrastructures*, April 2008, www.empcommission.org.

[78] Hoad, R., "Protection from High Power Electromagnetic Environments (HPEM) on Civilian Infrastructure," *Directed Energy Weapons 2010*, London, U.K., March 22–23, 2010.

[79] Radasky, W. A., "The Potential Impacts of Three High-Power Electromagnetic (HPEM) Threats on Smart Grids," *IEEE Electromagnetic Compatibility Magazine*, Vol. 1, No. 2, 2012.

[80] EP 1110-3-2, "Engineering and Design - Electromagnetic Pulse (EMP) and Tempest Protection for Facilities Proponent," December 31, 1990. http://everyspec.com/ARMY/ARMY-General/EP_1110-3-2_1990_18942.

[81] NATO AECTP 250, "Electrical and Electromagnetic Environmental Conditions – Leaflet 256 Nuclear Electromagnetic Pulse (NEMP/EMP)," 2nd ed., November 2010.

[82] United Kingdom, Defence Standard 59-411, Part 2, Issue 1, Amendment 1, "Electromagnetic Compatibility – Part 2 – The Electric, Magnetic & Electromagnetic Environment," January 31, 2008.

[83] USA, MIL-STD-464C, Military Standard, "Electromagnetic Environmental Effects, Requirements for Systems," December 1, 2010.

[84] NATO AEP 4: "Nuclear Survivability Criteria for Armed Forces Material and Installations," 1991.

[85] Defense Standard 08-4, "Nuclear Weapons Explosions Effects and Hardening – Part 5 Section 4, Nuclear Electromagnetic Pulse," 2010.

[86] USA, MIL-STD-188-125, Part 1, "High-Altitude Electromagnetic Pulse (HEMP) Protection for Ground-Based C4I Facilities Performing Critical, Time-Urgent Missions, Part 1 Fixed Facilities," July 17, 1998.

[87] Ni, L., "The Standards of High Power Transient Phenomena," *5th Asia-Pacific Conference on Environmental Electromagnetics (CEEM)*, 2009.

[88] Radasky, W. A., "2007 Status of the Development of High-Power Electromagnetic (HPEM) Standards in the IEC," *International Symposium on Electromagnetic Compatibility*, 2007.

[89] Hoad, R., and W. Radasky, "Progress in IEC SC77C High Power Electromagnetics Publications During 2009," *Asia Pacific EMC Conference*, Beijing, China, April 12–16, 2010.

第 8 章　总结与展望

本书内容广泛，主要包括：HPEM 环境、HPEM 耦合和相互作用、HPEM 效应试验技术、HPEM 效应机理、HPEM 效应分类和 HPEM 环境下系统保护等。本章着眼于这些主题，并展望其未来的发展。

高功率电磁（HPEM）环境既包括自然现象，也包括人为现象。几千年来，雷电和地磁扰动等自然现象一直是地球环境的一部分，目前人们对这些现象的细节和特点的理解仍在不断提高。有人认为，随着气候变化，极端天气事件会增多，这无疑会导致雷击事件更加频繁发生。事实上，不止一篇文章[1]预测，全球平均气温每升高 1℃，美国的雷击次数就会增加约 12%。可以推测，由于气候变化，目前地球上雷击发生率较低的地区后期可能会出现更多的雷击。

另外，人们刚开始理解太阳发射的高能粒子是如何引起地磁风暴并导致地磁扰动[2]。目前还不清楚地球上的变化是否会导致严重的地磁扰动。众所周知，偶尔会有罕见的剧烈地磁扰动，有时将这些剧烈的地磁扰动称为百年风暴。最近一次严重的真实事件——卡林顿风暴，发生在 1859 年，由英国天文学家卡林顿观测到并以其姓名命名。人们正在努力预测下一场大磁暴将于何时到来[3]，但毫无疑问，无论是现在还是将来，它对电力和电子系统的影响都将比 1859 年大得多。

人造 HPEM 环境，如 HEMP、HPRF DE 和 IEMI，到现在只有大约 60 年的发展，关于它的经验和认识仍存在不足。

HPRF DE 是一个快速增长和发展的技术领域。很明显，设计 HPRF DE 系统的技术能力越来越强大，一部分原因是对国防领域的持续研究和发展，另一部分原因是非国防领域开发的子系统设计技术。新能源汽车工业的紧凑型高能量密度电池、航空航天的紧凑型发电机、轻质超材料天线和雷达的相控阵天线等技术，正被用于提高 HPRF DE 系统的性能。

市场分析报告[4,5]指出，全球定向能武器（directed energy weapons，DEW）市场（包括快速发展的激光 DEW 领域）预计到 2023 年将达到 419.7 亿美元，复合年增长率为 26.4%。

近年的研究[6]着眼于结合 HPRF DE/IEMI 源的能力来制造赛博类型（cyber-type）的效应。在实验中，作者证明可以用语音命令调制高功率射频放大器，语音命令可以耦合到智能设备（如智能手机）的电缆上，并且可以解锁或访问该设备。

在 IEMI 方面，已经确定 IEMI 领域的技术似乎正在紧跟 HPRF DE 领域的发展，使得 IEMI 源的制造技术不断改进，并更容易获得。许多了解 HPEM 的科学家和工程师观察到，公众论坛和社交媒体对 IEMI 的兴趣和讨论似乎逐年增加。事实上，不止一位作者[7]认为：

（1）非有害电磁干扰的事件，如前面讨论的 Forrestal 灾难；

（2）航空公司在商业航班上关于关闭手机和 IT 设备等个人电子设备的警告；

（3）大功率射频技术的军事演示，如本书所述。

这可能会鼓动敌对团伙尝试 IEMI 技术。尽管如此，到目前为止，虽然系统功能中断事件的数量似乎在不断增加，但是并没有确凿的证据证明，IEMI 或某种 HPEM 环境是造成中断事件的原因。

至于对 HPEM 相互作用和效应机理的科学理解，从本书中应该可以清楚地看到，虽然已经做了大量的工作，但迄今为止收集的效应数据仍然存在很大的不确定性，这对效应的预测有着深层次的影响。书中对这种不确定性的来源做了讨论。

计算电磁学将继续发展，并且随着计算能力的变强，计算电磁学无疑将能够解决耦合和相互作用中的不确定性问题。然而，建模本身不太可能消除效应中固有的不确定性，其原因书中已做讨论。

很明显，一项重要的、系统的、统计上可信的研究，需要全球许多团队通力合作。依据严格的试验标准，开展更多系统的 HPEM 效应试验并收集数据，是减少效应预测不确定性的唯一切实可行的途径。与其他科学相比，效应预测问题可能与医疗技术有较多的共同点。例如，症状数据能够预测人类感染疾病的发病率和死亡率。或许，在人类健康研究和流行病学研究中使用的实用和公认的统计技术，有助于提高对 HPEM 效应的理解。

HPEM 防护技术在 20 世纪 80 年代末达到了发展的顶峰，当时冷战正值顶峰。防护技术，如屏蔽、滤波和瞬态保护，现在已经比较成熟，可以给出抗 HPEM 干扰的完整解决方案。然而，许多现代工业和基础设施运营部门发现，由于前期的高投入和后期持续维护的需要，实现 HPEM 完全防护的目标越来越具有挑战性。已经提出基于 HPEM 干扰检测和特性分析来实现 HPEM 弹性恢复的思想。预计人们对探测和快速恢复的兴趣将会增加，反过来，探测能力的提高将扩大防护的规模。成本低、质量轻、易于维护的 HPEM 防护器件的研发，重新得到重视。

HPEM 效应对现代和未来社会有何影响？关于 HEMP 事件对现代社会影响的预言，无疑令人恐惧[8]，并促使美国采取了强有力的行动[9]。世界上拥有核武器的国家比以往任何时候都多，而且世界政治议程上没有明确的核武器削减计划，核武器的威胁并没有减轻。

在 1994 年出版的一本关于 HPEM 效应的书[10]中，作者问高功率微波束会被用作武器吗？这个问题的答案无疑是肯定的，但到底是什么时候使用则不易回答。

很显然，HPEM 环境会影响电子产品。现在的文明生活依赖于复杂的电气和电子系统，从手持设备、人机交互到天基装备。现代社会建立在众多领域的先进技术基础上，如执法、消防、医疗保健、金融机构、民航、通信、互联网及其他服务。

迄今为止及在可预见的未来，大量先进的颠覆性技术极大地推动了现代社会的发展进步，从实现自主运输的机器人，到第四次工业革命（the fourth Industrial Revolution，4IR）和特大城市，都完全依赖于以电子技术为核心的传感器和电子设备。

随着现代社会的发展，对电子技术的依赖程度越来越高，就连雷电和地磁扰动等古老的自然现象也得到了新的重视，这不完全是因为 HPEM 环境变得越来越严峻，尽管有证据表明会如此，而是因为现代社会更容易受到 HPEM 环境的影响。

图 8.1 力求展示这种潜在的趋势，给出了技术年代、处于风险中的设备数量和 HPEM 领域重要的里程碑事件，使读者能够直观地认识到这个问题。

目前或不久的将来，电子设备的使用数量很难统计。有一个数据[11]表明，2020 年大约有 340 亿台物联网设备在使用。IoT 设备构成了执行重要功能的所有电气/电子系统的子集。事实上需要注意的是，处于 HPEM 风险中的电气/电子系统的总数远远大于那些处于网络中断风险中的系统数量。这是因为，要造成网络中断，受干扰的系统必须是互联网或至少是某个网络的节点。HPEM 不仅如此，还会影响到非联网的电子系统。

作者推测，在某个时刻，可能就在不久的将来，全社会电子系统的 HPEM 效应易损性将达到一个临界点，届时考虑 HPEM 效应、防护和弹性恢复对于现代文明将至关重要。

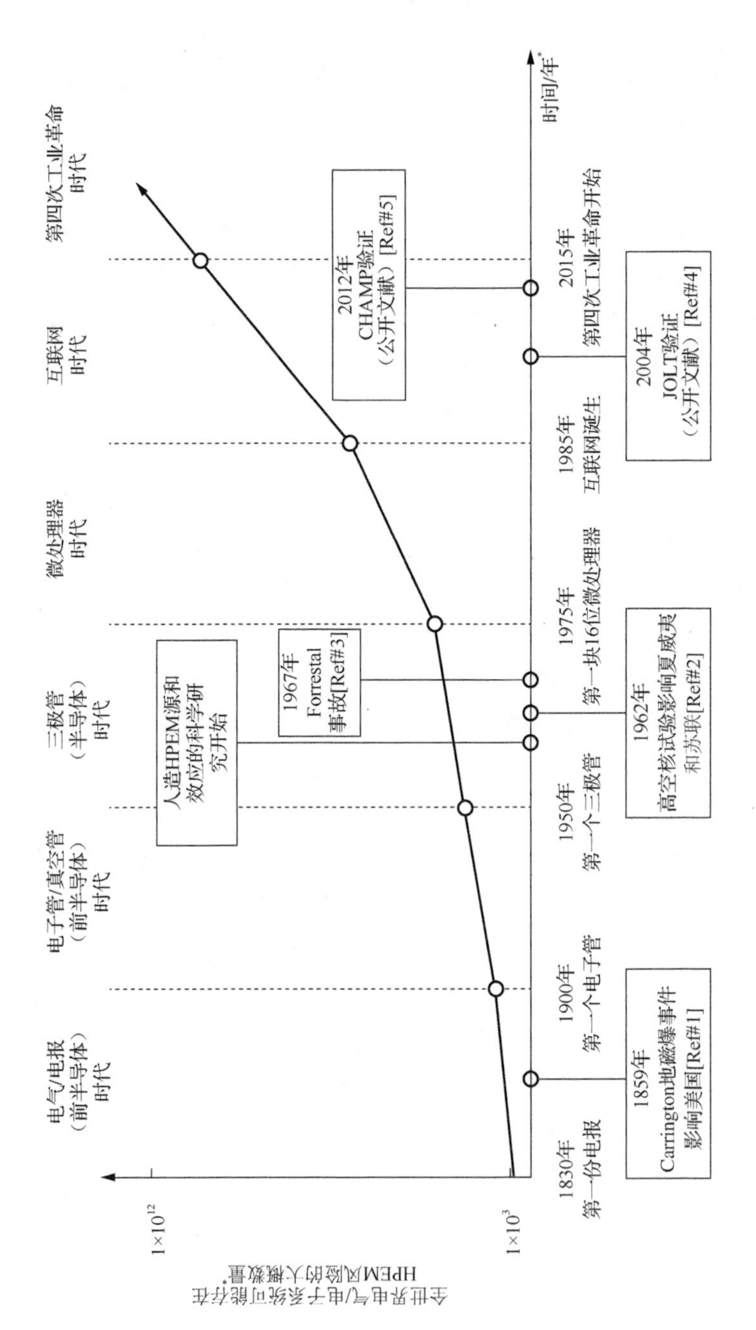

图 8.1　技术年代、处于风险中的设备数量和 HPEM 领域重要的里程碑事件

*未严格按比例绘图

参考文献

[1] Romps, D. M., et al., "Projected Increase in Lightning Strikes in the United States Due to Global Warming," *Science*, Vol. 346, No. 6211, November 14, 2014, pp. 851 - 885.

[2] Radasky, W., "Summary of the Cigré Study Committee C4 Project on Geomagnetic Storm Environments," *URSI General Assembly*, Montreal, Canada, August 22, 2017.

[3] Moriña, D., et al., "Probability Estimation of a Carrington-Like Geomagnetic Storm," *Nature, Scientific Reports*, Vol. 9, 2019.

[4] "Directed Energy Weapons (DEW) Market 2018 Global Trends, Market Share, Industry Size, Growth, Opportunities and Forecast to 2023," October 2018. https://www.marketwatch.com/press-release/directed-energy-weapons-dew-market-2018-global-trendsmarket-share-industry-size-growth-opportunities-and-forecast-to-2023-2018-10-10.

[5] Cision PR Newswire, Report Buyer "Global Directed Energy Weapons (DEW) Technologies and Market Forecast to 2025," London, U.K., September 2017, https://www.prnewswire.com/news-releases/global-directed-energy-weapons-dew-technologies-and-marketforecast-to-2025-300516162.html. Cision PR Newswire, Report B Buyer September 7,2017, Accessed September 2019.

[6] Kasmi, C., and J. Lopes-Esteves, "'Smart' IEMI and RFDEW: Emerging Threats for Information Security," *Proceedings of ASIAEM 2017*, Bangalore, India, July 2017.

[7] Shahar, Y., "Directed Energy Hazards to Civil Aviation," *Workshop B, IQPC Directed Energy Weapons (DEW) 2009*, London, U.K., February 25, 2009.

[8] Graham, W. R., *Report of the Commission to Assess the Threat to the United States from Electromagnetic Pulse (EMP) Attack*, April 2008.

[9] White House, USA, "Executive Order on Coordinating National Resilience to Electromagnetic Pulses," March 26, 2019, https://www.whitehouse.gov/presidential-actions/executive-order-coordinating-national-resilience-electromagnetic-pulses/.

[10] Giri, D. V., and C. D. Taylor, *High-Power Microwave Systems and Effects*, Washington,D.C.: Taylor and Francis International Publishers, 1994.

[11] BI Intelligence, Business Insider Magazine, June 9, 2019, "There Will Be 34 Billion IoT Devices Installed on Earth by 2020," https://www.businessinsider.com/there-will-be-34-billion-iot-devices-installed-on-earth-by-2020-2016-5?r=US&IR=T. Accessed September 2019.

术语缩略语表

缩略语	英文	中文
HPEM	high-power electromagnetic	高功率电磁
NEMP	nuclear electromagnetic pulse	核电磁脉冲
HPRF	high-power radio frequency	高功率射频
HPRF DE	high-power radio frequency directed energy	高功率射频定向能
IEMI	intentional electromagnetic interference	蓄意电磁干扰
IEC	International Electrotechnical Commission	国际电工委员会
LEMP	lightening electromagnetic pulse	雷电电磁脉冲
ESD	electrostatic discharge	静电放电
P-static	precipitation static	沉淀静电
CISPR	Special Committee on Radio Interference	无线电干扰特别委员会
EMI	electromagnetic interference	电磁干扰
EMC	electromagnetic compatibility	电磁兼容
CNI	critical national infrastructure	关键国家基础设施
IoT	internet of things	物联网
4IR	the 4th Industrial Revolution	第四次工业革命
UAV	unmanned aerial vehicles	无人驾驶飞行器
CPU	central processing unit	中央处理器
DTV	digital television	数字电视
LPRF/HPRF	low or high-pulse repetition frequency	低或高脉冲重复频率
BFR	breakdown failure rate	故障失效率
SUT	system under test	受试系统
C-IED	countering improvised explosive devices	反简易爆炸装置
CL	confidence level	置信水平
AMN	artificial mains network	仿真电源网络

续表

缩略语	英文	中文
LISN	line impedance stabilizing network	线路阻抗稳定网
LV	low-voltage	低压
GNSS	global navigation satellite system	全球导航卫星系统
GPS	global positioning system	全球定位系统
RC	reverberation chamber	混响室
LUF	lowest usable frequency	最低可用频率
EME	electromagnetic environment	电磁环境
HPD	horizontally polarized dipole	水平极化偶极子
FOL	fiber-optic link	光纤链路
MPA	minimum phase algorithm	最小相位算法
LLS	low-level swept	低幅扫频
FT	Fourier transform	傅里叶变换
IFT	inverse Fourier transform	傅里叶逆变换
R2SPG	repetitive random square-wave pulse generator	随机重复方波脉冲发生器
HIRF	high intensive radiated field	高强度辐射场
DE	directed energy	定向能
DoD	Department of Defense	国防部
N2EMP，NNEMP	non-nuclear EMP, N^2EMP	非核电磁脉冲
FIAC	fast incoming attack craft	快速来袭攻击艇
GBAD	ground-based air defense	地面防空
SEAD	suppression of enemy air defense	压制敌人防空
C-UAV	counter unmanned aerial vehicle	反无人机
MCG	magneto-cumulative generators	磁累积式发电机
FCG	flux compression generators	磁通压缩发生器
HPM	high-power microwave	高功率微波
ISM	industrial scientific and medical	工业、科学和医疗
ICT	information communications technology	信息通信技术
STED	Schriner transient electromagnetic device	施里纳瞬态电磁装置
EIRP	equivalent isotropic radiated power	等效各向同性辐射功率
ERTMS	European Rail Traffic Management System	欧洲铁路交通管理系统

续表

缩略语	英文	中文
CIPA	Critical Infrastructure Protection Act	关键基础设施保护法
prf	pulse repetition frequency	脉冲重复频率
TWTA	traveling-wave-tube amplifiers	行波管放大器
SSPA	solid-state power amplifiers	固态功率放大器
NLTLs	nonlinear transmission lines	非线性传输线
TEM	transverse electromagnetic mode	横电磁模
IRA	impulse radiating antennas	脉冲辐射天线
EM	electromagnetic	电磁
NASA	National Aeronautics and Space Administration	美国国家航空航天局
MHD	magneto hydrodynamic	磁流体动力学
SREMP	source region electromagnetic pulse	源区电磁脉冲
SGEMP	system-generated electromagnetic pulse	系统电磁脉冲
HANE	high-altitude nuclear explosion	高空核爆炸
FWHM	full-width half- maximum	半高宽
DEXP	double exponential	双指数
QEXP	quotient of exponentials	商指数
GIC	geomagnetically induced current	地磁感应电流
RF	radio frequency	射频
LLSC	low-level swept current	低电平扫描电流
BLT	Baum-Liu-Tesche	BLT 方程
ISD	interaction sequence diagram	相互作用序列图
MOV	metal oxide varistor	金属氧化物电阻
GDT	gas discharge tube	气体放电管
SCR	silicon-controlled rectifier	可控硅整流器
EFT	electrical fast transient	电快速瞬变脉冲群
FRS	Foundation for Resilient Societies	弹性社会基金会
ITU	International Telecommunications Union	国际电信联盟
CIGRE	International Council on Large Electric system	国际大电网会议

续表

缩略语	英文	中文
DHS	Department of Homeland Security	美国国土安全部
ESM	electronic surveillance measure	电子监视测量
EMF	electromagnetic field	电磁场
TNO	Netherlands Organisation for Applied Scientific Research	荷兰国家应用科学研究院
CI	critical infrastructure	关键基础设施
DSWA	Defense Special Weapons Agency	国防特种武器局
DTRA	Defense Threat Reduction Agency	国防威胁降低局
PDF	probability density function	概率密度函数
CDF	cumulativeprobability distribution function	累积概率分布函数
BT	breakdown threshold	故障阈值
PWB	power balance	功率平衡
LNA	low nosie amplifier	低噪声放大器
PLL	pahse locked loop	锁相环
AGC	automatic gain control	自动增益控制
TTL	transistor-transistor logic	晶体管-晶体管逻辑
CMOS	complementary metal oxide semiconductor	互补金属氧化物半导体
RMS	root mean square	均方根值
DMA	direct memory access	直接内存访问
PIT	programmable interval timer	可编程间隔定时器
PER	packet error rate	分组错误率
DoS	deny of service	拒绝服务
FFT	fast Fourier transform	快速傅里叶变换
BER	bit error rate	误比特率

作 者 简 介

D. V. Giri 在电磁理论及其应用方面有 45 年的从业经验，研究领域包括：NEMP、HPM、雷电和 UWB。关于他的详细学术内容和工作经历见网站：www.dvgiri.com。他于 1964 年在印度迈索尔大学获得理学学士学位；1967 年和 1969 年在印度科技学院分别获得工学学士和工学硕士学位；1973 年和 1975 年在哈佛大学分别获得理学硕士和理学博士学位；1981 年获得哈佛大学商业入门课程的证书。1984 年在马萨诸塞州韦尔斯利创立 Pro-Tech 公司，为美国政府和工业界开展研发工作。

Giri 博士也是位于新墨西哥州阿尔伯克基的新墨西哥州立大学电气与计算机工程系的兼职教授。他在伯克利加利福尼亚大学电气工程与计算机科学系教授本科生和研究生课程，同时也是位于新墨西哥州的科特兰空军基地空军研究实验室（AFRL）国家研究委员会研究员，在那里开展电磁脉冲和电磁理论等方面的研究。Giri 博士是 IEEE 终身会士、电磁学会发起人、URSI B 委员会成员和 URSI E 委员会国际主席（2014～2017 年）。

Giri 博士是电磁学会出版的 *Journal of Electromagnetics* 编委会成员，同时兼任 *IEEE Transactions on Electromagnetic Compatibility* 副主编。因为在 EMP 模拟器设计和 HPM 天线设计方面的贡献，他于 1994 年被 Summa 基金委员会遴选为会士。他出版的第一本书是与他人合著的 *High-Power Microwave Systems and Effects*（泰勒・弗朗西斯出版社，1994），第二本书是 *High-Power Electromagnetic Radiators: Nonlethal Weapons and Other Applications*（哈佛大学出版社，2004）。2006 年，他与合作者共同获得 IEEE 天线和传播学会颁发的 John Kraus 天线奖。他发表了超过 200 篇文章和报告。他和 Raj Mittra 教授共同主持线上电磁学论坛和杂志 *FERMAT*（www.e-fermat.org）。他被 IEEE EMC 学会遴选为 2020～2021 年为期两年的杰出讲解人。

Richard Hoad 是英国 QinetiQ 公司的首席科学家和管理顾问。他于 1998 年参加工作，开始是一名实习电子工程师，此后专攻 HPEM 研究，特别是关键基础设施的 HPEM 效应和防护技术。他于 2007 年获得博士学位，课题是 HPEM 探测。目前，他是一个 HPEM 专家团队的技术带头人，研究领域包括：HPRF DE、HEMP、IEMI 和 HIRF。该团队的研究广泛，如效应器概念研究、创新发明、性能保障和防护。

Hoad 博士在关键基础设施的破坏效应机理方面已有多年研究经验，特别关注发生后果严重、概率低的事件。他已经帮助关键基础设施的管理部门认识新型威胁造成的风险，并开发出工具、技术和产品，支持关键基础设施从 HPEM 威胁中弹性恢复。Hoad 博士发表了 50 多篇关于 HPEM 技术的文章，并拥有两项 HPEM 探测的技术专利。他拥有如下头衔：工程与技术协会（Institute of Engineering and Technology，IET）会士、英国工程理事会（Engineering Council UK，ECUK）特许工程师（Chartered Engineer，C.Eng.）、Summa 基金 HPEM 会士、QinetiQ 会士、注册安全工程师和专家。他是英国伦敦召开的 EUROEM 2016 的大会主席，并在 AMEREM、ASIAEM 和 EUROEM 大会的技术委员会任职超过 15 年。近 10 年来，Hoad 博士负责 IEC SC 77C 分会，致力于高功率瞬态效应领域的标准制定。

Frank Sabath 于 1993 年在德国帕德博恩大学获得电机工程专业硕士学位，1998 年在德国莱布尼茨汉诺威大学获得博士学位。1998 年以来，一直在德国国防军仪器、信息技术和在役支援联邦政府办公室（Federal Office of Bundeswehr Equipment，Information Technology and In-Service Support，BAAINBw）工作。2011～2017 年，担任德国国防军防护技术和 CBRN 防护研究所核效应、HPEM 和消防部门的负责人。Sabath 博士是德国莱布尼茨汉诺威大学 EMI 风险管理课程的高级讲师。他独立和合作发表了 150 多篇国际期刊和会议文章。他的研究方向包括电磁场理论、HPEM、短脉冲与电子系统相互作用和脉冲辐射。

Sabath 博士是德国马格德堡召开的 EUROEM 2004 和瑞士洛桑召开的 EUROEM 2008 大会 UWB 专题联合主席。因为表现突出，他于 2009 年被 EMC 学会授予 Laurence G. Cumming 奖，于 2012 年被授予荣誉会员奖。